河南省矿山地质环境恢复治理工程勘查、设计、施工技术要求

（试行）

黄河水利出版社

·郑州·

图书在版编目(CIP)数据

河南省矿山地质环境恢复治理工程勘查、设计、施工技术要求:试行/河南省国土资源厅编. —郑州:黄河水利出版社,2014.5

ISBN 978 - 7 - 5509 - 0795 - 9

Ⅰ.①河…　Ⅱ.①河…　Ⅲ.①矿山地质 - 地质环境 - 治理 - 技术要求 - 河南省　Ⅳ.①TD167

中国版本图书馆 CIP 数据核字(2014)第 092184 号

组稿编辑:王路平　电话:0371 - 66022212　E-mail:hhslwlp@ 126. com

出 版 社:黄河水利出版社
　　　　地址:河南省郑州市顺河路黄委会综合楼 14 层　　邮政编码:450003
发行单位:黄河水利出版社
　　　　发行部电话:0371 - 66026940、66020550、66028024、66022620(传真)
　　　　E-mail:hhslcbs@ 126. com
承印单位:河南地质彩色印刷厂
开本:787 mm × 1 092 mm　1/16
印张:14.5
字数:340 千字　　　　　　　　印数:1—1 500
版次:2014 年 5 月第 1 版　　　印次:2014 年 5 月第 1 次印刷

定价:120.00 元

前　言

　　为进一步加强河南省矿山地质环境保护,提高河南省矿山地质环境恢复治理工程质量和技术水平,根据《河南省地质环境保护条例》等法规、规章,结合本省实际编制了《河南省矿山地质环境恢复治理工程勘查、设计、施工技术要求(试行)》(以下简称《技术要求》)。

　　本《技术要求》由河南省国土资源厅提出。

　　本《技术要求》主要起草人:李贵明、王现国、梁坤祥、星玉才、邱金波、王春晖、于伟、刘兴华、刘钟森、赵海军、谢山立、王伟峰、侯少华、付法凯、梁天佑、何进、郭东兴、张维。

　　本《技术要求》统编人:王现国。

　　本《技术要求》审查人:梁世云、齐登红(以下按姓氏笔画排序)牛志刚、司百堂、乔国超、宋云力、张荣波、张进德、武强、周清锋、周建伟、郭新华、黄润秋、甄习春。

　　由于编者水平所限,本《技术要求》可能还存在不少问题。如发现请向编制组提出,以便进一步修改完善。

《技术要求》编写组

2014 年 2 月

总目录

河南省矿山地质环境恢复治理工程技术要求——勘查

目　录

1 范 围

1.1 为统一河南省矿山地质环境恢复治理工程勘查的技术要求,达到勘查手段先进、工程安排合理、技术可行、经济安全,并确保成果质量,特制定《河南省矿山地质环境恢复治理技术要求——勘查》(以下简称《勘查技术要求》)。

1.2 本《勘查技术要求》用于河南省内各类能源矿产、金属矿产与非金属矿产露天开采、地下开采矿山的地质环境恢复治理工程的勘查。

1.3 本《勘查技术要求》规定了河南省矿山地质环境恢复治理工程勘查的技术方法、研究内容、评价准则,适用于省内因矿产资源勘查、开发等活动引发的矿山地质灾害(采空区塌陷、地裂缝、崩塌、滑坡、泥石流)、含水层破坏、地形地貌景观破坏、土地资源破坏等四大类矿山地质环境问题恢复治理工程的勘查。

1.4 矿山地质环境恢复治理工程勘查应在广泛搜集区域地质、水文地质、气象水文、地形地貌、地震、矿产,当地工程地质、岩土工程和防治地质灾害经验等前人研究成果的基础上,充分了解恢复治理工程相关技术要求,精心勘查、全面分析,提出资料完整、评价合理、结论准确、治理方案可行的勘查报告。

2 规范性引用文件

《勘查技术要求》属于岩土工程勘查领域中的专门地质工程勘查,除应符合本技术要求的技术规定外,尚应符合国家现行有关岩土工程与工程地质勘查规范的相关技术规定。没有提及的一些通用要求,如术语、符号、岩土分类以及归档要求等遵照国家及部门有关标准执行。

2.1 测绘

GB 50026—2007 工程测量规范

GB/T 18314—2009 全球定位系统(GPS)测量规范

GB/T 12898—2009 国家三、四等水准测量规范

GB/T 2057.1—2007 国家基本比例尺地图图式 第一部分:1:500 1:1 000 1:2 000 地形图图式

GB/T 17160—2008 1:500 1:1 000 1:2 000 地形图数字化规范

CH/T 1001—2005 测绘技术总结编写规定

CH 1002—95 测绘产品检查验收规定

CH 1003—95 测绘产品质量评定标准

2.2 地球物理勘探

2.2.1 通用规范与标准

DZ/T 0121.4—94 地质仪器术语 地震勘探仪器术语

GB/T 14499—93 地球物理勘查技术符号

DZ/T 0121.1—94 地质仪器术语 通用术语

DZ/T 0121.7—94 地质仪器术语 地球物理勘探测井仪器术语

2.2.2 浅层地震勘探

SY/T 6051—2000 山区二维地震勘探资料采集技术规程

SY/T 5332—1997 陆上二维地震勘探数据处理技术规程

DZ/T 0170—1997 浅层地震勘查技术规范

JGJ/T 143—2004 多道瞬态面波勘查技术规程

2.2.3 声波测井

DZ/T 0196.7—1997 测井仪通用技术条件 声波测井仪

DZ/T 0196.2—1997 测井仪通用技术条件 地面仪器(系统)

DZ/T 0196.8—1997 测井仪通用技术条件 测井绞车和控制器

DZ/T 0181—1997 水文测井工作规范

DZ 0005—91 测井电缆接头

2.2.4 电测深法、高密度电法

DZ/T 0072—93 电阻率测深法技术规程

DZ/T 0073—93 电阻率剖面法技术规程

3 术语和基本规定

3.1 术语

下列术语和定义适用于本技术要求。

3.1.1 矿山地质环境

是指矿山建设与采矿活动所影响到的岩石圈、水圈、生物圈相互作用的客观地质体。

3.1.2 矿山地质环境问题

是指受矿山建设与采矿活动影响而产生的地质环境变异或破坏的事件。主要包括因矿产资源勘查开采等活动造成的矿山地质灾害(采空区塌陷、地裂缝、崩塌、滑坡、泥石流)、含水层破坏、地形地貌景观破坏、土地资源破坏等四大类。

3.1.3 含水层破坏

是指矿山建设与采矿活动导致的地下含水层结构改变、地下水位下降、水量减少或疏干、水质恶化等破坏现象。

3.1.4 危岩体

是指被结构面切割,在外营力作用下松动变形的岩体。

3.1.5 崩塌

是指采矿活动造成矿区附近地质条件改变而引发、造成危岩失稳坠落或倾倒的一种地质现象。

3.1.6 滑坡

是指采矿活动造成矿区附近地质条件改变而诱发、造成的滑坡。如采矿造成边坡不稳定引起的滑坡,自然存在的死滑坡因采矿复活,固体废弃物堆置引起的滑坡等。

3.1.7　泥石流

是指矿山采矿废渣堆积在山区沟谷中,由暴雨形成的急速地表径流激发的含有大量采矿废渣等固体碎屑物质,并有强大冲击力和破坏作用的特殊洪流,对人类生命财产造成威胁。

3.1.8　采空区塌陷

是指由于地下采掘形成空间,造成采空区上方一定范围内地质条件改变而诱发一定范围内的地表在一定时期内发生沉陷的一种地质现象。

3.1.9　矿山地形地貌景观破坏

是指因矿山建设与采矿活动改变了原有的地形条件与地貌特征,造成土地毁坏、山体破损、岩石裸露、植被破坏等现象。

3.1.10　土地资源破坏

是指因矿山建设与采矿活动,造成土地损毁、水土流失、耕作能力降低等现象。

3.1.11　矿山地质环境恢复治理

是指为消除矿山建设、采矿活动与环境之间相互作用和影响而产生的矿山地质环境问题而进行的矿山地质环境恢复治理活动。

3.1.12　矿山地质环境监测

是指对主要矿山地质环境要素与矿山地质环境问题进行监视性的测定。

3.1.13　矿山地质环境恢复治理工程勘查

是指通过对矿山地质环境影响区调查、测绘、勘探等手段,为矿山地质环境恢复治理工程设计提交勘查报告和图件的过程。

3.2　基本规定

3.2.1　矿山地质环境恢复治理工程勘查前,应根据恢复治理区地质条件、影响范围、破坏程度等,确定矿山地质环境恢复治理勘查方案。

3.2.2　矿山地质环境恢复治理工程勘查,属于施工图设计阶段的勘查工作,应满足恢复治理工程设计要求。

3.2.3　矿山地质环境恢复治理勘查的工作深度与成果资料,应基本符合本技术要求。

3.2.4　矿山地质环境恢复治理勘查应采用工程地质测绘与调查、勘探、测试、试验综合方法,并遵循先进行调查、测绘,后进行勘探、测试、试验的工作程序。

3.2.5　矿山地质环境恢复治理勘查的岩土分类与鉴定,岩、土、水试验样的采集方法,地质勘探编录,原位测试与室内试验,应符合国家现行规范和相关专业技术规范、规程有关规定。

3.2.6　在勘查过程中,应初步确定恢复治理工程设计方案,结合设计方案调整勘查方案,部署分项工程场地相关勘查工作。当勘查过程中出现与设计书预估地质情况有较大出入时,应调整勘查方法及其工作量。

3.2.7　现场勘查工作应确保各类勘探、测试原始资料的完整性、准确性和可靠性。

3.2.8　资料整理及成果报告应真实准确、分析有据、结论可信、简易可行。

4　勘查总体要求

　　根据河南省矿山地质环境条件及矿山地质环境保护与恢复治理工程勘查的特殊性，将可行性研究勘查阶段、初步勘查阶段和施工图设计勘查阶段合并开展工作，勘查成果必须满足施工图设计阶段的勘查工作要求。

4.1　查明矿山地质环境破坏的边界条件、地形条件、破坏的严重程度、岩土体结构、水文地质条件；已有资料不能满足要求时，可视具体情况进行测绘、遥感解译、物探等勘探工作，对矿山地质环境保护与恢复治理区拟采取的治理方法的可行性及适宜性作出评价，提出恢复治理工程方案建议，为施工图设计提供必要的基础资料。

4.2　结合工程设计方案，对设计的治理工程场地和重点部位进行针对性的地形测绘、施工剖面测量及工程地质测绘、勘探和测试，详细查明恢复治理工程施工区的矿山地质环境问题，包括治理区岩土体、废弃物质组成、结构特性、空间分布特征、堆放量、稳定性及危害程度、化学成分对土壤和地下水污染等情况，结合勘探目的部署相关的钻探、槽探、原位测试和现场试验，补充采集必要的岩、土、水试验样、分析样，布置长期监测点。采用多种治理措施和手段，为矿山地质环境恢复治理工程设计、施工提供详细的测绘、工程地质与水文地质和岩土体的物理力学性质指标参数等资料，对治理工程措施、结构形式、埋置深度及工程施工等提出建议。

5　矿山地质环境测量及调查方法

5.1　测量

5.1.1　作业技术依据见2.1。

5.1.2　测区成图规格

5.1.2.1　治理区地形图成图比例尺为1:1 000（重点部位需1:200~1:500）。

5.1.2.2　平面坐标：采用1980年西安坐标系，按统一的高斯正形投影3°分带。当测区范围较大、测区处于投影带的边缘或横跨两带时，长度投影变形较大，应当考虑长度投影变形的问题。

5.1.2.3　高程系采用1985国家高程基准。

5.1.2.4　地形图规格：

　　1. 图幅分幅：采用50 cm×50 cm矩形分幅，图廓坐标为0.25 km（1:500）和0.5 km（1:1 000）的整数倍数，图幅不可错开拼接。当图廓外有少量地形属于测绘范围时，可破图廓测入同一图幅内。

　　2. 图幅编号：以西南角图廓坐标千米数作为图幅编号，注记在北图廓外中间图名下方。

　　3. 图名：×××矿山地质环境恢复治理地形图。

5.1.3　平面和高程控制测量

5.1.3.1　平面控制测量

　　根据测区实际情况，可采用角点边连式D级GPS测量进行平面基本控制，有些地段已有 D 级或 E 级平面控制点的则可直接利用。有必要的,则在上述基础上施测 E 级 GPS 加密控制点,或发展Ⅰ、Ⅱ级电磁波测距导线加密控制点,精度要求见表 5.1.3-1。D 级 GPS 测量控制网最弱点相对于邻近高等级控制点的点位中误差应不大于 10 cm 或边长相对中误差小于 1/40 000。

表 5.1.3-1　Ⅰ、Ⅱ级测距导线主要技术要求

等级	导线长度 (km)	平均边长 (km)	测角中误差 (″)	测距中误差 (mm)	测距相对中误差	测回数 J2	测回数 J6	方位角闭合差 (″)	导线全长相对闭合差
Ⅰ	3.6	0.3	5	15	≤1/30 000	2	4	$10\sqrt{n}$	≤1/14 000
Ⅱ	2.4	0.2	8	15	≤1/14 000	1	3	$16\sqrt{n}$	≤1/10 000

5.1.3.2　标石埋设要求

所有 D 级、E 级或相对应等级以上控制点标石要求混凝土预制后运到现场埋设或现场浇筑;对不宜埋设标石的地方,可采用在稳定岩石或建筑物上刻"十"字的方法(刻划深度 3 mm,旁边写出点号,字头朝北)。埋石规格,一般普通标石:顶面 20 cm×20 cm,底面 40 cm×40 cm,高 40 cm;建筑物上标石:顶面 20 cm×20 cm,底面 30 cm×30 cm,高 15 cm。所有埋石点均应填绘点之记,要实地绘出点位略图,并作简要点位说明。

5.1.3.3　高程控制测量

测区基本高程控制采用四等水准测量(高程起始点不得少于两个,并应进行连测检查。须特别注意核实搜集到的起始点的高程系统),每千米高差中数偶然中误差应不大于 5 mm。图根点可采用电磁波测距三角高程测量方法,并可与平面控制同时进行。较平坦地区也可采用等外水准测量方式。

5.1.3.4　平面控制技术要求参照表 5.1.3-2、表 5.1.3-3。

表 5.1.3-2　GPS E 级网基本要求

项目 级别	卫星 高度角(°)	有效观测 卫星总数	时段中任一卫星存放 观测时间(min)	观测 时段数	数据采样间隔(s)	PDOP
GPS E	≥15	≥3	≥15	≥2	15	≤10

表 5.1.3-3　电磁波高程测距导线技术要求

等级	平均边长 (m)	边数	中丝法垂直角测回数 J2	中丝法垂直角测回数 J6	指标差互差(″) J2	指标差互差(″) J6	往返测高差较差 M	容许闭合差 M
5″	500	10	2	4	5	25	0.1S	$0.05\sqrt{n}$
8″	250	10	1	2	15	25	0.1S	$0.05\sqrt{n}$
图根	100	12	1	1			0.1S	$0.05\sqrt{n}$

注:S 以 km 为单位,小于 0.1 km 时按 0.1 km 计,n 为导线边数。

5.1.3.5 高程控制技术要求,见表5.1.3-4。

表5.1.3-4 四等水准的主要技术指标要求

等级	测段、路线往返测高差不符值(mm)	测段、路线的左右路线高差不符值(mm)	附合路线或环线闭合差(mm)	监测已测测段高差之差(mm)
四等	$\pm 20\sqrt{K}$	$\pm 14\sqrt{K}$	$\pm 20\sqrt{L}$	$\pm 30\sqrt{R}$

注:K 为路线或测段的长度(km);L 为附合路线(环线)长度(km);R 为检测测段长度(km)。

注意:非特殊困难地区的高程控制不得采用 GPS 测量方法;对个别特殊困难地区,可用四等以上水准高程起算点对 GPS E 级点进行高程拟合(拟合时的起算点不得少于6个,且应经过四等水准联测,并分布均匀),并应分析拟合高程精度是否达到 ±5 cm 要求。

5.1.4 地形测量

5.1.4.1 地形图上需表示的内容除按《工程测量规范》中的相应规定及《国家基本比例尺地图图式 第1部分:1:500 1:1 000 1:2 000 地形图图式》执行外,特别强调要将水沟、水坑、水塘、泉水、裂缝、渣堆、陡坎、塌陷坑等有关的水文点与微地貌表现在地形图上。

5.1.4.2 地形图精度,要求图上地物点相对于邻近图根点的点位中误差不大于图上 0.5 mm,邻近地物点间距中误差不大于图上 0.4 mm。隐蔽或施测困难地区,可放宽50%。高程注记点一般选在明显地形或地物点上,图上注记至 0.1 m,其密度不少于每方格网 10 ~ 15 个。等高线插求点高程中误差为 0.5 m,困难地形可放宽50%。

5.1.4.3 采用正版测图外业版软件测图,或采用薄膜测图后进行数字化,薄膜测图的刺点精度应达到要求。

5.1.5 剖面测量

5.1.5.1 剖面测量比例尺一般为 1:1 000 ~ 1:200;

5.1.5.2 每条剖面两端点、剖面控制点一般应埋石,每一条剖面至少应有两个埋石点;

5.1.5.3 实测剖面应采用全站仪或光电测距仪施测,剖控点(含两端点)间距应小于 1 000 m,剖面点至测站点最大距离应小于 800 m;

5.1.5.4 测站点间距离应一次照准两次读数,水平角、天顶距各观测一测回。

5.1.5.5 测站点至剖面点距离应一次照准一次读数,天顶距采用盘左一次读数,用全站仪可直接读平距、高程(或高差);

5.1.5.6 剖面测量的计算取位,平距取 0.1 m,高程取 0.01 m;

5.1.5.7 作剖面图时,剖面方向一般按左西右东、左北右南原则;

5.1.5.8 剖面图应注明名称、编号、剖面比例尺、剖面实测方位等。

5.1.6 钻孔等勘探点工程测量

5.1.6.1 所有点位均用全站仪或光电测距仪极坐标法测定;

5.1.6.2 水平角、垂直角、距离均测一测回;

5.1.6.3 钻孔平面位置以封孔后标石中心或套管中心为准,高程以套管口为准,并量取标石面或套管口至地面的高差。

5.1.7 重要野外地质观测点、物探控制点测量

5.1.7.1 采用极坐标法测量;

5.1.7.2 水平角、垂直角盘左测半测回,距离读数一次;

5.1.7.3 在同一测站测定点数量超过 10 个或观测时间超过 1 h 后,应重新整平仪器并重新归零。

5.1.8 提交资料成果

5.1.8.1 GPS E 级或相应等级以上控制点展点图、点之记、成果表、图根控制点成果表;

5.1.8.2 GPS E 级以上控制点,四等水准观测、计算手簿;

5.1.8.3 测量仪器检验记录;

5.1.8.4 数字地形图、铅笔原图及数字化光盘(包括地形图接合表);

5.1.8.5 测量报告。

5.2 遥感解译

在开展矿山地质环境野外调查前,可利用遥感技术对治理区的矿山地质环境进行解译,为野外调查提供依据。

5.2.1 在空间尺度上,根据解译的不同成图比例尺要求,选择合适的遥感数据。对于重点区域的解译,一般成图比例尺为 1:10 000～1:50 000,成图遥感数据空间分辨率以亚米级数据(包括 1 m)为宜,可采用 IKONOS、QuickBird、WorldView、GEOEYE－1 等数据。

5.2.2 对于矿山采场、采坑、废渣石堆、地面塌陷区、水体污染遥感解译,利用地物的光谱特征容易将其区分,适用于以计算机自动解译为主的遥感解译;对于矿山的开采、破坏信息变化、地质灾害规模分布遥感解译,利用地物的光谱特征不易将其区分,须借助于地物空间结构与纹理特征分析,适合以目视解译为主的遥感解译方法。

5.2.3 遥感解译需要查明并对以下问题进行判断:

1. 治理区地形地貌、地质构造的基本轮廓及特征;
2. 治理区内植被发育及分布情况;
3. 解译崩塌、滑坡、泥石流等地质灾害现象;
4. 判定露天采坑、采空塌陷区及废渣石堆场、矸石山的形态、分布和规模,分析采空区塌陷的范围及扩展情况;
5. 解译各种水文现象,圈定岩溶水的补给范围。

5.3 地质环境调查

5.3.1 调查范围

调查范围为生产矿山、闭坑矿山和在建矿山、独立选矿厂及受以上矿业活动影响与危害的对象。

5.3.2 资料收集

5.3.2.1 矿山自然地理资料,包括地形地貌、水文气候条件、区位优势、居民状况、交通及社会经济概况、土地资源等;

5.3.2.2 区域地质环境条件资料,包括区域地质、矿产地质、水文地质、工程地质、环境地质等;

5.3.2.3 矿产资源勘查、开发状况资料,包括探矿权和采矿权登记数据及有关资料;

5.3.2.4 矿产资源规划资料、地质环境保护规划、地质灾害防治规划及专题研究成果;

5.3.2.5 矿山地质环境恢复治理资料,包括立项申请、监测、矿山地质环境保护与恢复治

理方案等资料;

5.3.2.6 其他方面的资料,如土地开发利用现状、植被分布、水土保持、土地复垦、环境保护等资料。

5.3.3 现场调查

5.3.3.1 可采用1:10 000或适宜的大比例尺地形图做工作底图,按调查表中的内容逐项调查,必要时应附素描图、剖面图及平面图。

5.3.3.2 对采矿场、露天采坑、废渣石堆、排土场、尾矿库、塌陷区等典型地质环境问题区,应用数码相机记录影像资料,并初步判断其稳定性、危害性、恢复治理的可行性。

5.3.3.3 对于大、中型矿山,要用GPS进行定位。对室内遥感解译出的地质灾害或矿山地质环境问题点,必须逐一进行野外验证。

5.3.3.4 对地质灾害点要按灾种填写相应的调查卡片(地质灾害调查区划采用的各类灾种表),对尾矿库、废渣石堆和排土场也要附文字说明。

5.3.3.5 调查组要建立调查日记制度,详细记录每日的野外行程、调查内容。

6　矿山地质环境专项勘查

通过开展治理区矿山地质环境调查,在查明矿山地质环境问题现状基础上,对矿山地质环境问题进行分区分类,分区预测矿山地质环境影响范围和程度。对分区内的矿山地质环境问题进行分类勘查,查明分区内各类地质环境问题的形成机制、分布特征、发育趋势等,并根据勘查结果提出针对性的防治建议。

6.1　崩塌(危岩体)

6.1.1　一般规定

在治理区内对边坡崩塌(危岩体)展开调查,对崩塌体查明其规模、类型及分布特征,并提出治理措施;对危岩体查明其分布特征及产生崩塌的条件、危岩规模、类型、稳定性等,确定崩塌危岩危害的范围,作出矿山开采危险性和危害程度评价,并根据崩塌产生的机制提出防治建议。

6.1.2　勘查技术要求

6.1.2.1 崩塌(危岩体)灾害一般多由不稳岩体的塌滑、倾倒或坠落引起。崩塌(危岩体)可根据其规模和处理的难易程度划分为以下三类:

Ⅰ类:崩塌(危岩体)落石方量大于5 000 m³,破坏力强,难以处理。

Ⅱ类:崩塌(危岩体)介于Ⅰ类和Ⅲ类之间。

Ⅲ类:山体较平缓,岩层单一,风化程度轻微,岩体无破碎带和危险切割面等。崩塌(危岩体)落石方量小于500 m³,破坏力小,易于处理。

6.1.2.2 崩塌(危岩体)勘查以工程地质测绘和调查为主,测绘比例尺宜采用1:500~1:1 000,在顺崩塌方向的纵断面上,比例尺宜采用1:200。其内容主要为:

1. 调查崩塌、危岩的特征、类型、分布范围及崩塌(危岩体)的大小、崩落方向和发展过程。

2. 查明灾害区的斜坡地貌、坡度、山体危石分布情况及坡脚塌落的规模。

3. 查明斜坡的地层构造、岩性特征和风化程度,岩体结构面的发育程度、产状、组合关系,延展、贯穿情况和闭合、填充等情况,以及危岩体节理密度、卸荷裂隙发育宽度等。

4. 搜集当地气象、水文及地震资料,查明地表水与地下水对崩塌落石的影响。

5. 综合分析崩塌危岩发生的各种内、外原因。

6.1.2.3 在灾害区,对有覆盖层的地段布置适量的探井进一步查明地层、地质构造及节理裂隙发育程度,同时利用探井采取岩土试样进行物理力学性质的试验,为崩塌体的稳定性验算提供计算参数。

6.1.2.4 当遇较大规模崩塌(危岩体)时,应布设适量的勘探剖面。勘探线按其活动中心,贯穿崖顶、锥顶、岩堆前缘弧顶布置纵向剖面,或按垂直地形等高线走向布置横向剖面。勘探线间距不宜大于50 m,每个崩塌体至少有1条勘探线。

6.1.2.5 勘探线上布置勘探点的钻探孔深宜钻至崩塌体以下5 m,查明岩土软弱夹层、含腐殖物夹层和地下水等资料。

6.1.2.6 岩石峭壁一般采用地层岩性描述、节理统计方法,可不布置勘探点。

6.1.2.7 根据崩塌危岩的破坏形式进行定性或定量评价,并提供相关图件,标明崩塌危岩的分布、大小和数量。

6.1.2.8 运用工程物探技术,查明崩塌(危岩体)厚度和平面分布,辅助对灾害区进行评价,提出处置措施。

6.1.3 稳定性评价

6.1.3.1 对即将发生的崩塌(危岩体),应进行稳定性评价和验算,确定崩塌(危岩体)的稳定状况,为选择整治措施提供依据。

6.1.3.2 运用工程类比法,对已发生危岩崩塌区和稳定山体所表征的斜坡坡度、岩体构造、不稳结构面特征及客观地质条件进行分析对比,根据崩塌(危岩体)目前的状况,判断产生危岩崩塌的可能性及其破坏力。

6.1.3.3 对倾倒式崩塌(危岩体),其抗倾覆稳定性系数按式(6.1.3-1)计算:

$$K = \frac{W \cdot a}{f_w \cdot \dfrac{h_0}{3} + Q \cdot \dfrac{h}{2}} \qquad (6.1.3\text{-}1)$$

$$f_w = \frac{10h_0^2}{2} \qquad (6.1.3\text{-}2)$$

$$Q = k_H \cdot C_z \cdot \eta \cdot G \qquad (6.1.3\text{-}3)$$

式中 W——崩塌(危岩体)重力,kN;

a——崩塌(危岩体)倾倒前外侧下端处至重力延长线的垂直距离,可取崩塌(危岩体)宽度的1/2,m;

h_0——水位高,暴雨时取岩体高度,m;

h——岩体高度,m;

f_w——静水压力,kN;

Q——水平地震力,kN。

6.1.3.4 对已发生坠落的危岩体,视其坠落区的地质条件及崩塌范围的大小、平面展布,采取适当的计算模式验算其稳定状况。

6.1.3.5　在稳定性验算的基础上,结合勘查技术工作,评价崩塌(危岩体)的稳定趋势并指出是否需进一步监测和采取应急措施的必要性。

6.1.4　适宜性评价及防治工程要点

6.1.4.1　经对崩塌(危岩体)灾害区及稳定区的山体形态、斜坡坡度、岩体构造、结构面分布、产状、闭合及填充情况的调查对比,分析危岩体的分布,判断产生崩塌落石的可能性及其破坏力。

6.1.4.2　适宜性评价应符合下列要求:

1. Ⅰ类灾害区不应作为工业场地各类建筑物的建筑场地,威胁到采场时必须应急处置,矿山道路工程应绕避,确无绕避可能时,必须采取可靠工程措施,进行治理。

2. Ⅱ类灾害区,当坡脚与拟建建筑物之间不能满足安全距离的要求时,必须对可能崩塌的岩体进行加固处理。矿山道路工程,应采取防护措施。

3. Ⅲ类灾害区作为工业场地的建筑场地时,应以全部清除不稳定岩块为原则,对稳定性稍差的岩块应采取加固措施。

6.1.4.3　崩塌(危岩体)灾害的治理以根治为原则,当不能清除或根治时,必须采取安全可靠的预防和治理措施,其方案以覆盖遮挡、支撑加固、抗滑锚固、灌浆勾缝、护面排水、削坡卸载等为主。

6.2　滑　坡

6.2.1　一般规定

6.2.1.1　针对滑坡灾害的性质及其危害程度,查明滑坡灾害发生的时间、诱发原因和范围、规模、地质背景,判断滑坡稳定状况,预测其发展演变趋势,为滑坡灾害的预防、治理提供依据。

6.2.1.2　滑坡的勘查包括工程地质测绘调查、勘探及测试,范围应包含滑坡灾害区及适当扩宽的邻近稳定地段,图件比例尺可根据滑坡规模选用1∶200～1∶1 000。

6.2.1.3　在工程地质测绘、调查基础上,沿滑动主轴方向布设勘探线,勘探线长度应超过滑坡灾害影响区范围10～20 m。小型滑坡至少布置1条勘探线;中、大型滑坡应布置3～5条,其中1条应布设在主滑方向上。

6.2.1.4　用合理的试验、验算方法确定滑坡体岩、土物理力学抗剪指标,并进行灾害体的稳定性评价。

6.2.1.5　根据稳定性评价及监测结果,提出滑坡灾害治理的措施和建议。

6.2.2　勘查技术要求

6.2.2.1　根据滑坡体的物质组成、结构形式及滑体性质、发生年代和规模大小等因素进行滑坡分类(参见附录A)。

6.2.2.2　根据滑坡规模、危害程度、治理难度、工程重要性等因素,将滑坡按表6.2.2-1划分级别。

表 6.2.2-1　滑坡分级

矿山工程重要性			重要	较重要	一般
危害程度	大	威胁人数 >300 人 经济损失 >1 000 万元	一级	一级	二级
	中	威胁人数 50~300 人 经济损失 100~1 000 万元	一级	二级	三级
	小	威胁人数 <50 人 经济损失 <100 万元	二级	三级	三级
治理难度	复杂		一级	一级	二级
	一般		一级	二级	三级
	简单		二级	三级	三级

6.2.2.3 根据地质环境条件和需查明的工程问题,滑坡勘查以采用工程地质测绘与调查、坑探、井探、槽探、物探等形式为主,对规模较大的深层滑坡可采用钻探手段,并辅以必要的洞探和物探工作。物探测试工作的方法及应用参照附录 E。

6.2.2.4 滑坡工程地质测绘包括由滑坡活动引起的地面变形破坏的范围,主要内容有:

1. 滑坡后缘断裂壁及滑坡台地的形状、位置、高差、坡度及其形成次序,滑坡舌前缘隆起、滑塌状况与剪出口位置,滑动面(带)坡度、分布位置、物质组成及擦痕方向等。

2. 坡体破坏裂隙的分布范围,裂缝的长度、宽度、深度、分布密度、产生时间、特征及其力学性质。

3. 滑坡微地貌形态,地层结构、岩层产状、节理发育规律,滑体岩土组成状况,并确定滑坡主滑方向、主滑段、抗滑段及其变化。

4. 滑坡地下、地表水露头(如井、泉、积水洼地等)及滑带水分布与流量。

5. 滑坡灾害区破坏程度。

6.2.2.5 视滑坡灾害区规模大小,沿滑动方向布置勘探线。勘探线及勘探孔的布置应有利于查明滑坡灾害特征,除主滑方向必须布置纵勘探线外,在主轴线两侧及滑体外亦应布置纵勘探线。在垂直滑动方向上,以纵勘探线的勘探孔(点)为基础,根据实际情况布置适量横勘探线。

6.2.2.6 控制性纵勘探线上勘探点不得少于 3 个,点间距依据滑坡规模确定,但不宜大于 40 m。纵、横勘探线端点均应超出滑坡灾害区边界。

6.2.2.7 各纵、横勘探线上的勘探孔应穿过最下一层滑动面,进入稳定岩土层一定深度(3~5 m),以满足对滑坡灾害治理的需要。

6.2.2.8 为全面了解和描述滑坡灾害体的工程地质特征,宜布设一定数量的探槽或探井,并用于滑坡体、滑动面(带)和下伏稳定地层中的采样。探井深度揭穿最低滑面即可。

6.2.2.9 在上述的各勘探线上,对预设地下、地表排水及可能采取工程防治支挡设施的地段,尚应按相应结构的要求增布勘探点。

6.2.2.10　勘探中可以运用钻孔测斜手段,以准确确定滑动面位置,并可延续至滑坡治理后的监测阶段。

6.2.3　试验及指标确定

6.2.3.1　通过采用与滑动受力条件相似的试验方法,获取滑坡体和软弱结构面的物理力学抗剪指标,对软弱结构面(滑带土)可作重塑土或原状土的多次剪试验,并求出多次剪和残余剪的抗剪强度。

6.2.3.2　滑坡体中每一岩土单元,特别是弱结构面、滑带土的取样数量,均不得少于6件。

6.2.3.3　滑面(带)的抗剪强度指标根据岩土性状、滑坡稳定性、变形大小以及是否饱和等因素,用试验值、反算值和经验值(工程类比)综合分析确定。

6.2.3.4　采用反算法检验滑动面的抗剪强度指标时应符合下列要求:

1. 采用实测的2个或2个以上主滑断面进行计算。

2. 对正在滑动的滑坡,其稳定系数 F_s 可取 0.90 ~ 1.00;对处于暂时稳定的滑坡,稳定系数 F_s 可取 1.00 ~ 1.05。

6.2.3.5　对大型滑坡或起控制作用的软弱面,宜进行现场原位剪切试验。必要时可增作岩体应力测试、波速试验、孔隙水压力测定等。

6.2.3.6　评价滑面(带)以下稳定层的岩土性状,并提供物理力学指标,为防治工程设计提供依据。

6.2.4　稳定性验算与评价

6.2.4.1　滑坡稳定性验算适用于对已发生滑坡灾害或滑坡灾害隐患区域稳定状态的评价,同时也作为对灾害区是否实施治理的依据。

6.2.4.2　根据滑坡类型和破坏形式,滑坡稳定性验算可采用折线滑动法、圆弧滑动法及平面滑动法:

1. 堆积层滑坡和较大规模碎裂结构(风化厚度较大、岩质较软或岩体整体极破碎)的岩质滑坡宜采用圆弧滑动法计算;

2. 顺层滑坡和已经发生平面滑动的土层滑坡宜采用平面滑动法进行计算;

3. 除圆弧滑动和平面滑动以外的较为复杂的滑坡,采用折线滑动法进行计算。

6.2.4.3　滑坡稳定性验算时选择平行于滑动方向、有代表性的断面不宜少于3条,其中一条应是主滑断面,并应分别划分出牵引段、主滑段或抗滑段。

6.2.4.4　当滑体中另有局部滑动可能,或具有多层滑面时,除验算整体稳定外,尚应验算局部稳定及各层滑动面的稳定。

6.2.4.5　当灾害的发生与地下、地表水直接相关,在进行滑坡稳定性验算时,应考虑动水压力对滑坡体稳定性的影响,并将其同时作为提交治理设计的依据。

6.2.4.6　滑坡灾害区稳定性的综合评价,根据灾害区的规模、滑动前兆、主导因素、滑坡区的工程地质和水文地质条件,以及稳定性验算结果进行,并根据发展趋势和危害程度,提出治理方案的建议。

6.2.4.7　滑坡稳定性验算方法,对应着不同的荷载组合所考虑的工况有以下三种:

1. 工况1:自然工况,指勘查期间的工况,作用于滑坡上的荷载有滑坡体自重 + 地面荷载。

2. 工况 2:地表水、地下水工况,指暴雨(n 年一遇)条件及河流、库岸附近条件下的工况,作用于滑坡上的荷载有滑坡体自重 + 地面荷载 + 地下水静水压力或动水压力。

3. 工况 3:地震工况,指地震作用条件下的工况,作用于滑坡上的荷载有滑坡体自重 + 地面荷载 + 地震力。

4. 工况说明:

在河流或库岸斜坡中涉水的滑坡,考虑水位变动产生的动水或静水压力。

地震烈度为 6 度或小于 6 度时,不计入地震力;大于 6 度时,灾害体的稳定性验算应计入地震力。

地震荷载仅考虑沿滑动主滑轴线方向的水平向地震作用。

计算工况的确定,可依工程的具体条件和整治设计的需要综合而定。

6.2.4.8　滑坡稳定性验算的计算公式:

1. 当滑动面为折线时,综合考虑工况 1、工况 2、工况 3 的稳定系数 F_s 计算公式如下:

$$F_s = \frac{\sum\limits_{i=1}^{n-1} \left(R_i \prod\limits_{j=i}^{n-1} \psi_j \right) + R_n}{\sum\limits_{i=1}^{n-1} \left(T_i \prod\limits_{j=i}^{n-1} \psi_j \right) + T_n} \tag{6.2.4-1}$$

$$\psi_j = \cos(\theta_j - \theta_{j+1}) - \sin(\theta_j - \theta_{j+1})\tan\varphi_{j+1} \tag{6.2.4-2}$$

$$\prod_{j=i}^{n-1} \psi_j = \psi_j \psi_{j+1} \psi_{j+2} \cdots \psi_{n-1} \tag{6.2.4-3}$$

$$R_i = N_i \tan\varphi_i + c_i L_i \tag{6.2.4-4}$$

$$T_i = G_i \sin\theta_i + P_{wi}\cos(\alpha_i - \theta_i) + Q_i\cos\theta_i \tag{6.2.4-5}$$

$$N_i = G_i \cos\theta_i + P_{wi}\sin(\alpha_i - \theta_i) - Q_i\sin\theta_i \tag{6.2.4-6}$$

$$P_{wi} = \gamma_w V_i \sin\frac{1}{2}(\alpha_i + \theta_i) \tag{6.2.4-7}$$

$$Q_i = k_H C_z \eta_i G_i \tag{6.2.4-8}$$

式中　F_s——滑坡稳定系数;

G_i——第 i 计算条块滑体所受的重力与建筑等地面荷载之和,kN/m;

R_i——第 i 计算条块滑体的抗滑力,kN/m;

N_i——第 i 计算条块滑体在滑动面上的法向分力,kN/m;

T_i——第 i 计算条块滑动面上的滑动分力,kN/m,当出现与滑动方向相反的滑动分力时,T_i 应取负值;

θ_i——第 i 计算条块底面倾角,(°);

φ_i——第 i 计算条块滑面上的内摩擦角标准值,(°);

c_i——第 i 计算条块滑面上的黏结强度标准值,kPa;

L_i——第 i 计算条块滑动面长度,m;

ψ_i——第 i 计算条块剩余下滑力传递至第 $i + 1$ 计算条块时的传递系数;

P_{wi}——第 i 计算条块所受的动水压力,kPa,作用方向倾角为 α_i(°),动水压力作用

角度取为计算滑块底面倾角 θ_i 和地下水面倾角 α_i 之差的平均值;

γ_w——水的重度,kN/m^3;

V_i——第 i 计算条块岩土体的水下体积,m^3/m;

Q_i——水平地震力,kN;

k_H——地震水平系数:烈度为 7 度时 $k_H = 0.1$,烈度为 8 度时 $k_H = 0.2$,烈度为 9 度时 $k_H = 0.4$;

C_Z——地震综合影响系数,取 0.25;

η_i——地震加速度分布系数,对崩塌、滑坡体取 1.0。

2. 当滑动面为圆弧时,综合考虑工况 1、工况 2、工况 3 的稳定系数 F_s 计算公式如下:

$$F_s = \frac{\sum\limits_{i=1}^{n} R_i}{\sum\limits_{i=1}^{n} T_i} \qquad (6.2.4\text{-}9)$$

$$R_i = N_i \tan\varphi_i + c_i L_i \qquad (6.2.4\text{-}10)$$

$$T_i = G_i \sin\theta_i + P_{wi}\cos(\alpha_i - \theta_i) + Q_i \cos\theta_i \qquad (6.2.4\text{-}11)$$

$$N_i = G_i \cos\theta_i + P_{wi}\sin(\alpha_i - \theta_i) - Q_i \sin\theta_i \qquad (6.2.4\text{-}12)$$

$$P_{wi} = \gamma_w V_i \sin\frac{1}{2}(\alpha_i + \theta_i) \qquad (6.2.4\text{-}13)$$

$$Q_i = k_H C_Z \eta_i G_i \qquad (6.2.4\text{-}14)$$

式中各字母变量的含义同前。

3. 当滑动面为单一平面(平面滑动)时,综合考虑工况 1、工况 2、工况 3 的稳定系数 F_s 的计算为上述公式(6.2.4-9)~公式(6.2.4-14),但取条块数为 1。

4. 对于岩质滑坡,滑动面一般为层面或外倾软弱结构面,稳定系数 F_s 的计算公式同公式(6.2.4-9)、公式(6.2.4-10),且条块数为 1,其中:

$$T_1 = G_1 \sin\theta_1 + V\cos\theta_1 + Q_1 \cos\theta_1 \qquad (6.2.4\text{-}15)$$

$$N_1 = G_1 \cos\theta_1 - V\sin\theta_1 - Q_1 \sin\theta_1 - U \qquad (6.2.4\text{-}16)$$

$$V = \frac{1}{2}\gamma_w h_w^2 \qquad (6.2.4\text{-}17)$$

$$U = \frac{1}{2}\gamma_w L h_w \qquad (6.2.4\text{-}18)$$

式中 V——滑体(岩体)后缘裂缝静水压力,kN/m;

U——沿滑面的扬压力,kN/m;

h_w——裂隙充水高度,m,取裂隙深度的 1/2 ~ 2/3。

6.2.4.9 根据滑坡稳定性验算结果,采用表 6.2.4-1 评价滑坡的整体稳定性:

当滑坡稳定系数计算值 F_s 小于表中的规定值时,滑坡的整体稳定性不满足要求,必须对滑坡进行治理,以保证滑坡不危及人民生命财产安全。另外,对地质条件很复杂或破坏后果极严重的滑坡,其稳定系数应当适当提高。

表6.2.4-1　滑坡稳定性安全系数

计算方法	滑坡级别		
	一级	二级	三级
平面滑动法、折线滑动法	1.35	1.30	1.25
圆弧滑动法	1.30	1.25	1.20

6.2.5　防治工程要点

6.2.5.1　在稳定性评价基础上,执行以防为主、防治结合的防治原则。结合滑坡灾害特性采取治坡与治水相结合的措施,合理有效地整治滑坡,避免灾害发生。

6.2.5.2　滑坡防治工程应考虑滑坡类型、成因、工程地质和水文地质条件、滑坡稳定性、工程重要性、坡上建(构)筑物和施工影响等因素,分析滑坡的有利和不利因素、发展趋势及危害性,对于滑坡的主滑地段可采取挖方卸荷、排水注浆等应急辅助措施,对抗滑地段可选取抗滑支挡、堆方反压等有效治理措施。

6.2.5.3　滑坡防治方案除满足滑坡整治要求外,尚应考虑支护结构与相邻建(构)筑物基础关系,并满足已有建筑功能要求。

6.2.5.4　当滑坡灾害治理的抗滑支挡结构需提供滑坡下滑推力时,可按传递系数法由式(6.2.5-1)计算:

$$E_i = E_{i-1}\psi_{i-1} + \gamma_t T_i - R_i \qquad (6.2.5-1)$$

式中　E_i、E_{i-1}——第 i 条块、第 $i-1$ 条块滑体的剩余下滑力,kN/m,当 E_i、E_{i-1} 为负值时取0;

　　　γ_t——滑坡推力安全系数,一般取 1.05 ~ 1.25;

　　　其他符号含义同前。

6.2.5.5　一般情况下,工程滑坡的滑坡推力安全系数取 $\gamma_t = 1.25$;而对于自然滑坡,包括新滑坡、古滑坡,滑坡推力安全系数根据滑坡的类型、对滑坡的研究程度、对工况条件的判断及稳定现状、破坏后果严重性和整治难度,由滑坡灾害的规模、危害程度、工程重要性等因素综合确定(参考附录B)。

　　当对滑坡进行了深入研究、对工况条件的判断接近实际、滑坡自身较为稳定时,可适当降低滑坡推力安全系数的取值。

6.3　泥石流

6.3.1　一般规定

6.3.1.1　对泥石流灾害的勘查一般通过收集资料和工程地质测绘进行,分析地形地貌、地质构造、地层岩性、水文气象、矿渣堆放量、汇水面积、降雨强度等方面的资料,判断灾害发生区及其上游的沟谷所具备的产生泥石流的条件,评价泥石流的类型、规模、发育阶段、活动规律、危害程度等,对采矿场地的稳定性作出评价,并提出预防和治理措施。

6.3.1.2　对泥石流易发区的勘查手段以工程地质测绘和调查为主,辅以适量的勘探测试工作,查明泥石流形成区、流通区和堆积区的地质环境特征及其威胁对象。

6.3.2 勘查技术要求

6.3.2.1 泥石流类型划分的基本原则：

按水源成因及物源成因可分为暴雨（降雨）泥石流、冰川（冰雪融水）泥石流、溃决（含冰湖溃决）泥石流；坡面侵蚀型泥石流、崩滑型泥石流、冰碛型泥石流、火山泥石流、弃渣泥石流、混合型泥石流等（参见附表 C.1）；

按集水区地貌特征可分为沟谷型泥石流和坡面型泥石流（参见附表 C.2）；

按泥石流物质组成可分为泥流型、水石型、泥石型泥石流（参见附表 C.3）；

按流体性质可分为黏性泥石流（重度 1.60 ~ 2.30 t/m³）和稀性泥石流（重度 1.30 ~ 1.60 t/m³）（参见附表 C.4）；

按爆发频率划分为高频率泥石流（1 年多次至 5 年 1 次）、中频率泥石流（5 年 1 次至 20 年 1 次）、低频率泥石流（20 年 1 次至 50 年 1 次）和极低频率泥石流（50 年 1 次以上）；

按人类工程活动分为自然形成的、人类活动引发的泥石流。

6.3.2.2 泥石流勘查中的调查测绘范围包括沟谷至分水岭的全部地段和可能受泥石流影响的地段。测绘比例尺，对全流域宜采用 1:10 000 ~ 1:50 000；对中下游可采用 1:1 000 ~ 1:5 000；对矿山开采引发的泥石流，可采用 1:500 ~ 1:1 000。

6.3.2.3 为查明灾害区的地质环境条件，应着重调查以下内容：

1. 已发生的暴雨强度，包括前期降雨量、一次最大降雨量，地表水、地下水活动情况；

2. 沟谷的地形地貌特征，包括沟谷的切割情况、坡度、弯曲、粗糙程度，并划分泥石流的形成区、流通区和堆积区，圈绘沟谷的整个汇水面积；

3. 灾害形成区的水源类型、水量、汇水条件，山坡坡度、地层岩性和风化状况，断裂、滑坡、崩塌、岩堆、矿渣石堆等不良地质现象及可能形成泥石流固体物质的分布范围、储量；

4. 灾害流通区沟床的纵横坡度及两侧山坡坡度、稳定状况、沟床的冲淤变化；

5. 灾害堆积区内堆积扇的范围、表面形态、纵坡、植被、沟道变迁和冲淤情况，堆积物的性质、层次、厚度、一般粒径和最大粒径，堆积区的形成时间、堆积速度、估算的最大堆积量；

6. 灾害区是否有发生泥石流的历史，历次泥石流的发生时间、频率、规模、形成过程和灾害情况，是否有促成灾害发生的人类工程活动等；

7. 灾害形成区固体物质的来源；

8. 采矿活动产生的废渣量、堆积形态、堆积方式，是否挤占河道、采取的拦挡措施等。

6.3.2.4 在测绘与调查工作的基础上，运用物探、钻探、井探、槽探等勘探手段进一步查明：

1. 灾害堆积区堆积物的性质、结构、粒径大小和分布，分析泥石流的物质来源、搬运距离，泥石流发生的频率；

2. 在可能设置防治工程的地段，查明该地段各类岩土层的岩性、结构、厚度和分布及物理力学性质，为防治工程设计和施工提供相关资料。

6.3.2.5 勘探线应采用纵向主要勘探线和辅助勘探线相结合的方法，每条勘探线上的勘探点不应少于 3 个。工作的布置要点如下：

1. 在泥石流形成区,勘探线和勘探点布置在固体物质来源相对集中的部位,勘探深度应揭穿松散体厚度,进入下伏基岩不小于 5 m。

2. 在泥石流堆积区,主勘探线布置于扇形轴部,勘探点间距 20 ~ 50 m,主剖面两侧布置辅助剖面。剖面及勘探点间距视堆积扇的大小而定。勘探点深度应穿过堆积体厚度,进入稳定地层不小于 5 m。

3. 在拟设治理工程支挡的地段应布置勘探线,在岩土层的厚度、性质变化较大的部位可垂直于轴线布置短剖面。勘探点间距 20 ~ 40 m,勘探点深度应结合治理设计的要求,穿过松散层进入基岩 3 ~ 5 m。

4. 以上各勘探点进入下面稳定基岩的深度还应满足大于泥石流体中最大块石直径的 1.0 ~ 1.5 倍,对于厚度较大的泥石流堆积体,勘探点深度宜适当加深。

6.3.2.6 为了解泥石流灾害区整体岩土结构,也可采用物探方法,探测点间距不大于 50 m。

6.3.2.7 泥石流区存在滑坡、崩塌、危岩体时,地质测绘与勘查工作除应符合本节规定外,还应符合第 6.1、6.2 节的规定。

6.3.3 测试技术要求

6.3.3.1 为查明岩土的性能,可在钻孔中进行标贯、动力触探、波速测试;为查明土的渗透性,可在钻孔中进行抽水、注水、压水试验。

6.3.3.2 堆积物的颗粒分析样品,考虑其含大颗粒的特点,每件样需 500 kg,且应在现场将 ≥2 cm 以上的颗粒在野外筛分,<2 cm 的颗粒送实验室进行颗分。

6.3.3.3 泥石流区土样采集数量不应少于 6 件;在防护工程地段,每一稳定土层取样不少于 9 件。

6.3.4 综合评价

6.3.4.1 在勘查工作的基础上,对泥石流按附录 C 进行工程分类,然后根据泥石流的规模及其危害程度进行综合评价。

6.3.4.2 泥石流特征值的测定与计算:

1. 泥石流的重度可由式(6.3.4-1)计算:

$$\gamma_m = \frac{(G_m f + 1)}{(f + 1)} \gamma_w \qquad (6.3.4\text{-}1)$$

式中 γ_m ——泥石流的重度,kN/m³;

γ_w ——水的重度,kN/m³;

G_m ——固体物质的相对密度(比重),一般取 2.4 ~ 2.7;

f ——固体物质体积和水的体积之比。

泥石流的重度也可由表 6.3.4-1 中的经验值确定。

表 6.3.4-1　泥石流重度经验值

泥石流稠度	泥石流重度(kN/m³)	泥石流稠度	泥石流重度(kN/m³)
泥沙饱和的液体	11 ~ 12	黏性粥状	15 ~ 16
流动果汁状	13 ~ 14	挟石块黏性大的浆糊状	17 ~ 18

2. 泥石流的流量由式(6.3.4-2)计算:

$$Q_m = F_m V_m \tag{6.3.4-2}$$

式中　Q_m——泥石流流量, m^3/s;

　　　F_m——泥石流流体的过流断面面积, m^2;

　　　V_m——泥石流断面的平均流速, m/s。

3. 泥石流的流速由式(6.3.4-3)计算:

$$V_m = \frac{m_m}{a} R_m^{\frac{2}{3}} I^{\frac{1}{2}} \tag{6.3.4-3}$$

$$R_m = \frac{F}{\chi} \tag{6.3.4-4}$$

$$a = (\xi G_m + 1)^{\frac{1}{2}} \tag{6.3.4-5}$$

$$\xi = \frac{\gamma_m - 1}{G_m - \gamma_m} \tag{6.3.4-6}$$

式中　V_m——泥石流断面平均流速, m/s;

　　　I——泥石流水面纵坡, %;

　　　R_m——泥石流流体水力半径, m;

　　　γ_m——泥石流的重度, kN/m^3;

　　　F——洪水时沟谷过水断面面积, m^2;

　　　χ——湿周, m;

　　　a——阻力系数;

　　　G_m——固体物质的相对密度(比重), 一般取 2.4 ~ 2.7;

　　　ξ——泥石流修正系数;

　　　m_m——泥石流粗糙系数, 见表 6.3.4-2。

6.3.4.3　规模大、危害严重、防治工作困难且不经济的泥石流沟谷, 不应作建筑场地, 各类工程(包括采矿工程)应采取绕避方案。

6.3.4.4　规模较大、危害较严重的泥石流沟谷, 不宜作建筑场地, 各类建筑(包括采矿工程)以绕避为好, 当必须建筑时, 应采取综合治理和防治措施。对线路工程应避免直穿扇形地, 宜在沟口或流通区内沟床稳定、沟形顺直、沟道纵坡一致、冲淤变幅较小的地段设桥通过, 并宜采用一跨或大跨通过。

6.3.4.5　规模较小、危害轻微的泥石流沟谷, 可利用其堆积区作建筑场地, 但应避开沟口。线路工程亦可通过, 但应一沟一桥, 不宜改沟并沟, 同时应做好排洪疏导等防治工程。

6.3.4.6　当沟口上游有大量弃渣或进行工程建设而改变原有的排洪平衡条件时, 应重新判定产生新泥石流灾害的可能性。

6.3.5　防治监测工程要点

6.3.5.1　危害严重、流域面积大, 以及有代表性的、必须进行整治的, 或需特殊治理研究的泥石流, 要建立观测站, 对其活动规律进行中长期动态观测, 或对其基本参数变化作短周期动态监测。

表 6.3.4-2 泥石流粗糙系数

河床特征	m_m 值		坡度
	极限值	平均值	
糙率最大的泥石流沟槽,沟槽中堆积有难以滚动的棱石或稍能滚动的大石块。沟槽被树木(树干、树枝及树根)严重阻塞,无水生植物。沟底以阶梯式急剧降落	3.9 ~ 4.9	4.5	0.375 ~ 0.174
糙率较大的不平整的泥石流沟槽,沟底无急剧突起,沟床内均堆积大小不等的石块,沟槽被树木所阻塞,沟槽内两侧有草本植物,沟床不平整,有洼坑,沟底呈阶梯式降落	4.5 ~ 7.9	5.5	0.190 ~ 0.067
较弱的泥石流沟槽,但有大的阻力。沟槽由滚动的砾石和卵石组成,沟槽常因稠密的灌丛而被严重阻塞,沟槽凹凸不平,表面因大石块而突起	5.4 ~ 7.0	6.6	0.187 ~ 0.116
流域在山区中下游的泥石流沟槽,沟槽经过光滑的岩面,有时经过具有大小不一的阶梯跌水的沟床,在开阔河段有树枝、砂石停积阻塞,无水生植物	7.7 ~ 10.0	8.8	0.220 ~ 0.112
流域在山区或近山区的河槽,河槽经过砾石、卵石河床,由中小粒径与能完全滚动的物质所组成,河槽阻塞轻微,河岸有草本及木本植物,河底降落较均匀	9.8 ~ 17.5	12.9	0.090 ~ 0.022

6.3.5.2 泥石流监测要点

1. 固体物质来源物(松散堆积体、风化层和采矿、采石形成的弃渣堆石、堆土等)受暴雨、洪流冲蚀等作用的稳定性变化监测;

2. 泥石流供水水源监测,包括降雨雨量和历时、地表水入渗和地下水水位变化动态;

3. 泥石流动态要素监测,包括暴发时间、过程、流速、流面宽度、阵流次数、沟床纵横坡度变化、冲淤变化和堆积情况等;

4. 根据泥石流动态要素、动力要素及物理特征变化情况的监测,提供紧急报警任务。

6.3.5.3 泥石流灾害的生物防治措施

1. 在泥石流主要物源区植树造林,以种植草皮为主;

2. 对于人类工程活动产生的废渣堆,采用覆土、植树种草的措施,减少和稳定泥石流的固体物质来源;

3. 对于坡度小于 25° 的成片耕地,采用修建梯田、等高线水平截水沟、鱼鳞坑等工程,截引地表径流,增大入渗量,减少径流。

6.3.5.4 泥石流灾害的工程治理措施

1. 对于采矿、修路等人类工程活动产生的废渣,及时修筑防护支挡工程,稳定边坡。

2. 疏导、拦截和滞流:在泥石流形成区宜疏通河道,修筑疏导堤、挡渣堤,固化或清理废渣堆等。在泥石流流通区修筑各种形式的拦渣坝,以拦截泥石流中的石块,平缓纵坡,减小泥石流流速和规模。在合适区域设置停淤场,将泥石流中固体物质导入停淤场,以减轻泥石流的动力作用,防止沟床下切和谷坊坍塌。

3. 输排和利导:在下游堆积区修筑排洪道、急流槽、导流堤等设施,以固定沟槽、约束水流,改善沟床平面等。

6.4　采空区塌陷

6.4.1　一般规定

6.4.1.1　采空区塌陷勘查应在地质环境调查、遥感和测绘的基础上,采用物探、钻探、室内外测试多手段进行。

6.4.1.2　勘查应查明采空区塌陷的范围、地质背景,对其危害程度和发展趋势作出判断,为灾害预防和治理提供依据。

6.4.1.3　勘查范围应超过采空区地表移动变形影响范围不小于50 m或超过最大疏干排水降落漏斗边界不小于20 m。

6.4.1.4　勘查深度不得小于最下层采空区底板以下3 m。

6.4.1.5　根据勘查结果,提出防治原则和建议。

6.4.2　勘查技术要求

6.4.2.1　遥感解译

1. 在勘查工作开始前进行航片解译,对与采空区有关的各种要素进行分析,以达到优化勘查设计,提高工作效率和成果质量的目的。

2. 航片解译比例尺一般应大于1:25 000。必要时辅以卫片解译。

3. 解译成果用以指导测绘和物探工作布置。

4. 解译内容主要为划分岩性及其组合,判定采空区及其塌陷的形态、分布和规模,分析采空区塌陷的范围及扩展情况。

5. 解译各种水文现象,圈定地下水的补给范围。

6.4.2.2　地质调查与测绘

1. 查明勘查范围内的交通、气象、水文、地形地貌、地层岩性、地质构造特征等。

2. 查明勘查区内采矿和采空区的分布、开采历史、范围、深度、采厚、开采方法、开采规模、采出率、顶板岩性、厚度、顶板管理方法及远景开采规划等。

3. 查明采空区及其附近矿井、供水井的抽水排水情况,包括时间、水量、水质、补给、排泄方式,地下水位变幅和影响半径及其对采空区的稳定性和治理工程的影响等。

4. 查明采空区覆岩破坏、地表陷落、地裂缝、建筑物破坏特征及其与采空区开采边界的关系,划出塌陷中心区和边缘区。

5. 查明地表变形范围、变形量大小及其变化规律,分析采空区变形发展趋势,研究地表变形与采空区、区域地质构造、开采边界、采矿工作面的推进方向的关系,确定其危害程度。

6. 调查临近矿山开采对本勘查区的地表变形与地下水排泄的叠加影响,以及与采空区相关的其他不良地质现象。

7. 测绘比例尺一般为1:1 000～1:2 000。

8. 测绘结束后应定性或半定量评价采空区的稳定性。

6.4.2.3 工程物探

1. 物探工作应根据采空区条件选用合适的方法进行,在工作开始前应进行方法的有效性试验。

2. 物探方法的选择应结合地形、采空区埋深及各方法的适用条件进行合理选择(参见附录 E),一般应选择两种以上的方法进行勘探。

3. 物探测线应结合勘探线平行或垂直于采空区主要巷道布置。

4. 对于埋深大于 200 m 的采空区,工程物探方法及其组合要进行专门研究。

5. 物探测线、点的间距应按采空区的复杂程度和工程需求布置,线间距宜为 20～50 m,点间距宜取 10～20 m。

6. 物探工作结束后应进行质量检查,重点检查采空异常区,检查点应均匀分布,检查数量为测点数量的 3%～5%。

7. 必要时采集岩土样品进行试验,确定勘查区的岩土物理参数。

8. 进行物探成果解译时应综合考虑方法的多解性,提高解译精度。

6.4.2.4 钻探

1. 主要目的与任务

(1)查明地表下、采空区以上各种地质体的埋藏条件、形态特征和空间分布,为采空区塌陷防治方案提供地质依据;

(2)查明各种地质构造的产状、规模及其与采空区主要巷道的相互关系;

(3)查明采空区的水文地质条件,为进行地下水试验和监测提供条件;

(4)采集岩、土、水的测试样品,为现场测试进行准备或提供场所;

(5)验证物探异常点。

2. 钻探布置原则

(1)钻探工作在充分收集矿山开采资料、地质测绘和物探的基础上进行;

(2)勘探点、线的布置应有利于查明采空区的位置、规模、埋深等,并能控制采空区的边界条件;

(3)勘探线沿采空区长轴方向布置不少于 2 条纵剖面,线间距 200～500 m,每条纵剖面上不应少于 3 个勘探点,勘探点布置时应尽可能形成横剖面;

(4)每个采空区不得少于 2 个控制性钻孔,每处采空塌陷点不得少于 1 个控制性钻孔;

(5)对主要塌陷点或密集塌陷地段,应沿塌陷的扩展方向加密勘探剖面,提高控制精度。

3. 孔深要求

(1)钻孔中应有不少于 40% 的控制性孔,其钻探深度应进入最下一层采空区底板不少于 10 m;

(2)一般性钻孔对单层采空区应进入采空区底板 5 m,对于存在多层采空区的,应进入最下一层采空区底板不少于 3 m;

(3)所有钻孔均应进行测试工作,其深度应满足测试要求,其中进行电磁波 CT 测试的钻孔进入最下一层采空区底板不小于 20 m。

4. 钻探技术要求

（1）孔径：以满足测试仪器对孔径的要求而确定；

（2）土层采用干钻法，岩层采用清水或泥浆钻进；

（3）岩芯采取率应满足勘查方案规定；

（4）孔深和孔斜误差满足勘查方案的规定；

（5）按要求进行岩、土、水样的采集、封装并及时送实验室；

（6）进行简易水文观测；

（7）协助孔内试验和测试工作；

（8）做好分层止水措施，严防层间串通涌水与污染，按要求进行封孔和处理岩芯；

（9）及时、准确记录钻孔报表。

6.4.2.5　岩土水测试

1. 应采集场地岩土体进行试验，以确定岩土体的物性参数，为物探成果解译提供依据。

2. 根据勘查要求，采集岩土样品进行物理力学指标测试，确定岩体的各类物理力学参数。

3. 存在地下水或地表水时，应采集水样进行腐蚀性分析测试，以确定水体对建筑材料的腐蚀性影响，从而为治理工程的材料设计提供依据。

6.4.3　采空区塌陷预测

6.4.3.1　采煤引发地面塌陷的预测

对于采空区引发地面塌陷的范围，应采用《工程地质手册》、《建筑物、水体、铁路及主要井巷煤柱留设与压煤开采规程》等提供的计算公式，并结合矿区的水文地质条件、工程地质条件、矿体厚度、埋藏深度，同时采用矿山以往开采资料或邻近矿山的经验数据，确定塌陷范围、深度、稳定时间等。煤矿采矿活动引起地表塌陷预测计算公式：

最大下沉值　　　　　　$W_0 = \eta m \cos\alpha$　（mm）　　　　　（6.4.3-1）

最大倾斜值　　　　　　$I_0 = W_0/r$　（mm/m）　　　　　（6.4.3-2）

最大曲率值　　　　　　$K_0 = 1.52W_0/r^2$　（mm/m²）　　　（6.4.3-3）

最大水平移动　　　　　$U_0 = bW_0$　（mm）　　　　　　（6.4.3-4）

最大水平变形　　　　　$E_0 = 1.52bW_0/r = 1.52bI_0$　（mm/m）　（6.4.3-5）

式中　m——矿体开采厚度，煤矿指煤层法线厚度，m；

　　　η——下沉系数，为经验值，河南省煤矿见附录 D；

　　　α——矿体倾角，（°）；

　　　r——主要影响半径，其值为采深与影响角正切值之比：

　　　　　　　　　　　　$r = H/\tan\theta_0$　　　　　　　　　（6.4.3-6）

　　　H——采矿深度（平均埋深），m；

　　　$\tan\theta_0$——影响角正切值，为经验值，河南省煤矿见附录 D；

　　　b——水平移动系数，为经验值，应采用邻近矿山经验系数，若无邻近矿山可参考附录 D，金属矿一般取 0.3。

6.4.3.2　采空塌陷范围的确定

1. 煤矿采空塌陷范围应从变形拐点算起直至影响边界,影响半径按式(6.4.3-6)计算,当最大水平变形≥3 mm/m 时,即为采空塌陷范围;

2. 计算采空塌陷范围时,应考虑开采边界各煤层点的埋深、开采法线厚度、煤层倾角;

3. 根据计算结果,绘制地表沉陷等值线图;

4. 对于大面积开采的煤层,一般在开采边界处和开采中心选择有代表性的计算点;

5. 对于由边界煤柱、断层煤柱、采空区防水煤柱、工业场地和主要井巷煤柱等保护煤柱所分割的开采工作面,地表沉陷计算时应予以考虑。

6.4.3.3　金属矿开采引发地面塌陷的预测

对沉积变质型铁矿、铝土矿、产状平缓的其他金属矿,若矿层顶板属于中硬以下岩石,构造、节理裂隙发育,其引发的塌陷是面积性的,可以比照煤矿采空塌陷的预测评估。

而对于产状较陡、矿体厚度较薄、围岩坚硬的金属矿床,若矿体出露到地表,引发的塌陷是一条深沟,长度略大于矿体长度,宽度是矿体厚度的几倍,预测其塌陷范围和发展趋势,应该参考相邻矿山以往的塌陷情况进行评估。

6.4.4　稳定性评价

6.4.4.1　采空区稳定性评价结果是进行采空区塌陷治理的依据。

6.4.4.2　采空区的稳定性评价应参考当地矿山经验采用静态与动态相结合、定性与定量相结合的方法进行。具体的评价计算方法参照《建筑物、水体、铁路及主要井巷煤柱留设与压煤开采规程》等现行矿山开采设计的有关规范、规程。

6.4.4.3　应充分考虑工程地质条件、水文地质条件、矿山开采方案对采空区稳定性所产生的影响。

6.4.5　采空区塌陷监测

6.4.5.1　勘查过程中应同时进行塌陷区的变形监测,成果可作为评价稳定性的依据。

6.4.5.2　采空区塌陷监测包括以下内容:

1. 采空塌陷区的地面变形及其发展情况;

2. 采空区地表水和地下水的水位变化情况;

3. 采空区内地面建(构)筑物变形(倾斜、开裂或下沉等)情况;

4. 塌陷区附近抽水点(井)的水位、水量、浑浊度变化情况。

6.4.5.3　监测周期根据塌陷区变形情况决定,一般每月一次,勘查期间每周或两周一次。

6.4.5.4　监测数据应及时进行处理,并编入勘查报告。

6.4.6　采空塌陷区防治工程

6.4.6.1　防治工程应依据勘查结果,按其稳定性现状和发展趋势,采取挖高垫低(积水区挖低垫高)、塌陷坑回填与防水、地面排水等合理有效的防治措施。当采空区尚未稳定时,不宜在其允许范围内进行工程建设。

6.4.6.2　在采空塌陷区进行工程建设活动,必须进行专门的工程地质勘查和稳定性评价。

6.4.6.3 下列地段不宜作为建设工程场地：

1. 在开采过程中可能出现非连续变形的地段；

2. 地表移动活跃的地段；

3. 特厚矿层和倾角大于55°的厚矿层露头地段；

4. 地表移动和变形可能引起边坡失稳及山崖崩塌的地段；

5. 地表倾斜大于10 mm/m，地表曲率大于0.6 mm/m²，或地表水平变形大于6 mm/m的地段；

6. 采深小的小窑采空区，地表变形剧烈且为非连续变形和地表裂缝、塌陷坑边缘地段。

6.4.6.4 下列地段进行工程建设时，应进行适宜性评价：

1. 采空区采深、采厚比大于30的地段；

2. 采深小，上覆岩层极坚硬，并采用非正规开采方法的地段；

3. 地表倾斜为3～10 mm/m，地表曲率为0.2～0.6 mm/m²，或地表水平变形为2～6 mm/m的地段；

4. 地表变形已趋稳定，但有可能受相邻采空区影响的小窑采空区。

6.5 地裂缝

在治理区内对采矿形成的地裂缝开展调查，采取追踪调查、物探、钻探、槽探等方法，查明地裂缝的数量、分布特征、规模（包括长、宽、深度等），根据矿山开采及闭坑情况预测地裂缝的发展规律及趋势，并结合治理方案提出治理措施。

6.5.1 全面搜集治理区的地质环境条件、人类社会活动对地质环境的影响等资料，分析地裂缝与区域地质作用及人为作用的关系。

6.5.2 通过访问当地居民了解地裂缝的发育过程及历史，调查地裂缝对地面建筑的破坏形式、破坏程度及破坏过程，分析地裂缝与塌陷区的关系。

6.5.3 设置地裂缝监测点，对地裂缝进行监测，每10天监测一次，异常活动期加大监测频率。

6.6 含水层破坏

6.6.1 一般规定

在治理区内开展水文地质调查，查明含水岩组的类型、水位、与矿层的关系，含水层的渗透系数、单位涌水量、补给来源、排泄条件等；查明含水层疏干、地下水水位下降、泉水流量减少、地下水降落漏斗的分布范围、地下水水质变化情况、地下含水层破坏对生产生活用水水源的影响等；预测矿山开采对含水层结构的影响与破坏。

6.6.2 矿层上部含水层结构破坏预测

矿体上覆岩体移动变形对含水层的影响主要受垮落带、导水裂隙带控制，垮落带、导水裂隙带的计算，主要参照《建筑物、水体、铁路及主要井巷煤柱留设与压煤开采规程》推荐的经验公式，详见表6.6.2-1、表6.6.2-2。

表 6.6.2-1　冒(垮)落带最大高度的统计经验计算公式

岩石类型	抗压强度(MPa)	主要岩石名称	计算公式(m)
坚硬	40~80	石英砂岩、石灰岩、砂质页岩、砾岩	$H_c = [100\sum m/(2.1\sum m + 16)] + 2.5$
中硬	20~40	砂岩、泥质灰岩、砂质页岩、页岩	$H_c = [100\sum m/(4.7\sum m + 19)] + 2.2$
软弱	10~20	泥岩、泥质砂岩	$H_c = [100\sum m/(6.2\sum m + 32)] + 1.5$
极软弱	<10	铝土岩、风化泥岩、黏土、砂质黏土	$H_c = [100\sum m/(7.0\sum m + 63)] + 1.2$

表 6.6.2-2　导水裂隙带最大高度的统计经验计算公式

岩石类型	计算公式(一)(m)	计算公式(二)(m)
坚硬	$H_f = [100\sum m/(1.2\sum m + 2)] + 8.9$	$H_f = [30(\sum m)^{0.5}] + 10$
中硬	$H_f = [100\sum m/(1.6\sum m + 3.6)] + 5.6$	$H_f = [20(\sum m)^{0.5}] + 10$
软弱	$H_f = [100\sum m/(3.1\sum m + 5.0)] + 4.0$	$H_f = [10(\sum m)^{0.5}] + 10$
极软弱	$H_f = [100\sum m/(5.0\sum m + 8.0)] + 3.0$	

注:H_c 为垮落带高度,$\sum m$ 为矿体开采的累计厚度,H_f 为导水裂隙带高度,三者的计量单位为 m;冒(垮)落带导水裂隙带最大高度 = 冒(垮)落带最大高度 + 导水裂隙带最大高度。

6.6.3　矿层下部含水层结构破坏预测

6.6.3.1　在采矿过程中,采掘工作面附近底板受采动破坏和应力释放的影响,底板处往往产生底鼓,使其底板强度降低,有效隔水层减薄,高压承压水易突破底板而涌入巷道,造成底板突水,从而使矿层下部含水层结构遭到破坏。采用煤矿底板承压含水层临界水压和临界隔水层的理论公式对矿层下部含水层结构破坏进行预测,见公式(6.6.3-1)、公式(6.6.3-2)。

$$H_{临} = 2K_p t_实^2/L^2 + \gamma t_实 \qquad (6.6.3\text{-}1)$$

$$t_临 = \{L[(\gamma^2 L^2 + 8K_p H_实) - \gamma L]\}/4K_P \qquad (6.6.3\text{-}2)$$

式中　$H_{临}$——巷道隔水层底板的临界水压值,kPa;

　　　$t_临$——巷道底板隔水层的临界厚度,m;

　　　L——巷道底宽或高度,m;

　　　$t_实$——巷道底板隔水层的实际厚度,m;

　　　$H_实$——作用于隔水层底板上的实际水压值,kPa;

　　　γ——隔水层的岩石密度,kg/m³;

　　　K_p——隔水层的抗张强度,kPa。

6.6.3.2　若隔水层底板的实际水压值 $H_实$ 小于理论计算的临界水压值 $H_{临}$,可以认为底板稳定,不会发生突水事故,也就不会对底板含水层构成造成破坏;反之 $H_实 > H_{临}$,巷道底板会被承压水鼓裂而突水,对底板含水层构成造成破坏。

6.6.3.3　当底板隔水层的实际厚度 $t_实$ 大于理论计算的 $t_临$ 时,底板稳定;反之 $t_实 < t_临$,底板不稳定,易产生底鼓突水。

6.6.3.4 对于煤矿,计算隔水层有效厚度时应将实际厚度值减去底板采动导水破坏带的影响深度值。底板采动导水破坏带的影响深度的计算见式(6.6.3-3)。

$$h = 0.008\,5H + 0.166\,5\alpha + 0.107\,9L - 4.357\,9 \qquad (6.6.3\text{-}3)$$

式中　h——底板采动导水破坏带的影响深度值,m;

　　　　H——开采深度,m;

　　　　L——壁式工作面斜长,m;

　　　　α——开采煤层倾角,(°)。

6.6.4 含水层疏干范围预测

采矿抽水引起周围地下水水位的下降,含水层疏干影响范围受到岩层的富水性、渗透系数、抽水量等影响,可采用下列公式,计算影响范围。

$$R = 2S(HK)^{0.5} \qquad (6.6.4\text{-}1)$$

式中　R——抽水疏干影响半径,m;

　　　　S——水位降深,m;

　　　　H——含水层厚度,m;

　　　　K——渗透系数,m/d。

在矿区水文地质资料比较丰富的地区,可以采用解析法、数值法进行预测。

6.7　露天采坑

露天开采形成的采坑调查,应按照采坑的分布划分采坑单元区,查明每个采坑的分布特征,如面积、深度、坑底最终标高、积水情况、采坑中的破损山体和废渣石及其分布特征等,查明边坡坡度及采坑揭露的岩性、岩层倾向,评价边坡的稳定性,并结合治理方案提出治理措施。

6.8　废渣堆场

矿山开采形成的废渣堆场调查,应查明弃土及废渣石堆的规模、堆积高度、方量、分布(覆盖地表)特征(包括平面及垂向分布特征)及物质组成,评价其四周边坡的稳定性,分析泥石流发生的可能性,并结合治理方案提出治理措施。

6.9　废弃建(构)筑物

调查治理区内因采矿遗留的平硐、斜井、竖井、临时建筑等废弃建(构)筑物,查明建(构)筑物的数量、结构形式、建筑面积、体积、物质组成,并结合治理方案提出治理措施。

6.10　土地资源破坏

结合土地利用现状调查资料,查明区内的土地类型及权属,查明因采矿引起的土地资源占压与破坏的面积、分布特征,结合治理方案提出治理措施。

6.10.1 矿山开采形成的采场与塌陷区的面积、深度及对土地资源的影响程度调查;

6.10.2 废石堆场占压破坏土地面积及对土地资源的影响程度调查;

6.10.3 矿区因采矿修建的建(构)筑物及道路等占压土地资源情况调查;

6.10.4 调查治理区的土壤质量,评价土壤对植物的适宜性。

7 勘探与试验技术要求

7.1 钻探

7.1.1 勘探钻孔目的:全面掌握地质灾害体或拟设计工程基础所处的空间位置、埋藏深度、岩性、地质构造、裂隙、裂缝、破碎带、蚀变带、岩溶、滑带、软弱夹层、地下水位、含水层、隔水层和水漏失程度等。

7.1.2 钻孔深度:崩塌勘探,钻孔深度宜钻至崩塌体以下 5 m;滑坡体勘探,钻孔深度应进入稳定岩土层 3 ~ 5 m;泥石流勘探,钻孔深度应揭穿松散体厚度,进入下伏基岩不小于 5 m;采空塌陷区勘探,钻孔深度应进入最下一层采空区底板不少于 10 m。

7.1.3 钻孔结构:为充分了解岩土体物理力学特征,钻孔口径不小于 110 mm,必要时采用 130 mm、150 mm 口径系列。

7.1.4 钻进方法:以合金钻进、复合片钻进工艺为主,钻遇坚硬夹层时采用金刚石钻进工艺;钻孔深度小于 20 m 时,采用干钻方式,钻孔深度大于 20 m 时,采用优质泥浆钻进,杜绝清水钻进。

7.1.5 取芯工具:主要标志层取芯时采用单动三管半合钻具、双动双管内管超前钻具,一般地层采用单动双管钻具。

7.1.6 钻进技术参数与常规的岩芯钻探不同,钻压、转速、泵量适中,以保持岩芯完整程度为目的。

7.1.6.1 钻进深度和岩土分层的量测精度不应低于 ±0.05 m。

7.1.6.2 严格控制回次进尺,一般地层应控制在 0.5 ~ 1.5 m。对软硬互层、软硬不均风化带、软弱层、特殊薄层、破碎带等,应严格控制在 0.3 ~ 0.5 m,其中滑动面及重要结构面上下 5 m 范围内不大于 0.3 m。较完整基岩、完整基岩一般为 1.5 ~ 3.5 m。

7.1.7 取芯要求

7.1.7.1 重点取芯地段(如破碎带、滑带、软夹层、断层等)应限制回次进尺,每次进尺不允许超过 0.3 m,并提出专门的取芯和取样要求,看钻地质员跟班取芯、取样。

7.1.7.2 松散地层潜水位以上孔段,应尽量采用干钻;在砂层、卵砾石层、硬脆碎地层和松散地层中以及滑带、重要层位和破碎带等应采用提高岩芯采取率的钻进及取样工艺。

7.1.7.3 岩芯采取率要求,黏性土 ≥90%,砂类土 ≥80%,碎石类土 ≥75%,滑面和重要结构面上下 5 m 范围内 ≥90%,基岩(微风化和弱风化 ≥70%,强风化、全风化和构造破碎带 ≥90%,完整基岩 ≥80%)。

7.1.8 孔深误差及分层精度要求

7.1.8.1 下列情况均需校正孔深:主要裂缝、软夹层、滑带、溶洞、断层、涌水处、漏浆处、换径处、下管前和终孔时。

7.1.8.2 终孔后测量孔深,孔深最大允许误差不得大于 1‰。在允许误差范围内可不修正,超过误差范围要重新丈量孔深并及时修正报表。

7.1.8.3 钻进深度和岩土分层深度的量测精度,不应低于 ±5 cm。

7.1.8.4 应严格控制非连续取芯钻进的回次进尺,使分层精度符合要求。

7.1.9 孔斜误差要求

7.1.9.1 每钻进 50 m、换径后 3~5 m、出现孔斜征兆时、终孔后,均需测量孔斜;

7.1.9.2 顶角最大允许弯曲度,每百米孔深内不得超过 2°。

7.1.10 钻孔简易水文地质观测

应观测初见水位、稳定水位、漏水和涌水及其他异常情况,如破碎、裂隙、裂缝、溶洞、缩径、漏气、涌砂和水色改变等。

7.1.10.1 无冲洗液钻进时,孔中一旦发现水位,应停钻立即进行初见水位和稳定水位的测定。每隔 10~15 min 测一次,三次水位相差小于 2 cm 时,可视为稳定水位。

7.1.10.2 清水钻进时,提钻后、下钻前各测一次动水位,间隔时间不小于 5 min。长时间停钻,每 4 h 测一次水位。

7.1.10.3 准确记录漏水、涌水位置并测量漏水量、涌水量及水头高度。

7.1.10.4 测稳定水位时应抽水,观测其恢复水位,稳定时间应大于 2 h。终孔时应测一次全孔稳定水位。

7.1.11 封孔要求

钻孔验收后,对不需保留的钻孔必须按要求进行封孔处理。土体中的钻孔一般用黏土封孔,岩体中的钻孔宜用水泥砂浆封孔。

7.1.12 岩芯摆放及保留岩芯要求

7.1.12.1 勘探现场岩芯必须装入分格式岩芯箱(岩芯箱必须按一米一格、五格一箱统一定制),按其在钻孔中的实际位置摆放整齐,无岩芯孔段应空出。并按回次填写并贴好岩芯标签,注明层次编号、岩层名称、起止深度。不同岩层岩芯分界处,填写分层标签注明变层深度。标签必须清晰、整洁,并采取防水措施处理。

7.1.12.2 所有钻孔岩芯均应做好标识后分箱照相(每岩芯箱拍一张数码照片,相机需 300 万像素以上,设置为 1 280×960 像素,最高画质,现场应保证成像质量),并对照片编号,以备地质人员检查核对,钻探完工后照片随钻孔资料一并提交。拍照前,岩芯应标明孔号、孔位、所属工点名称、起止深度、分层深度、终孔深度等,并保证上述信息在照片中清晰可辨且不遮挡岩芯。拍照时应将所取各岩、土样置于岩芯箱中相应原位,以便于核对。

7.1.12.3 勘查报告验收前,各孔全部岩芯均要保留。勘查报告验收后按专家组意见,对代表性钻孔及重要钻孔,应全孔保留岩芯;其他钻孔岩芯,可分层缩样存留;对有意义的岩芯,应揭片留样。治理工程竣工验收后,可不予保留。

7.1.13 钻孔地质编录

7.1.13.1 钻孔地质编录是最基本的第一手勘查成果资料,应由看钻地质员承担。必须在现场真实、及时和按钻进回次逐次记录,不得将若干回次合并记录,更不允许事后追记。

7.1.13.2 编录时要注意回次进尺和残留岩芯的分配,以免人为划错层位。

7.1.13.3 在完整或较完整地段,可分层计算岩芯采取率;对于断层、破碎带、裂缝、滑带和软夹层等,应单独计算。

7.1.13.4 钻孔地质编录应按统一的表格记录。其内容一般包括日期、班次、回次孔深(回次编号、起始孔深、回次进尺)、岩芯(长度、残留、采取率)、岩芯编号、分层孔深及分层采取率、地质描述、标志面与轴心线夹角、标本取样号码位置和长度、备注等。

7.1.14 岩芯的地质描述

7.1.14.1 岩芯的地质描述应客观、详细,使技术人员能根据描述作出自己的判断。对于只有结论性意见而无具体描述的编录,视为不合格。

7.1.14.2 重视岩溶、裂缝、滑带及软夹层的描述和地质编录,编录中宜多用素描及照片辅助说明。注意对滑带擦痕的观察与编录,重视水文地质观测记录和钻进异常记录及取样记录。

7.1.14.3 记录应详细准确,每个回次均应及时描述,不得补记或事后追记。钻进参数及钻进情况应详细记录,如钻压、转速、泵量、冲洗液、孔内漏水、涌水、涌砂、塌孔、空洞、钻具振动、施钻方法、孔内事故等。岩芯应详细描述,特别注意描述软弱层、夹杂物(特别是标示物)、破碎带岩性特征、层面、节理面等,以及冲洗液的渗漏情况。遇溶洞后,应详细记录溶洞内充填物、充填情况。

7.1.14.4 第四系土层描述规定

  黏性土——名称、颜色、状态、包含物、光泽反应、摇震反应、干强度、韧性、成因、结构等;

  粉土——名称、颜色、包含物、湿度、密实度、光泽反应、摇震反应、干强度、韧性、成因等;

  砂类土——名称、颜色、湿度、密实度、矿物组成、颗粒级配、颗粒形状、成因、30 cm 标贯总击数等;

  碎石类土——名称、颜色、颗粒级配、颗粒形状、母岩成分、风化程度、充填物成分性质及含量、成因、磨圆度、潮湿程度、密实程度等。

  其中砂、碎石类土定名及粒径描述必须遵照《岩土工程勘察规范》(GB 50021—2001)(2009 年版)执行。

7.1.14.5 对于特殊岩土,除按上述规定执行外,尚应描述以下内容:残积土的结构特征,有机土的臭味、有机物含量及分解情况,人工填土的成分,膨胀土的裂隙特征,其他特殊性质。

7.1.14.6 岩层描述应包括以下内容:名称、颜色、(颗粒的)矿物成分、结构构造、层厚、夹层情况(名称、颜色、层厚、风化程度、破碎程度等)、风化程度、节理裂隙发育状况、岩石坚硬程度、岩体破碎程度、岩石质量指标 RQD、溶蚀情况、溶洞及充填物情况等。当孔内遇断层、破碎带、挤压、软弱、结构面等时,除描述结构面的岩性外应补充描述:块度、擦痕、夹杂物特征,岩芯破裂、揉碎或挤压以及断层角砾和断层泥情况等。

7.1.14.7 岩芯照相要垂直向下照,除特殊部位特写镜头外,每岩芯箱照一张照片,有标注孔深、岩性的标牌。

7.1.15 钻孔施工记录

7.1.15.1 要求每班必须如实记录各工序及生产情况。原始记录均用钢笔填写。要求字迹清晰、整洁。记录员、班长、机长必须签名备查。

7.1.15.2 每孔施工结束后 2 d 内原始报表必须整理成册,存档备查。

7.1.16 钻孔验收

  钻孔完工后,勘查单位应及时组织按孔径、孔深、孔斜、取芯、取样、简易水文地质观测、地质编录、封孔八项技术要求对钻孔进行现场验收,业主单位可派人参加。对于未能取到岩芯的或水文地质观测未能满足要求的,应定为不合格钻孔。对于不合格钻孔,应补做未达到要求的部分或者予以报废重新施工。

7.1.17　钻探成果

7.1.17.1　钻孔终孔后,应及时进行钻孔资料整理并提交该孔钻探成果,包括钻孔设计书、钻孔柱状图、岩芯数码照片、简易水文地质观测记录、取样送样单、钻孔地质小结(或报告书)等。

7.1.17.2　钻孔柱状图的内容与要求。

柱状图的比例尺,以能清楚表示该孔的主要地质现象为准,一般为1:100~1:200。对于岩性简单或单一的大厚岩层,可以用缩减法断开表示;柱状图图名处应标示:勘探线号、孔号、开孔日期、终孔日期、孔口坐标、钻孔倾角及方位。柱状图底部应标示责任签;柱状图包括下列栏目:回次进尺、换层深度、层位、柱状图(包括地层岩性及地质符号、花纹、钻孔结构)、标志面与轴心线夹角、岩芯描述、岩芯采取率、取样位置及编号、地下水位和备注等。

7.1.17.3　钻孔报告书的编写内容:钻孔周围地质概况、钻孔目的任务、孔位、施工日期、施工方法、钻孔质量、钻进过程中的异常现象、主要地质现象、技术小结和地质成果分析及建议等。

7.2　井探、槽探、洞探

7.2.1　槽探、井探、洞探工程的目的和适宜性

7.2.1.1　槽探是在地表开挖的长槽形工程,深度一般不超过3 m,多半不加支护。探槽用于剥除浮土揭示露头,多垂直于岩层走向布设,以期在较短距离内揭示更多的地层。探槽常用于追索构造线、断层、滑体边界、地层岩性,揭示地层露头、了解堆积层厚度等。

7.2.1.2　垂直向地下开掘的小断面的探井,深度小于15 m者称为浅井,大于15 m者为竖井。浅井、竖井均需进行严格的支护。井探适用于厚度为浅层、中层的滑坡,用于自上而下全断面探查,达到连续观察研究滑体、滑带、滑床岩土组成与结构特征的目的,同时满足进行不扰动样采样、现场原位试验和变形监测的需要。

7.2.1.3　近水平或倾斜开掘的探洞,一般断面为1.8 m×2 m,应进行严格支护或永久性支护(注意留观察窗口),适用于滑体厚度为中层以上的滑坡。除达到连续观察研究滑体、滑带、滑床以及用于取样、现场原位试验和现场监测的目的外,还可兼顾用于滑坡排水等工程。

7.2.2　井探、洞探工程设计

7.2.2.1　采用井探、洞探工程时,需编制专门的井探、洞探工程勘查设计或在总体勘查设计中列入专门章节。

7.2.2.2　井探、平(斜)洞坑探工程应布置在主勘探线上,平(斜)洞方向应与主勘探剖面方向一致,一般宜布设于滑体底部,深度应进入不动体基岩3 m,亦可在滑体不同高程上布设。

7.2.2.3　设计书的内容

1. 井探、洞探工程场地附近地形、地质概况。

2. 掘进目的。

3. 掘进断面、深度、坡度。

4. 施工条件及施工技术要求:岩性及硬度等级、破碎情况、掘进的难易程度、掘进方法及技术要求、支护要求、地压控制、水文地质条件、地下水、掘进时涌水的可能性及地段、防护及排水措施、通风、照明、有毒有害气体的防范、其他施工问题、施工安全及施工巷道断面监测、施工动力条件、施工运输条件、施工场地安排、施工材料、施工顺序、施工进度、排渣及排渣场地与环境保护等。

5. 地质要求:掘进方法的限制、施工顺序、施工进度控制、现场原位试验要求、取样要求、地质编录要求、验收要求、监测要求及应提交的成果等。

7.2.3 井探、平(斜)洞工程的地质工作

7.2.3.1 地质编录的内容

1. 揭露的岩土体名称、颜色、岩性、结构、层面特征、层厚、接触关系、层序、地质时代、成因类型、产状。放大比例尺对软弱夹层进行素描,并注意其延伸性及稳定性。

2. 岩石风化特征及风化带卸荷带的划分,注意风化与裂隙裂缝的关系。

3. 断层及断层破碎带:产状、规模、断距、断层形态与展布特征、破碎带的宽度、两盘岩性、断层性质等。

4. 裂缝、裂隙:逐条描绘裂缝及贯穿性较好的节理,记录其性质、壁面特征、成因、裂缝张开闭合情况、充填情况、连通情况、相互切割关系、错动变形情况、渗漏水情况。

5. 地质灾害变形带作为描述的重点,放大表示。描述其厚度、岩性、物质组成、构造岩、产状及展布特征、含水情况、近期变形特征及挤压碎裂和擦痕,其底部不动体的岩性特征、构造面、风化特征。

6. 水文地质现象:注意滴水点、渗水点、涌水点、连通试验出水点、临时出水点,注意其产出位置、水量,与裂缝、裂隙、岩溶及老窿水的关系,水量与降雨的关系。

7. 记录各种试验点、物探点、长观点、取样点、拍照点、监测点的位置、作用、层位、岩性及有关的地质情况。

7.2.3.2 槽探、井探、洞探工程地质素描图的有关规定

1. 比例尺一般采用1:20~1:100。

2. 探槽的素描,应沿其长壁及槽底进行,绘制一壁一底的展示图。如两壁地质现象不同,则绘制两壁图。为了便于在平面图上应用,槽底长度可用水平投影,槽壁可按实际长度和坡度绘制,也可采用壁与底平行展开法。

3. 浅井、竖井的素描,其展视图至少作两壁一底,并注明壁的方位。圆井展视图以90°等分分开,取相邻两壁平列展开绘制,斜井展视图需注明其斜度。

4. 平洞的素描,其展视图一般绘制洞顶和两壁。其展开格式为以洞顶为准,两壁上掀的俯视展开法。若地质条件复杂,视需要加绘底板。当洞向改变时,需注示转折前进方向,洞顶连续绘制,两壁转折时凸出侧呈三角形撕裂叉口。洞深计算以洞顶中心线为准。洞顶坡度一般用高差曲线表示。

5. 开挖过程中的编录。

开挖掘进过程中及时记录掘进中遇到的现象,尤其是裂缝、滑带、出水点、水量、顶底板变形情况(底鼓、片帮、下沉等)。一般要求每5m作一掌子面素描图。对于围岩失稳而必须支护的地段,应及早进行素描、拍照、录像、采样及埋设监测仪器,必要时在支护段应预留窗口。

施工完成后,有条件情况下应对洞壁进行冲洗,然后进行详细的地质素描。

7.2.3.3　取样及现场原位试验

槽探、井探、洞探工程一项重要的工作是采取原状试样,应按勘查试验的有关规定和设计要求进行取样。对于现场原位试验,视需要进行试验硐段的地质素描和试件的地质素描及试验后的试件素描。

7.2.3.4　对井探、洞探工程进行照相或录像。

7.2.4　槽探、井探、洞探工程应提交的成果

地质素描图、重要地段施工记录(支护及服务年限、变形情况、通风措施、地下水排水措施等)、照片集、录像带、取样送样单、各种点位记录、工程勘查小结等。

7.2.5　探井、探洞工程的保护与封闭

对于竣工的探井、探洞宜综合使用,可用于现场原位试验、取样、地下水观测、滑坡变形监测、排放地下水及施工等,需妥善保护。对于不使用的,则予以切实封闭,不留隐患。

7.3　地球物理勘探

7.3.1　物探技术方法选择及原则

地质介质与矿山地质环境问题(如滑坡)的结构、成分及其组合形式的不同,决定了不同地质对象间的物性差异,包括弹性波参数(主要是波阻抗)、电阻率、电磁参数、密度、放射性参数的差异,为物探技术的应用提供了地球物理前提。

7.3.2　矿山地质环境勘探中物探方法的适宜性

本技术要求涉及的主要地球物理方法有:浅层地震勘探、电阻率测深、高密度电法、声波测井等。各方法的适宜性及解决问题的有效性与方法组合见附表E.1。

7.3.3　物探方法的选择原则

为充分发挥地球物理勘查技术方法在矿山地质环境勘查中的作用,在具体的方法、手段选用时应考虑如下选择原则:

7.3.3.1　充分收集分析工作区已有地质、工程地质、水文地质、物探成果资料及水文、气象等相关资料。根据工作区地质环境、矿山地质环境问题种类选择相应技术方法。

7.3.3.2　地质和物探技术人员共同赴工作区现场踏勘,根据工作区现场条件,结合各种物探工作方法的原理、适用范围、适宜的工作环境与制约、不利因素,因地制宜分析选择。

7.3.3.3　在勘查总工作量许可的前提下,尽可能选用多种方法、手段,发挥各自特长,互相验证、补充;并做到地面与深部(井、孔、硐内)物探工作搭配适当。

7.3.4　执行规范与标准见2.2。

7.3.5　物探设计书的编制

7.3.5.1　根据总体勘查设计书提出的物探任务,遵照有关物探规范,编制专门性物探设计书。按审批后的设计书进行勘查、资料整理、报告编写和成果验收。

7.3.5.2　物探技术要求按现行的专业标准执行。对专业标准尚未能包容的手段,应根据有关资料或经验等自行编制。

7.3.5.3 充分收集、分析与任务有关的资料,含以往地质、物探(含物性)、化探、遥感等资料,做到充分利用以往资料,不做重复工作;分析方法的适宜性和有效性;选择适宜的物探方法。必要时,应在设计前进行现场踏勘和方法有效性试验。

7.3.6 物探剖面

物探剖面应与勘探剖面一致,充分利用地质测绘成果和钻探、坑探成果来验证,提高其可靠性与准确性。

7.3.7 探测深度

物探的探测深度,应大于覆盖层、崩滑体和塌岸岩土体厚度,裂缝深度,控制性软夹层的深度,钻孔深度,采空区深度,具体应满足总体勘查设计所提出的地质要求。

7.3.8 野外工作要求

7.3.8.1 原始记录应准确、齐全、清晰,记录应及时,不得事后凭回忆填写,不得任意涂改,严禁伪造。

7.3.8.2 每天野外工作结束,应及时将原始记录进行初步整理,交项目组或专人对全部野外资料进行检查和初步验收,并作出评价,发现较大质量问题应及时通知,并提出改进建议。

7.3.8.3 数据文件名应在野外记录中清晰记录下来,文件名应遵循一定原则,以便记忆,如在后期更改文件名,应在野外记录中加以说明。每个工地结束后,应将数据文件备份到计算机中,防止数据丢失。整个项目结束时,应将原始数据文件刻入光盘存档,以便将来项目验收。

7.3.9 物探成果解释

地球物理勘探成果应由地球物理与工程地质技术人员联合作出解释,在钻探、井探、洞探实施后应结合勘探成果进行二次解释,提高物探成果的准确性和探测精度。

7.3.10 应提交的物探成果

7.3.10.1 物探勘查(测试)成果报告。

7.3.10.2 物探工作实际材料图。

7.3.10.3 物探勘查、测试原始记录材料:数据、图像、曲线、磁盘、卡片等。

7.3.10.4 物探勘查(测试)资料解释、处理曲线、图件,解释(或推断)矿山地质环境问题地质平面图、剖面图,物探成果验证地质图。

7.3.10.5 岩土体物理力学参数,动弹性力学参数。

7.3.10.6 物探勘查剖面、点位地形测量成果。

7.4 原位试验

7.4.1 一般规定

7.4.1.1 原位测试方法应根据矿山地质环境条件、设计对参数的要求、地区经验和测试方法的适用性等因素选用。

7.4.1.2 原位测试成果应与室内试验和工程反算参数作对比,检验其可靠性。

7.4.1.3 原位测试的仪器设备应定期检验和标定。

7.4.1.4 分析原位测试成果资料时,应注意仪器设备、试验条件、试验方法等对试验的影响,结合地层条件,剔除异常数据。

7.4.2　静力触探试验

静力触探试验应符合《岩土工程勘察规范》(GB 50021—2001)(2009 年版)10.3 的规定。

7.4.3　圆锥动力触探试验

圆锥动力触探试验应符合《岩土工程勘察规范》(GB 50021—2001)(2009 年版)10.4 的规定。

7.4.4　标准贯入试验

标准贯入试验应符合《岩土工程勘察规范》(GB 50021—2001)(2009 年版)10.5 的规定。

7.4.5　现场直接剪切试验

7.4.5.1　现场直接剪切试验主要是对滑坡的滑带土原位大面积直剪试验。

7.4.5.2　滑带土的原位大面积直剪试验应符合《岩土工程勘察规范》(GB 50021—2001)(2009 年版)和《工程岩体试验方法标准》(GB/T 50266—1999),滑体大体积重度试验应符合《土工试验方法标准》(GB/T 50123—1999)。

7.4.5.3　试验工作量应达到表 7.4.5-1 要求。

表 7.4.5-1　现场直接剪切试验数量

滑坡规模及防治工程分级	原位大面积直剪试验(组)	
	天然含水状态	饱和含水状态
大型以上,一级	2	2
中型,二级	1～2	1～2
小型,三级	依据需要确定	

7.4.5.4　滑带土原位大面积直剪试验应在探洞、探井中进行,滑体大体积重度试验应在滑体的主要组成岩土层中进行。

7.4.5.5　滑带土的原位大面积直剪试验,应选择对滑坡稳定性起控制作用的滑带土,试验分为滑带土处于天然含水状态和饱和含水状态两种,每组试样 5 块,其物理性质、物质组成和地质特征应基本相同。每块试样尺寸,滑带土作为剪切面,其尺寸为 50 cm × 50 cm,其上试样高度不小于剪切面最小边长的 1/2,每块试样间距宜大于最小边长。试验时,在每块试样(滑带或剪切面)上,施加不同的法向荷载,其值按最大法向荷载大致 5 等分的 1 至 5 倍分别施加于 5 块试样上,最大法向荷载为试样上覆实际荷载在滑带或剪切面上法向荷载的 1.2 倍。每块试样的推力方向应与滑坡主滑方向一致。

7.4.5.6　通过滑带土的原位大面积直剪试验,以求取滑带土在天然含水状态下和饱和水状态下相应的峰值和残余值抗剪强度值(C、φ)。

7.4.5.7　滑带土原位大面积直剪试验前,应对试样主要是滑带土的含水状态和饱水状态的物理性质和物质组成及地质特征等进行描述,试验结束后,应对剪切面的剪切角和实际剪切面积进行测量,对剪切面的剪切(滑移)形迹特征及其方向以及其他的力学现象进行详细描述记录,并进行照相和作图。

7.4.5.8 应同时采集原位大面积直剪试验的滑带土,进行室内试验项目。

7.4.6 现场大体积重度试验

7.4.6.1 现场大体积重度试验主要是对滑坡的滑体进行的现场大体积重度试验。

7.4.6.2 滑体大体积重度试验宜采用容积法,试坑体积根据土石粒径或尺寸确定,一般不宜小于 50 cm×50 cm×50 cm,体积可通过注水测量,试坑内岩土体试样通过称重法确定,并测定试样的含水率。

7.4.6.3 试验工作量应达到表 7.4.6-1 要求。

表 7.4.6-1　现场大体积重度试验数量

滑坡规模及防治工程分级	滑体大体积重度试验(组)	
	天然状态	饱和状态
大型以上,一级	≥6	≥6
中型,二级	4~6	4~6
小型,三级	2~4	2~4

7.4.7 水文地质原位试验与观测

7.4.7.1 水文地质原位试验主要用于滑坡的勘查,采用钻孔注水试验、钻孔抽水试验或试坑注水试验来了解岩土层的渗透性和含水层状态及求取岩土层渗透系数,采用钻孔地下水动态简易观测来了解地下水动态和求取地下水水位。

7.4.7.2 岩土层渗透系数试验和地下水水位量测应符合《岩土工程勘察规范》(GB 50021—2001)(2009 年版)和《地质灾害防治工程勘查规范》(DB 50/143—2003)的规定。

7.4.7.3 滑坡的钻孔注水试验或钻孔抽水试验的试验钻孔数量,应视滑坡的规模及岩土结构、含水层数量和透水性差异而定,试验工作量应达到表 7.4.7-1 要求。

表 7.4.7-1　钻孔注(抽)水试验和地下水简易观测孔数

滑坡规模及防治工程分级	钻孔分层(段)注(抽)水试验(孔)	钻孔地下水动态简易观测(孔)
大型及以上,一级	5	9(主勘探线上 3 孔,两邻侧副勘探线上各 3 孔)
中型,二级	3	5~7(主勘探线上 3 孔,两邻侧副勘探线上各 1~2 孔)
小型,三级	2	3(主勘探线上)

7.4.7.4 滑坡体中存在地下水时,应进行抽水试验。地下水水量较小时,可采用简易抽水试验(提筒抽水);地下水水量较大时,应进行一次最大降深抽水试验,其稳定时间应为 4~8 h;当滑坡体具有多个含水层时,应进行分层抽水试验。

7.4.7.5 当滑坡体处在地下水位以上时,宜采用注水试验。当在垂向上岩土层组成与结构及透水性的差异较大时,宜进行分层注水试验。

7.4.7.6 地表试坑渗水试验可配合进行,其数量按各类土层 6 组计。

7.4.7.7 钻孔发现地下水时,视情况做好分层止水,测定其初见水位和稳定水位及含水层厚度,并进行动态观测。一般的滑坡勘查期间,地下水动态观测可采用简易观测,观测时间一直到勘查结束。

7.5 室内试验

7.5.1 室内试验项目包括岩土的物理性质和力学性质,岩土的颗粒成分、矿物成分、化学成分和微观结构特征,地下水和地表水的化学成分及对混凝土的侵蚀性和对钢结构的腐蚀性。详见表 7.5.1-1。

表 7.5.1-1 岩土室内试验项目一览表

试验项目		符号	单位	备注
物理性质	天然含水量	ω	%	
	密度	ρ	g/cm³	
	重度(天然、饱水)	γ,γ_w	kN/m³	
	孔隙比	e		
	塑限	w_P	%	
	液限	w_L	%	
	膨胀性			
	渗透性 水平渗透系数	k_-	cm/s	
	渗透性 垂直渗透系数	$k_\perp$	cm/s	
力学性质	天然快剪	C,φ	kPa,°	滑坡勘查时室内试验、抗剪强度试验均要求取峰值和残余值强度值
	饱和快剪	C,φ	kPa,°	
	固结快剪	C,φ	kPa,°	
	饱和固结快剪	C,φ	kPa,°	
	重复剪	C,φ	kPa,°	
	三轴压缩	C,φ	kPa,°	
	压缩	δ,E,M	kPa,kPa⁻¹,—	
	直剪	C,φ	kPa,°	
	微观结构(擦痕、光面、排列)			
物质组成	颗粒成分		%	
	土石比		%	
	黏土矿物成分			
	化学成分		%	

注:1. 水质分析根据需要确定做的试验项目;2. 室内试验岩土样采取,按《原状土取样技术标准》(JGJ 89—92)。

7.5.2 室内试验应符合《工程岩体试验方法标准》(GB/T 50266—2013)、《土工试验方法标准》(GB/T 50123—1999)及有关规程标准。

7.6 测试结果统计

7.6.1 岩土性质指标测试值应根据概率理论进行统计。统计前应根据岩土的性质差异划分不同的统计单元,并根据采样方法、测试方法及其他影响因素对测试结果的可靠性和适用性作出评价(重庆市地方标准《地质灾害防治工程勘察规范》(DB 50/143—2003 第10.5.1)。

7.6.2 每一个测试值均应参与统计,当不能参与统计时应说明其原因。参加统计分析的岩土性质指标测试值有效数量,物性指标和抗剪强度指标不应少于 8 个,其他指标不应少于 12 个。强度指标测试数量达不到数理统计的要求时,可采用平均值乘以 0.85~0.95 的折减系数修正(《地质灾害防治工程勘察规范》(DB 50/143—2003 第10.5.2)。

7.6.3 岩土性质指标测试值统计结果应包括范围值、算术平均值、标准差、变异系数及标准值。其统计要求应符合《岩土工程勘察规范》(GB 50021—2001)(2009 年版)的有关规定。

7.6.4 抗剪试验和三轴压缩试验成果可按摩尔理论或库仑理论的图解法计算,用最小二乘法进行成果的分析整理。

8 勘查成果分析与评价

8.1 一般要求

8.1.1 对勘查报告所依据的原始资料,应进行整理、检查、分析,确认无误后方可使用(《岩土工程勘察规范》(GB 50021—2001)(2009 年版)第 14.3.1)。

8.1.2 勘查报告应资料完整、真实准确、数据无误、图表清晰、结论有据、建议合理、便于使用和适宜长期保存,并应因地制宜,重点突出,有明确的工程针对性(《岩土工程勘察规范》(GB 50021—2001)(2009 年版)第 14.3.2)。

8.1.3 勘查报告的文字、术语、代号、符号、数字、计量单位、标点,均要符合国家有关标准的规定(《岩土工程勘察规范》(GB 50021—2001)(2009 年版)第 14.3.8)。

8.1.4 勘查单位资质证书、勘查人员资格证书、勘查委托书(或技术要求书)、勘查合同书、经审查通过的勘查设计书、勘查单位自审意见书及影像资料应作为附件随报告提交(《地质灾害防治工程勘察规范》(DB 50/143—2003)第 13.1.2)。

8.1.5 勘查报告应包括书面报告和数字化报告(《地质灾害防治工程勘察规范》(DB 50/143—2003)第 13.1.3)。

8.1.6 勘查报告中剖面图的水平、垂直比例尺应一致(《地质灾害防治工程勘察规范》(DB 50/143—2003)第 13.1.6)。

8.2 岩土参数计算与选取

8.2.1 一般岩土参数应根据工程特点和地质条件结合类似工程经验值进行选用,并按下列内容评价其可靠性和适用性:

1. 取样方法和其他因素对试验结果的影响。
2. 采用的试验方法和取值标准。
3. 不同测试方法所得结果的分析比较。
4. 测试结果的离散程度。
5. 测试方法与计算模型的配套性。

8.2.2 滑动面(带)土参数的计算与选取

8.2.2.1 滑动面(带)土的计算强度指标应根据试验成果、反分析成果和当地相似滑坡工程经验值综合确定。

8.2.2.2 试验参数的选取,应注意测试方法与计算模型的配套性;应注意参数测试方法、测试条件与矿山地质环境条件之间的相似性与差异性;应进行统计分析,算出其平均值、标准差、变异系数。

8.2.2.3 反分析方法,一般应根据已经滑动或有明显变形的滑坡,采用双剖面法进行联合反算,条件不具备时可采用单剖面法进行计算。应准确考虑滑坡出现滑动或变形时所处的工况,根据室内与现场不扰动滑动面(带)土的抗剪强度的试验结果及经验数据,给定黏聚力 C 或内摩擦角 φ,反求另一值。对已经滑动的滑坡,稳定系数 F_s 可取 0.95 ~ 1.00;对有明显变形但暂时稳定的滑坡,稳定系数 F_s 可取 1.00 ~ 1.05(《岩土工程勘察规范》(GB 50021—2001)(2009 年版)。

8.3　勘查结果分析与评价

8.3.1 勘查结果分析评价应在工程地质测绘、勘探、测试和收集已有资料的基础上,结合工程特点和要求进行。各类工程、不良地质作用和地质灾害以及各种特殊性岩土的分析评价应符合《岩土工程勘察规范》(GB 50021—2001)(2009 年版)的规定。

8.3.2 勘查结果分析评价应符合下列要求:

　　1. 充分了解工程结构的类型、特点、荷载情况和变形控制要求。

　　2. 掌握勘查场地的地质背景,考虑岩土材料的不均质性、各向异性和随时间的变化,评估岩土参数的不确定性,确定其最佳估值。

　　3. 充分考虑当地经验和类似工程经验。

　　4. 对于理论依据不足、实践经验不多的岩土工程问题,可通过现场模型试验取得实测数据进行分析评价。

8.3.3 勘查成果分析评价应在定性分析的基础上进行定量分析。岩土体的变形、强度和稳定应定量分析;场地的适宜性、场地地质条件的稳定性,可仅作定性分析。

8.3.4 勘查成果分析评价应提出两种以上的治理方案,并推荐出最佳方案。

9　监　测

9.1　一般规定

9.1.1 矿山地质环境恢复治理勘查期间对有明显变形迹象的和定性评价稳定性差的地质灾害体均应进行监测,其目的是监测地质灾害的变形及施工扰动的影响,保证勘查施工的安全,并为评价地质灾害的稳定性提供监测数据。

9.1.2 勘查期监测应以地表变形(位移)监测为主。对于变形十分明显且速率较大的灾害地质体,可结合勘查工程施工,利用勘查的钻孔、平硐、竖井,对滑体及滑带等进行深部变形监测。当灾害地质体变形与地下水关系明显时,可利用勘探钻孔及泉水进行简易水文地质观测。

9.1.3 在勘查设计中应单列监测设计,应针对地质灾害的变形情况及扰动大的勘查工程

(如平硐、竖井)的具体情况制订监测方案,其监测网点应尽可能为后期监测工作所利用。

9.2　监测内容

9.2.1　滑坡监测

地表变形监测、裂缝监测、建筑物变形监测、滑动面位移监测、地下水水位与水量监测;布置平硐和竖井进行勘查的,宜进行硐(井)口位移、硐(井)内滑带位移、裂缝收敛变化、位移错动等内容的监测。

9.2.2　危岩(崩塌体)监测

岩体绝对位移与裂缝(张开、闭合、位错)变化、地下水水位变化及泉水流量、裂缝充水情况等监测;布置平硐勘查的,还应进行硐口位移、硐内软层、裂缝收敛变化、位移错动等内容的监测。

9.2.3　地面变形监测

地表裂缝位错、地面塌陷、水平位移、沉降等内容的监测。

9.2.4　地表水监测

水质、颜色、气味、水位等内容的监测

9.2.5　地下水监测

地下水监测以了解地下水水位为主,可进行地下水孔隙水压力、扬压力、动水压力及地下水水质、水温、涌水量等内容的监测。

9.3　监测方法及监测点布设

9.3.1　矿山地质环境监测方法

可根据矿山地质环境破坏特征及可能产生的危害、勘查期间的监测内容和现场条件,参照表9.3.1-1选择监测方法。

表9.3.1-1　矿山地质环境常用监测方法一览表

序号	监测项目	观测内容	观测仪器	常用观测方法
1	地表绝对位移监测	地表水平位移、下沉	Trimble / Leica / Ashtech 等系列 GPS 接收机	GPS 测量法
			高精度全站仪、精密测距仪、精密水准仪、2″级以上电子经纬仪等	视准线法、小角法、极坐标法、交会法等监测水平位移,水准测量、精密三角高程测量等方法监测垂直位移
2	滑坡体内部位移监测	滑体深部位移变形、滑带处错动等	钻孔倾斜仪、位移计、多点位移计	便携仪表量测法、固定埋设仪表量测法
3	裂缝相对位移监测	裂缝两侧相对张开、闭合、下沉、抬升或错动等	测缝计、位移计、收敛计、伸缩仪、游标卡尺、钢尺	简易量测法、机械或电子仪表量测法
4	泉点监测	泉水流量	矩形堰、T 形堰、V 形堰	测流堰观测法

续表9.3.1-1

序号	监测项目	观测内容	观测仪器	常用观测方法
5	地下水监测	地下水水位、水量、水温等	水位自动记录仪、监测盅、水温计	地下水监测钻孔
6	常规水文监测	与滑坡相关的河、库、溪水位等	水位标尺	有条件可搜集当地气象水文站资料,也可人工测读
7	常规气象监测	大气降水量、温度	雨量计、温度计	可搜集当地气象局观测资料,也可人工或自动记录量测

9.3.2　矿山地质环境监测点布设

9.3.2.1　应尽量利用勘查前已有监测点进行监测;勘查前没有监测点的,应在地质人员现场踏勘基础上,在地质灾害体的变形控制性部位、代表性部位和易变形敏感部位布设位移监测点。大型地质灾害体地表位移监测点宜为3纵3横监测共9点,中型为2纵3横共6点,小型可为1纵3点。

9.3.2.2　位移观测基准点应设置在地质灾害体以外的稳定地质体上,并构成可以进行稳定性检测的简单网型;基准点还应满足对变形点进行位移监测的各种观测条件。

9.3.2.3　应尽量利用勘探钻孔布置地下水监测孔,利用平硐、探井进行滑体深部位移变形监测。

9.3.2.4　尽可能将位移监测点和地下水监测孔布置在与主滑方向重合的纵剖面上。

9.3.2.5　注重在地质灾害体地表及其上建筑物上出现的裂缝处多布设监测点进行裂缝简易量测。

9.4　监测精度及监测资料分析

9.4.1　监测周期及精度

9.4.1.1　监测周期:绝对位移监测周期一般为7～15 d,变形速率增大或出现异常变化时,应缩短监测周期;地下水水位变化、泉水流量、裂缝变化监测与人工巡视检查周期宜为1～7 d,发现异常应随时加密监测和巡查。

9.4.1.2　绝对位移、主要裂缝变化等监测内容的首期观测值应在现场勘探工作开始前取得。

9.4.1.3　观测精度应满足以下要求:

　1. 位移和下沉变化观测误差应小于实际变形值的1/5～1/10,一般应在毫米级。

　2. 裂缝变化、深部位移观测误差一般应不大于2 mm或监测周期内平均变化量的1/5。

9.4.2　监测资料分析

9.4.2.1　每次监测均应有原始记录,并及时进行监测数据计算和整理。

9.4.2.2　每次监测后应及时对监测数据进行分析,绘制时程曲线,并及时书面报送业主(工程管理单位)、监测及勘查、施工单位等有关各方;情况紧急时应作出临灾预报。

9.4.2.3　现场勘查工作结束后,提交勘查成果时应一并提交勘查阶段监测报告。监测报告除进行监测分析总结外,还应包括监测点位布置图、观测成果表、位移矢量图、各种变化时程曲线、监测仪器检定资料及其他必要的附图附件。

10 勘查成果

10.1 勘查报告提纲

10.1.1 报告内容

0 前言

0.1 任务由来

0.2 勘查目的、任务

0.3 勘查工作评述(勘查依据、工作部署、勘查时间、勘查范围、勘查工作量、勘查质量评述等)

1 勘查区地质环境条件

1.1 自然地理

(1)地理交通(包括勘查区地理位置、行政区划、准确地理坐标、交通状况)

(2)气象与水文

(3)地形地貌(区域地形地貌、工作区地形地貌)

(4)矿山概况(开采历史、范围、开采规模、矿种、开采方式等)

1.2 地质环境

(1)地层岩性(区域地层岩性、工作区地层岩性)

(2)地质构造与地震(区域地质构造与地震、工作区地质构造与地震)

(3)水文地质条件(区域水文地质条件、工作区水文地质条件)

(4)工程地质条件(区域工程地质条件、工作区工程地质条件)

(5)不良地质现象

(6)人类工程活动

2 矿山地质环境勘查

2.1 资料收集

收集工作区地质矿产、水文地质、工程地质、环境地质、地质灾害现状及矿山分布与矿产资源开采现状、矿山地质环境恢复与治理方案、土地复垦方案等。

2.2 地形测绘

2.3 遥感解译

2.4 矿山地质环境调查

2.5 矿山主要地质环境问题

(1)矿山地质环境现状

(2)矿山地质环境发展趋势

2.6 地球物理勘探

2.7 钻探、槽探、洞探、探井

2.8 岩、土、水测试与试验

3 治理工程设计方案

3.1 治理设计原则

3.2 总体思路

3.3　治理工程设计方案比选

4　效益分析

4.1　社会经济效益

4.2　环境效益

5　结论与建议

5.1　结论

5.2　建议

10.1.2　附图及附件

1. 实际材料图(1:500~1:2 000)

2. 矿区地质环境现状图(1:500~1:5 000)

3. 矿区地质环境治理分区图(1:500~1:5 000)

4. 治理区地形图(1:500~1:5 000)

5. 治理工程设计方案剖面图(1:500~1:5 000)

6. 治理工程设计方案布置图(推荐方案)(1:500~1:5 000)

7. 工程地质剖面图册(1:200~1:1 000)

8. 钻孔柱状图册(1:100)

9. 井、槽、洞探成果及素描(1:50)图册

10. 试验成果报告册(岩、土、水室内试验成果和野外试验成果)

11. 计算剖面图册

12. 专门数值分析报告(根据需要做,必要时附计算程序)

13. 物探成果报告

14. 照片与影像集册

15. 原位测试报告

16. 其他

10.2　提交成果要求

10.2.1　提交成果内容及介质

1. 勘查报告。

2. 成果介质要求:提交电子文档(光盘介质)和纸质文档。

10.2.2　文件格式要求

1. 照片采用 jpg 格式,文件名为照片编号和名称;

2. 文档利用 Word 办公软件的 doc 格式,文件名为文档标题名称;

3. 表格采用 Execl 办公软件的 xls 格式,文件名为表格编号和名称;

4. 图形必须为数字化图形,采用 GIS 文件及 CAD 格式,要求一个图形保存为一个单独图形文件,文件名为图形编号和名称。

10.2.3　勘查数据采集及资料处理软件要求

1. 采用地质灾害勘查信息系统(GHEIS)进行数据采集及处理;

2. 以 Access 管理各类成果资料(图件、图片、表格、文档等),并保持资料间的关联关系;

3. 图元属性录入完整、正确,要与数据库相应记录保持一致;

4. 拓扑关系完整、准确。

附录 A 滑坡分类

滑坡分类表

分类依据	滑坡名称	说明
产生原因	自然滑坡	因自然地质作用产生的滑坡,如地震、暴雨、侵蚀、潜蚀等因素
	工程滑坡	由人类工程活动引起的滑坡
运动性质	推移式滑坡	上部岩、土体先滑动,挤压推动下部岩、土体产生变形滑动,滑动速度较快
	牵引式滑坡	下部岩、土体先滑动,使上部岩、土体失去支撑受牵引而变形滑动,一般速度较慢
物质成分	堆积体(土层)滑坡	发生在各种成因的土体或土、岩界面中
	岩体(质)滑坡	发生在各种成因的岩体中
滑动面与斜坡岩(土)层的关系	顺层滑坡	沿顺坡向的岩层面滑动
	切层滑坡	滑动面与岩层层面相交形成不同的交切状态或角度
	逆层滑坡	滑动面沿外倾结构面中的一组软弱面滑动,岩层倾向山内,滑动面与岩层层面相切
发生年代	新滑坡	近期(近50年内)发生的滑坡
	老滑坡	全新世以来(不包括近50年)发生的滑坡
	古滑坡	全新世以前(晚更新世及以前)发生的滑坡
规模体积(V)	大型滑坡	$V \geq 100 \times 10^4 \ m^3$
	中型滑坡	$100 \times 10^4 \ m^3 > V \geq 10 \times 10^4 \ m^3$
	小型滑坡	$V < 10 \times 10^4 \ m^3$

附录 B　滑坡推力安全系数

滑坡推力安全系数表

破坏程度	工程重要性		
	很重要	一般重要	不重要
很严重	1.25	1.20	1.20
严重	1.20	1.15	1.10
不严重	1.15	1.10	1.05

附录 C 泥石流分类

表 C.1 泥石流按水源和物源成因分类表

水体供给		土体供给	
泥石流类型	特征	泥石流类型	特征
暴雨泥石流	泥石流一般在充分的前期降雨和当场暴雨激发作用下形成,激发雨量和雨强因不同沟谷而异	坡面侵蚀型泥石流	坡面侵蚀、冲沟侵蚀和浅层坍滑提供泥石流形成的主要土体。固体物质多集中于沟道内,在一定水分条件下形成泥石流
冰川泥石流	冰雪融水冲蚀沟床,侵蚀岸坡而引发泥石流。有时也有降雨的共同作用	崩滑型泥石流	固体物质主要由滑坡崩塌等重力侵蚀提供,也有滑坡直接转化为泥石流者
		冰碛型泥石流	形成泥石流的固体物质主要是冰碛物
溃决泥石流	由于水流冲刷、地震、堤坝自身不稳定性引起的各种拦水堤坝溃决和形成堰塞湖的滑坡坝、终碛堤溃决,造成突发性高强度洪水冲蚀而引发泥石流	火山泥石流	形成泥石流的固体物质主要是火山碎屑堆积物
		弃渣泥石流	形成泥石流的松散固体物质主要由开渠、筑路、矿山开挖的弃渣提供,是一种典型的人为泥石流

（中间纵列跨行：混合型泥石流）

表 C.2 泥石流按集水区地貌特征分类表

坡面型泥石流	沟谷型泥石流
1. 无恒定地域与明显沟槽,只有活动周界。轮廓呈保龄球形。 2. 限于30°以上斜面,下伏基岩或不透水层浅,物源以地表覆盖层为主,活动规模小,破坏机制更接近于坍滑。 3. 发生时空不易识别,成灾规模及损失范围小。 4. 坡面土体失稳,主要是有压地下水作用和后续强暴雨诱发。暴雨过程中的狂风可能造成林、灌木拔起和倾倒,使坡面局部破坏。 5. 总量小,重现期长,无后续性,无重复性。 6. 在同一斜坡面上可以多处发生,呈梳状排列,顶缘距山脊线有一定范围。 7. 可知性低,防范难	1. 以流域为周界,受一定的沟谷制约。泥石流的形成、堆积和流通区较明显。轮廓呈哑铃形。 2. 以沟槽为中心,物源区松散堆积体分布在沟槽两岸及河床上,崩塌滑坡、沟蚀作用强烈,活动规模大,由洪水、泥沙两种汇流形成,更接近于洪水。 3. 发生时空有一定规律性,可识别,成灾规模及损失范围大。 4. 主要是暴雨对松散物源的冲蚀作用和汇流水体的冲蚀作用。 5. 总量大,重现期短,有后续性,能重复发生。 6. 构造作用明显,同一地区多呈带状或片状分布,列入流域防灾整治范围。 7. 有一定的可知性,可防范

表 C.3　泥石流按物质组成分类表

分类指标	泥流型	泥石型	水石(沙)型
重度	≥1.6 t/m³	≥1.3 t/m³	≥1.3 t/m³
物质组成	粉砂、黏粒为主,粒度均匀,98%<2.0 mm	可含黏、粉、砂、砾、卵、漂各级粒度,很不均匀	粉砂、黏粒含量极少,多为>2.0 mm各级粒度,粒度很不均匀(水沙流较均匀)
流体属性	多为非牛顿体,有黏性,黏度>0.3~0.15 Pa·s	多为非牛顿体,少部分也可以是牛顿体。有黏性的,也有无黏性的	为牛顿体,无黏性
残留表现	有浓泥浆残留	表面不干净,表面有泥浆残留	表面较干净,无泥浆残留
沟槽坡度	较缓	较陡(>10%)	较陡(>10%)
分布地域	多集中分布在黄土及火山灰地区	广见于各类地质体及堆积体中	多见于火成岩及碳酸盐岩地区

表 C.4　泥石流按流体性质分类表

性质	稀性泥石流	黏性泥石流
流体的组成及特性	浆体不含或少含黏性物质,黏度值<0.3 Pa·s,不形成网格结构,不会产生屈伏应力,为牛顿体	浆体富含黏性物质(黏土、<0.01 mm的粉砂),黏度值>0.3 Pa·s,形成网格结构,产生屈伏应力,为非牛顿体
非浆体部分的组成	非浆体部分的粗颗粒物质由大小石块、砾石、粗砂及少量粉砂、黏土组成	非浆体部分的粗颗粒物质由>0.01 mm的粉砂、砾石、块石等固体物质组成
流动状态	紊动强烈,固液两相作不等速运动,有垂直交换,有股流和散流现象,泥石流体中固体物质易出、易纳,表现为冲、淤变化大。无泥浆残留现象	浆体与石块呈伪一相层状流,有时呈整体运动,无垂直交换,浆体浓稠,浮托力大,流体具有明显的沟床减阻作用和阵性运动,流体直进性强,弯道爬高明显,浆体与石块掺混好,石块无易出、易纳特性,沿程冲、淤变化小,由于黏附性能好,沿流程有残留物
堆积特征	堆积物有一定分选性,平面上呈龙头状堆积和侧堤式条带状堆积;沉积物以粗粒物质为主,在弯道处可见典型的泥石流凹岸淤、凸岸冲的现象,泥石流过后即可通行	呈无分选泥砾混杂堆积,平面上呈舌状,仍能保留流动时的结构特征;沉积物内部无明显层理,但剖面上可明显分辨不同场次泥石流的沉积层面,沉积物内部有气泡,某些河段可见泥球,沉积物渗水性弱,泥石流过后易干涸
重度	1.3~1.8 t/m³	1.8~2.3 t/m³

附录 D 河南省典型煤矿地表移动实测参数

地表移动实测参数表

矿区	观测站	参数			矿区	观测站	参数		
		η	b	$\tan\theta_0$			η	b	$\tan\theta_0$
焦作	冯营 1221	0.88	0.30	2.00	平顶山	二矿 1404	0.74	0.20	1.80
	焦西 106	1.31	0.27	1.80		二矿 2404	0.64	0.48	2.30
	焦西 102	1.17	0.30	2.40		四矿四盘区	0.76	0.23	2.00
	朱村 151 上山	0.92	0.31	1.80		五矿六盘区	0.80	0.36	1.50
	朱村 151 下山	0.79	0.37	1.80	鹤壁	四矿	0.68	0.22	1.50
	马村 102	0.89	0.23	2.30		五矿	0.35	0.23	1.90
	演马庄 102	0.87	0.23	2.30		六矿	0.76	0.28	1.90
平顶山	十矿 1251	0.81	0.28	1.60		八矿	0.27	0.20	1.40
	十矿 1252	0.80	0.41	1.50		九矿	0.77	0.25	5.20

附录 E 物探常用方法技术要求

E.1 物探主要查明采空区、堆积体、滑坡、崩塌、泥石流等的空间分布状态、地质结构及不稳定结构面的埋藏情况、软弱夹层的分布,确定覆盖层厚度等。

E.2 应根据不同的矿山地质环境问题决定可以采用的物探方法。对于单一方法不易明确判定的地质灾害体,须采用两种或两种以上方法组合的综合物探。

E.3 物探测线(网)的布置必须根据地质任务、测区地形、地物条件,因地制宜合理设计。测线长度、间距以能控制被探测对象为原则,主要测线方向必须垂直于地质灾害体的长轴方向,并尽可能通过已有钻孔或地质勘探线。

E.4 物探方法的选择:应结合工作区的地貌、地质条件和干扰因素,不同物探方法的物理前提和应用条件,因地制宜地正确选择物探方法。地质灾害调查中常用的物探方法选择见表 E.1。

E.5 野外工作结束并经过上级验收后,必须及时地提交物探报告和相应的图件。物探工作报告一般应包括序言,地形、地质及地球物理特征,工作方法、技术及其质量评价,资料整理和解释推断,结论和建议等部分。附图应包括工作布置图,必需的平面、剖面、曲线图和解释成果图等。

表 E.1 常用物探方法及其应用范围表

方法名称		解决问题	应用条件	经济、技术特点
电法	自然电位法	1. 探测地层中地下水及流向; 2. 分析地质灾害的活动性及边界; 3. 探测隐伏断层、破碎带位置	1. 受地形、环境影响较小; 2. 适合在地下水水位较浅地方工作	方法简便,资料直观,成本低
	电阻率剖面法	1. 探测隐伏断层、破碎带的位置; 2. 探测隐伏地下洞穴的位置、埋深,判断充填状况; 3. 探测拉张裂缝的位置、充填状况	地形起伏小,要求场地宽敞	资料简单、直观,工作效率高,以定性解释为主,成本低
	电阻率测深法	1. 测定覆盖层厚度,确定基岩面形态; 2. 划分基岩风化带,确定其厚度; 3. 探测地质灾害体的岩性结构及岩性接触关系; 4. 测定堆积体的厚度,确定堆积床形态	1. 地形无剧烈变化; 2. 电性变化大且地层倾角较陡地区不宜工作	方法简单、成熟,较普及;资料直观,定性定量解释方法均较成熟;成本较低

续表 E.1

方法名称		解决问题	应用条件	经济、技术特点
电法	激发极化法	1. 测定地下水埋深； 2. 探测隐伏断层、破碎带位置，含水特征； 3. 探测致灾软弱面埋深	1. 地形影响小，要求一定工作场地； 2. 适合在岩性变化较小地区工作	是研究岩石极化特征的方法，可以提供一些特殊信息，但机理较复杂，需认真分析
	高密度电阻率法	1. 探测隐伏断层、破碎带位置、产状、性质； 2. 探测后缘拉张裂缝、前缘鼓胀裂缝的位置、产状及充填状况； 3. 测定覆盖层厚度，确定基岩面形态； 4. 划分基岩风化带，确定其厚度； 5. 探测采空区空间分布、岩性接触关系； 6. 测定堆积体的厚度，确定堆积床形态	1. 地形无剧烈变化，要求有一定场地条件。 2. 勘探深度一般较小，<60 m	分辨率相对较高，质量可靠，资料为二维结果，信息丰富，便于整个分析。定量解释能力强，成本较高
电磁法	音频大地电场法	1. 探测隐伏断层、破碎带的位置； 2. 探测拉张裂缝的位置	1. 受地形、场地限制小； 2. 天然场变化影响较大时不宜工作； 3. 输电线、变压器附近不宜工作	仪器轻便，方法简单，适合地形复杂区工作；资料直观，以定性解释为主，适于初勘工作；成本低
	甚低频电磁法	1. 探测隐伏断层、破碎带、塌陷区位置； 2. 探测隐伏地裂缝的位置	1. 有效勘探深度较小，一般数十米； 2. 受电力传输线干扰易形成假异常	较轻便，受地形限制较小，以定性解释为主，成本低
	电磁测深法	1. 探测隐伏裂隙、地面塌陷区、破碎带位置、产状； 2. 探测地质灾害体的地层结构、岩性接触关系； 3. 测定堆积体的厚度、堆积床的形态	1. 适于地表岩性较均匀地区； 2. 在电网密集、游散电流干扰地区不宜工作	工作简便，效率高，勘探分辨率较高；受地形限制小，但在山区受静态影响严重；成本适中

续表 E.1

方法名称		解决问题	应用条件	经济、技术特点
电磁法	瞬变电磁法	1. 探测隐伏断层、破碎带的位置、产状、性质； 2. 测定覆盖层厚度，确定基岩面形态； 3. 划分基岩风化带，确定其厚度； 4. 探测地质灾害体的地层结构、岩性接触关系； 5. 探测堆积体的厚度，确定堆积床形态	1. 受地形、接地影响小； 2. 在电网密集、游散电流干扰地区不宜工作	静态影响和地形影响较小，对低阻体反应灵敏，工作方式灵活多样；成本适中
	探地雷达法	1. 探测浅层采空塌陷的位置、分布及性质； 2. 探测拉张裂缝的位置、延伸方向； 3. 探测覆盖层厚度，确定基岩面形态； 4. 探测堆积体的厚度，确定堆积床形态	1. 受地形、场地限制较小； 2. 勘探深度较小，最大深度 30～50 m	具有较高的分辨率，适用范围广，成本较高
弹性波法	浅层地震法	1. 探测采空塌陷的位置、产状、性质； 2. 测定覆盖层厚度，确定基岩面形态； 3. 测定致灾软弱面的埋深，确定致灾软弱面形态； 4. 探测堆积体的厚度，确定堆积床形态	1. 人工噪声大的地区施工难度大； 2. 要求一定范围的施工场地	对地层结构、空间位置反映清晰，分辨率高，精度高，成本高
	声波法	1. 探测隐伏裂缝的延深、产状； 2. 测定崩塌体岩石力学性质，确定岩石完整程度； 3. 探测破碎带、裂缝带、软弱地层的位置、厚度； 4. 检测防治工程质量，确定其强度、均匀性、破坏情况	1. 钻孔测试需在下井管之前进行； 2. 干孔测试需要特殊的耦合方式； 3. 可对岩芯（样）进行测定	测试工作技术简单，资料分析直观，效率高；效果明显，并可获得动力学参数；成本适中

续表 E.1

方法名称		解决问题	应用条件	经济、技术特点
层析成像	电阻率层析成像	1. 探明地质灾害体地层结构,确定地层、厚度、产状等; 2. 探明采空塌陷、破碎带的位置、产状; 3. 探明拉张裂缝的位置、产状	1. 充水(液)孔,孔内无套管。 2. 井－井探测有效距离小于120 m; 3. 剖面与孔深比一般要求小于1	属近源探测,准确性较高,适合对重点部位地质要素的详细了解;资料结果比较直观、精确;成本较高
	电磁波层析成像	1. 探明地质灾害体地层结构,确定地层厚度、产状等; 2. 探明隐伏断层、破碎带的位置、产状; 3. 探明拉张裂缝的位置、产状	1. 孔内无套管; 2. 井－井探测有效距离一般在100 m以内; 3. 剖面与孔深比一般要求小于1	适合对重点部位地质要素的勘探,资料准确、直观,成本较高
	地震层析成像	1. 探明地质灾害体的地层结构,确定地层厚度、产状; 2. 探明隐伏断层的位置、产状; 3. 探明拉张裂缝的位置、产状	1. 钻孔的激发、接收条件应一致; 2. 可在井管孔中施工; 3. 井－井探测距离小于120 m; 4. 剖面与孔深比一般要求小于1	适合对重点地质要素的了解,资料准确、直观,成本较高

河南省矿山地质环境恢复治理工程技术要求——设计

目　录

1　范　围

1.1　为保护和改善地质环境,进一步提高河南省矿山地质环境整治水平,规范全省矿山地质环境恢复治理工作,指导矿山地质环境恢复治理项目的设计工作,依据有关的法律、法规、规章及规范性文件,制定本技术要求。

1.2　本技术要求适用于河南省行政区内各类能源矿产、金属矿产与非金属矿产的矿山地质环境恢复与治理工程设计,涉及的矿山开采阶段包括新建、改(扩)建、生产及闭坑后。主要涉及的矿山地质环境问题为:与采矿活动有关的地质灾害、含水层破坏、地形地貌景观和土地资源破坏。

1.3　矿山地质环境恢复治理工程设计除应符合本技术要求外,还应符合国家、相关行业和河南省现行的规范和标准的规定。

1.4　矿山地质环境恢复治理工程设计应与矿山地质环境保护和恢复治理方案、土地复垦方案、水土保持方案相衔接,必须与当地社会、经济、环境相适应,符合相关规划,因地制宜进行工程设计。

1.5　矿山地质环境恢复治理工程设计须以安全可靠、经济合理、美观适用,并最终消除矿山地质灾害、使矿山地质环境得到明显改善为目的。

1.6　矿山地质环境恢复治理工程设计,应根据矿山类型、规模,并结合治理区地质环境、工程地质、水文地质、设备和季节等条件,选用场地整治、抗滑桩、锚索、格构、注浆、危岩清理、削坡、挖填方、截排水、护坡工程、拦挡工程、覆土、植被恢复工程等多种措施进行综合治理。

1.7　矿山地质环境恢复治理工程设计应达到如下标准:

1.7.1　采取有效措施,消除或减轻地质灾害隐患,具体如下:

1. 对地面塌陷区,未达到稳沉状态的,采取监测、示警及临时工程措施,预防发生安全隐患;达到稳沉状态的,应采取防渗处理、挖高垫低(在积水区挖低垫高)、回填整平、挖沟排水、植被重建等综合治理措施;对岩溶塌陷区,可采取注浆、回填等措施控制塌陷的发展。

2. 地裂缝治理应根据地裂缝的规模和危害程度采取不同的措施。规模和危害程度较小的,采用土石填充并夯实、防渗处理等措施;规模和危害程度较大的,可采取填充、灌浆等措施。

3. 崩塌、滑坡治理,可采用清理废土石和危岩、修筑拦挡工程和排水工程等措施;对潜在的崩塌、滑坡灾害,可采用削坡减荷、锚固、抗滑、支挡、排水、截水等工程措施进行边坡加固。

4. 泥石流治理,可采用清理堆积物、修筑拦挡工程等措施;对潜在的泥石流隐患,可采用疏导、切断或固化泥石流物源等措施。

1.7.2　按照有关规定,合理处置矿山开采废弃物,对尾矿、废石、废渣、剥离表土等固体废弃物,合理选择堆放场地,做到安全稳定,减少压占土地,防止环境污染。

1.7.3　对地形进行整治,开展植被恢复,应与周边环境相协调,可采用边坡加固、清理废石(渣)、采坑(塌陷坑)回填、植树种草、造景等工程措施进行治理。

1.7.4　修复被破坏的土地,进行回填、平整或改造,修建鱼塘或景观水域,土地复垦,使之达到种植、养殖或者其他可供利用的状态。

1.7.5　含水层破坏治理可采用防渗帷幕、防渗铺垫、封堵导水断裂带等工程措施,堵截含水层中地下水的溢出,减少疏干排水量。

1.7.6　法律、法规规定的其他矿山地质环境恢复和治理义务。

2　规范性引用文件

　　根据矿山地质环境恢复治理工程设计的实际需要及与其他规范、规程、行业标准的协调一致性,有选择性地对相关规范文件进行引用。

　　DZ/T 0223—2011　矿山地质环境保护与恢复治理方案编制规范

　　TD/T 1012—2000　土地开发整理项目规划设计规范

　　DZ/T 0221—2006　崩塌、滑坡、泥石流监测规范

　　GB 50007—2011　建筑地基基础设计规范

　　豫国土资发〔2010〕105 号　河南省土地开发整理工程建设标准

　　GB 50330—2002　建筑边坡工程技术规范

　　DZ/T 0219—2006　滑坡防治工程设计与施工技术规范

　　DZ/T 0239—2004　泥石流灾害防治工程设计规范

　　GB 50010—2010　混凝土结构设计规范

　　GB 50003—2011　砌体结构设计规范

　　GB 15618—2008　土壤环境质量标准

　　GB/T 15776—2006　造林技术规程

　　GB 3838—2002　地表水环境质量标准

　　GB/T 14848—93　地下水质量标准

　　DL/T 5148—2012　水工建筑物水泥灌浆施工技术规范

　　GB/T 16453—2008　水土保持综合治理　技术规范

　　GB 50290—1998　土工合成材料应用技术规范

　　04J008　国家建筑标准设计图集:挡土墙(重力式、衡重式、悬臂式)

　　河南省暴雨图集(2005)(河南省水文水资源局)

　　长江三峡工程库区滑坡防治工程设计与施工技术规程(中国地质环境监测院,2002)

3　矿山地质灾害防治

3.1　一般规定

3.1.1　应以较少的投资、较短的工期,达到设计服务(使用)期内,安全运行,并满足所有预定功能。即在设计服务(使用)期内,在预定功能、安全性和耐久性、工期和投资的经济性三个方面达到要求,具体应满足以下要求:

1. 在特殊荷载组合条件下,防治工程仍能保证地质灾害体的整体稳定性,不致造成危及人员生命等重大的地质灾害。

2. 在正常荷载组合条件下,防治工程应保证地质灾害体无明显的破坏,不会造成危及建筑物安全的地质灾害。

3. 泥石流灾害防治永久性工程的设计服务(使用)期一般可按 50 年设计考虑,特殊工程应进行专门论证。

3.1.2 应充分收集与工程设计相关的气象、水文、地形、地质、水文地质、矿山开发等资料,作为防治工程设计的依据。同时,应考虑到场地可能发生的自然地质灾害(如暴雨、洪水、崩塌、滑坡等)和矿区工程建设可能引起的新的矿山地质灾害,对这些灾害应在勘查、评价、预测的基础上,采取有效的预防措施。

3.1.3 应在室内和野外试验的基础上,进行统计分析,算出各项参数的平均值、标准差和变异系数,确定其标准值。同时,结合类似工程的经验参数,进行对比分析后,合理选取设计值。

3.1.4 应定性和定量分析相结合。两种分析方法都应在详细占有资料的基础上,运用成熟的理论和行之有效的新技术、新方法,进行充分论证,并提出多个方案进行比较优选。

3.1.5 应与当地社会、经济和环境发展相适应,与当地规划、环境保护、土地管理和开发相结合,并在安全、经济、适用的前提下尽量做到美观。

3.1.6 根据防治目标,在已审定的矿山地质灾害防治工程勘查报告基础上进行防治工程设计编制;提出具体工程实现步骤和有关工程参数,进行结构设计,提出施工技术、施工组织和安全措施。

3.1.7 对矿山地质灾害防治工程涉及的各工程单元进行施工图设计,并编制相应的施工图设计说明书,应详细说明设计的原则、依据、设计过程、计算过程与结果、设计成果等。

3.2 滑坡

3.2.1 滑坡防治工程级别划分

根据受灾对象、受灾程度、施工难度和工程投资等因素,可按表 3.2.1-1 对滑坡防治工程进行综合划分。

3.2.2 滑坡荷载及强度标准

3.2.2.1 荷载

1. 滑坡体自重;

2. 滑坡体上建筑物等产生的附加荷载;

3. 地下水产生的荷载,包括静水压力和渗透压力等;

4. 地震荷载;

5. 动荷载,如汽车荷载等;

6. 地表水体水位。

表 3.2.1-1　一般滑坡防治工程分级表

级别		I	II	III
危害对象		县级和县级以上城市	主要集镇,或大型工矿企业、重要桥梁、国道、专项设施	一般集镇,县级或中型工矿企业,省道及一般专项设施
受灾程度	危害人数（人）	>1 000	1 000~500	<500
	直接经济损失（万元）	>1 000	1 000~500	<500
	灾害期望损失（万元）	>10 000	10 000~5 000	<5 000
施工难度		复杂	一般	简单
工程投资（万元）		>1 000	1 000~500	<500

3.2.2.2　荷载强度标准

1. 暴雨强度按 10~100 年的重现期计;

2. 地震荷载按 50~100 年超越概率为 10% 的地震加速度计;

3. 地表水体水位按最不利因素考虑。

滑坡防治工程暴雨和地震荷载强度取值标准参见表 3.2.2-1。

表 3.2.2-1　滑坡防治工程荷载强度标准表

滑坡防治工程级别	暴雨强度（重现期）(a)		地震荷载（超越概率 10%）(a)	
	设计	校核	设计	校核
I	50	100	50	100
II	20	50	50	
III	10	20		

3.2.3　滑坡稳定性评价计算公式

滑坡稳定性评价应根据滑坡滑动面类型和物质成分选用恰当的方法,并可参考使用有限差分法、离散元法等方法。滑坡稳定性评价和推力计算公式推荐如下。

3.2.3.1　堆积层(包括土质)滑坡

包括两种滑动面类型。

1. 滑动面为折线形

用传递系数法进行稳定性评价和推力计算,可用费伦纽斯法(Fellenius)进行校核。

计算公式见附录 A。

2. 滑动面为单一平面或圆弧形

用简布法(Jabu)进行稳定性评价和推力计算,可用毕肖普法(Bishop)进行校核。计算公式见附录 A。

3.2.3.2 岩质滑坡

用平面极限平衡法进行稳定性评价和推力计算。计算公式见附录 A。

3.2.4 滑坡滑带参数确定

滑带力学参数,可采用试验、经验数据类比与反演相结合的方法确定。反演公式推荐为:

黏聚力
$$C = \frac{K_s \sum W_i \sin\alpha_i - \tan\varphi \sum W_i \cos\alpha_i}{L} \tag{3.2.4-1}$$

内摩擦角
$$\varphi = \arctan\left(\frac{K_s \sum W_i \sin\alpha_i - CL}{\sum W_i \cos\alpha_i}\right) \tag{3.2.4-2}$$

一般条件下,安全系数 K_s 可根据下列情况确定:

滑坡处于整体暂时稳定 – 变形状态: $K_s = 1.05 \sim 1.15$。

滑坡处于整体变形 – 滑动状态: $K_s = 0.95 \sim 1.00$。

3.2.5 滑坡防治工程设计安全系数

3.2.5.1 抗滑安全系数

设计:自重, $K_s = 1.2 \sim 1.4$;

自重 + 地下水, $K_s = 1.1 \sim 1.3$。

校核:自重 + 暴雨 + 地下水, $K_s = 1.02 \sim 1.15$;

自重 + 地震 + 地下水, $K_s = 1.02 \sim 1.15$。

3.2.5.2 抗倾覆安全系数

对于崩滑体防治工程,应采用抗倾覆安全系数进行设计。

设计:自重, $K_s = 1.5 \sim 2.0$;

自重 + 地下水, $K_s = 1.3 \sim 1.7$。

校核:自重 + 暴雨 + 地下水, $K_s = 1.1 \sim 1.5$;

自重 + 地震 + 地下水, $K_s = 1.1 \sim 1.5$。

3.2.5.3 抗剪断安全系数

当采用注浆或微型桩加固滑带时,应采用抗剪断安全系数进行设计。

设计:自重, $K_s = 2.0 \sim 2.5$;

自重 + 地下水, $K_s = 1.7 \sim 2.2$。

校核:自重 + 暴雨 + 地下水, $K_s = 1.2 \sim 1.5$;

自重 + 地震 + 地下水, $K_s = 1.2 \sim 1.5$。

3.2.5.4 滑坡防治工程设计,应根据其工程级别进行,即 I 级防治工程的安全系数取高值,III 级防治工程的安全系数取低值,II 级介于 I 级和 III 级之间。

3.2.5.5 滑坡防治工程设计,可采用分级方法进行,即主体防治工程安全系数可取高值,

附属或临时防治工程安全系数可相应降低。

3.2.5.6 滑坡防治工程设计安全系数取值,推荐如下(见表3.2.5-1)。

表3.2.5-1　滑坡防治工程设计安全系数推荐表

安全系数类型	I级防治工程				II级防治工程				III级防治工程			
	设计		校核		设计		校核		设计		校核	
	工况 I	工况 II	工况 III	工况 IV	工况 I	工况 II	工况 III	工况 IV	工况 I	工况 II	工况 III	工况 IV
抗滑动	1.3~1.4	1.2~1.3	1.10~1.15	1.10~1.15	1.25~1.30	1.15~1.30	1.05~1.10	1.05~1.10	1.15~1.20	1.10~1.20	1.02~1.05	1.02~1.05
抗倾覆	1.7~2.0	1.5~1.7	1.30~1.50	1.30~1.50	1.6~1.9	1.4~1.6	1.20~1.40	1.20~1.40	1.5~1.8	1.3~1.5	1.10~1.30	1.10~1.30
抗剪断	2.2~2.5	1.9~2.2	1.40~1.50	1.40~1.50	2.1~2.4	1.8~2.1	1.30~1.40	1.30~1.40	2.0~2.3	1.7~2.0	1.20~1.30	1.20~1.30

注:1. 工况 I :自重;2. 工况 II :自重+地下水;3. 工矿 III :自重+暴雨+地下水;4. 工况 IV :自重+地震+地下水。

3.2.6　抗滑桩

3.2.6.1　一般规定

1. 抗滑桩是滑坡防治工程中较常采用的一种措施。采用抗滑桩对滑坡进行分段阻滑时,每段宜以单排布置为主,若弯矩过大,应采用预应力锚拉桩。

2. 抗滑桩桩长宜小于35 m。对于滑带埋深大于25 m的滑坡,采用抗滑桩阻滑时,应充分论证其可行性。

3. 抗滑桩间距(中对中)宜为5~10 m。抗滑桩嵌固段须嵌入滑床中,为桩长的1/3~2/5。为了防止滑体从桩间挤出,应在桩间设钢筋混凝土或浆砌块石拱形挡板。在重要建筑区,抗滑桩之间应用钢筋混凝土连系梁连接,以增强整体稳定性。

4. 抗滑桩截面形状以矩形为主,截面宽度一般为1.5~2.5 m,截面长度一般为2.0~4.0 m。当滑坡推力方向难以确定时,应采用圆形桩。

5. 可结合建设用地的实际需要,对滑坡进行"开发性"治理,利用抗滑桩形成平台,在确保安全的前提下,可提供建设场地。

6. 抗滑桩按受弯构件设计。对于利用抗滑桩作为建筑物桩基的工程,即"承重阻滑桩",须按《建筑桩基技术规范》(JGJ 94—2008)进行桩基竖向承载力、桩基沉降、水平位移和挠度验算,并须考虑地面附加荷载对桩的影响。

3.2.6.2　抗滑桩设计

1. 抗滑桩所受推力可根据滑坡的物质结构和变形滑移特性,分别按三角形、矩形或梯形分布考虑。

2. 抗滑桩设计荷载包括:滑坡体自重、孔隙水压力、渗透压力、地震力等。对于受地表水体影响的滑坡,须考虑每年地表水体水位变动时对滑坡体产生的渗透压力。

3. 抗滑桩推力应按滑坡滑动面类型选用相应的推力计算公式(见附录A)。

4. 抗滑桩桩前须进行土压力计算。若被动土压力小于滑坡剩余抗滑力,桩的阻滑力按被动土压力考虑。被动土压力计算公式如下:

$$E_p = \frac{1}{2}\gamma_1 h_1^2 \tan^2(45 + \varphi_1/2) \tag{3.2.6-1}$$

式中 E_p——被动土压力,kN/m;

  γ_1、φ_1——桩前岩土体的容重(kN/m^3)和内摩擦角(°);

  h_1——抗滑桩受荷段长度,m。

5. 布置于地表水体水位一带的抗滑桩可不考虑滑体前缘的抗力,即抗滑力为0,但必须进行嵌固段侧压力验算。

6. 抗滑桩受荷段桩身内力应根据滑坡推力和阻力计算,嵌固段桩身内力根据滑面处的弯矩和剪力,按地基弹性的抗力地基系数(K)计算,简化式为:

$$K = m(y + y_0)^n \tag{3.2.6-2}$$

式中 m——地基系数随深度变化的比例系数;

  n——随岩土类别变化的常数,如0、0.5、1、…;

  y——嵌固段距滑带深度,m;

  y_0——与岩土类别有关的常数,m。

地基系数与滑床岩体性质相关,可概括为下列情况:

(1)K法。地基系数为常数K,即$n = 0$。滑床为较完整的岩质和硬黏土层。

(2)m法。地基系数随深度呈线性增加,即$n = 1$。一般地,简化为$K = my$。滑床为硬塑-半坚硬的砂黏土、碎石土或风化破碎成土状的软质岩层。

(3)当$0 < n < 1$时,K值随深度为外凸的抛物线变化,按这种规律变化的计算方法通常称为C法;当$n > 1$时,K值随深度为内凸的抛物线变化。

抗滑桩地基系数的确定可简化为K法和m法两种情况。若采用C法,应通过现场试验确定。

7. 抗滑桩嵌固段桩底支承根据滑床岩土体结构及强度,可采用自由端、铰支端或固定端。

8. 抗滑桩的稳定性与嵌固段长度、桩间距、桩截面宽度,以及滑床岩土体强度有关,可用围岩允许侧压力公式判定:

(1)较完整岩体、硬质黏土岩等

$$\sigma_{max} \leqslant \rho_1 R \tag{3.2.6-3}$$

式中 σ_{max}——嵌固段围岩最大侧向压力值,kPa;

  ρ_1——折减系数,取决于岩土体裂隙、风化及软化程度、沿水平方向的差异性等,一般为0.1~0.5;

  R——岩石单轴抗压极限强度,kPa。

(2)一般土体或严重风化破碎岩层

$$\sigma_{max} \leqslant \rho_2(\sigma_p - \sigma_a) \tag{3.2.6-4}$$

式中 ρ_2——折减系数,取决于土体结构特征和力学强度参数的精度,宜取值为0.5~1.0;

σ_p——桩前岩土体作用于桩身的被动土压应力,kPa;

σ_a——桩后岩土体作用于桩身的主动土压应力,kPa。

9. 抗滑桩嵌固段的极限承载能力与桩的弹性模量、截面惯性矩和地基系数相关。在进行内力计算时,须判定抗滑桩属刚性桩还是弹性桩,以选取适当的内力计算公式。判定式如下:

(1)按 K 法计算,即地基系数为常数

当 $\beta h_2 \leqslant 1.0$ 时,属刚性桩;当 $\beta h_2 > 1.0$ 时,属弹性桩。

其中　h_2——抗滑桩嵌固端长度,m;

　　　　β——桩的变形系数,m^{-1},其值为:

$$\beta = \left(\frac{KB_P}{4EI}\right)^{1/4} \tag{3.2.6-5}$$

式中　K——地基系数,$\mathrm{kN/m^3}$;

　　　B_P——桩正面计算宽度,m,矩形桩 $B_P = B + 1$,圆形桩 $B_P = 0.9(B+1)$;

　　　E——桩弹性模量,kPa;

　　　I——桩截面惯性矩,m^4。

(2)按 m 法计算,即地基系数为三角形分布

当 $ah_2 \leqslant 2.5$ 时,属刚性桩;当 $ah_2 > 2.5$ 时,属弹性桩。

其中　a——桩的变形系数,m^{-1},其值为:

$$a = (mB_P/EI)^{1/5} \tag{3.2.6-6}$$

式中　m——地基系数随深度变化的比例系数,$\mathrm{kN/m^3}$;

　　　其余符号意义同前。

10. 当滑坡对抗滑桩产生的弯矩过大时,推荐采用预应力锚拉桩(见图3.2.6-1)。其桩身可按弹性桩计算,但根据施加预应力的大小,抗滑桩配筋与上两种桩型明显不同。

11. 矩形抗滑桩纵向受拉钢筋配置数量应根据弯矩图分段确定,其截面面积按如下公式计算:

$$A_s = \frac{K_1 M}{\gamma_s f_y h_0} \tag{3.2.6-7}$$

或

$$A_s = \frac{K_1 \xi f_{cm} b h_0}{f_y} \tag{3.2.6-8}$$

且要求满足条件 $\xi \leqslant \xi_b$。

当采用直径 $d \leqslant 25$ mm 的Ⅱ级螺纹钢时,相对界限受压区高度系数 $\xi_b = 0.544$;当采用直径 $d = 28 \sim 40$ mm 的Ⅱ级螺纹钢时,相对界限受压区高度系数 $\xi_b = 0.566$。

a_s、ξ、γ_s 计算系数由下式给定:

$$a_s = \frac{K_1 M}{f_{cm} b h_0^2} \tag{3.2.6-9}$$

$$\xi = 1 - \sqrt{1 - 2a_s} \tag{3.2.6-10}$$

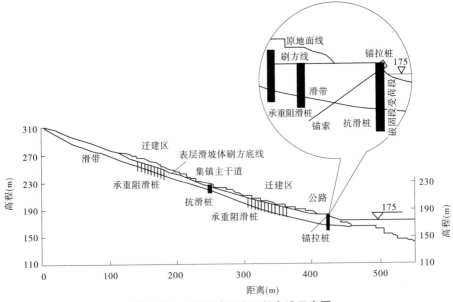

图 3.2.6-1 锚拉桩阻滑工程布设示意图

$$\gamma_s = \frac{1 + \sqrt{1 - 2a_s}}{2} \qquad (3.2.6-11)$$

式中 A_s——纵向受拉钢筋截面面积,mm^2;

       M——抗滑桩设计弯矩,$N \cdot mm$;

       f_y——受拉钢筋抗拉强度设计值,N/mm^2;

       f_{cm}——混凝土弯曲抗压强度设计值,N/mm^2;

       h_0——抗滑桩截面有效高度,mm;

       b——抗滑桩截面宽度,mm;

       K_1——抗滑桩受弯强度设计安全系数,取 1.05。

12. 矩形抗滑桩应进行斜截面抗剪强度验算,以确定箍筋的配置。其计算公式为:

$$V_{cs} = 0.07 f_c b h_0 + 1.5 f_{yv} \frac{A_{sv}}{S} h_0 \qquad (3.2.6-12)$$

且要求满足条件:

$$0.25 f_c b h_0 \geqslant K_2 V \qquad (3.2.6-13)$$

式中 V——抗滑桩设计剪力,N;

       V_{cs}——抗滑桩斜截面上混凝土和箍筋受剪承载力,N;

       f_c——混凝土轴心抗压设计强度值,N/mm^2;

       f_{yv}——箍筋抗拉设计强度值,N/mm^2,取值不大于 310 N/mm^2;

       h_0——抗滑桩截面有效高度,mm;

       b——抗滑桩截面宽度,mm;

       A_{sv}——配置在同一截面内箍筋的全部截面面积,mm^2;

       S——抗滑桩箍筋间距,mm;

K_2——抗滑桩斜截面受剪强度设计安全系数,取 1. 10。

3. 2. 6. 3　抗滑桩构造

1. 桩顶宜埋置于地面以下 0. 5 m,但应保证滑坡体不越过桩顶。当有特殊要求时,如作为建筑物基础等,桩顶可高于地面。

2. 桩身混凝土可采用普通混凝土。当施工许可时,也可采用预应力混凝土。桩身混凝土的强度宜为 C20、C25 或 C30。当地下水或环境土有侵蚀性时,水泥应按有关规定选用。

3. 纵向受拉钢筋应采用Ⅱ级以上的带肋钢筋或型钢。

4. 纵向受拉钢筋直径应大于 16 mm。净距应在 120 mm 至 250 mm 之间。如用束筋时,每束不宜多于 3 根。如配置单排钢筋有困难时,可设置两排或三排,排距宜控制在 120 ~ 200 mm 之内。钢筋笼的混凝土保护层应大于 50 mm。

5. 纵向受拉钢筋的截断点应在按计算不需要该钢筋的截面以外,其伸出长度应不小于表 3. 2. 6-1 规定的数值。

表 3. 2. 6-1　纵向受力钢筋的最小搭接长度　　（单位:mm）

钢筋类型		混凝土强度		
		C20	C25	C30
Ⅰ级钢筋		30d	25d	20d
月牙纹	Ⅱ级钢筋	40d	35d	30d
	Ⅲ级钢筋	45d	40d	35d

注:1. 表中 d 为钢筋直径;2. 月牙纹钢筋直径 $d > 25$ mm 时,其伸出长度应按表中数值增加 5d 采用。

6. 桩内不宜配置弯起钢筋,可采用调整箍筋的直径、间距和桩身截面尺寸等措施,以满足斜截面的抗剪强度。

7. 箍筋宜采用封闭式。肢数不宜多于 3 肢,其直径在 10 mm 至 16 mm 之间,间距应小于 500 mm。

8. 钢筋应采用焊接、螺纹或冷挤压连接。接头类型以对焊、帮条焊和搭接焊为主。当受条件限制,必须在孔内制作时,纵向受力钢筋应以对焊或螺纹连接为主。

9. 桩的两侧及受压边,应适当配置纵向构造钢筋,其间距宜为 400 ~ 500 mm,直径不应小于 12 mm。桩的受压边两侧,应配置架立钢筋,其直径不宜小于 16 mm。

10. 当采用预应力混凝土时,除应满足《混凝土结构设计规范》(GB 50010—2002)外,尚应符合下列要求:

（1）预应力施加方法宜采用后张法。如采用先张法时,应充分论证其可靠性。

（2）预应力筋宜为低松弛高强钢绞线。

（3）下端锚固于桩身下部 3 ~ 5 m 范围内。锚固段内,根据计算布置钢筋网片。

（4）上段锚固应选用可靠的锚具,并在锚固部位预埋钢垫板。垫板须与锚孔垂直。

（5）水泥砂浆强度等级不应低于 M25。

3.2.7 预应力锚杆(索)

3.2.7.1 一般规定

1. 预应力锚索是对滑坡体主动抗滑的一种技术。通过预应力的施加,增强滑带的法向应力和减少滑体下滑力,有效地增强滑坡体的稳定性。

2. 预应力锚索主要由内锚固段、张拉段和外锚固段三部分构成。预应力锚索宜采用低松弛高强钢绞线加工,须满足 GB/T 5224—2003 标准。

3. 预应力锚索设置必须保证达到所设计的锁定锚固力要求,避免由于钢绞线松弛而被滑坡体剪断;同时,必须保证预应力钢绞线有效防腐,避免因钢绞线锈蚀导致锚索强度降低,甚至破断。

4. 预应力锚索长度一般不超过 50 m。单束锚索设计宜为 500 ~ 2 500 kN 级,不超过 3 000 kN 级。预应力锚索布置间距宜为 4 ~ 10 m。

5. 当滑坡体为堆积层或土质滑坡时,预应力锚索应与钢筋混凝土梁、格构或抗滑桩组合作用。

6. 预应力锚索设计时应进行拉拔试验。锚索试验内容包括内锚固段长度、砂浆配合比、拉拔时间确定,造孔钻机及钻具选定等。应根据公式计算和工程类比,选取合适的内锚固段长度,进行设计锚固力和极限锚固力试验,推荐合适的内锚固段长度和砂浆配合比是试验的主要内容。

3.2.7.2 预应力锚索设计

1. 计算滑坡预应力锚索锚固力前,应对未施加预应力的滑坡稳定系数进行计算,作为设计的依据。滑坡设计荷载包括滑坡体自重、静水压力、渗透压力、孔隙水压力、地震力等。对跨越地表水体水位线的滑坡,须考虑每年地表水体水位变动时对滑坡体产生的渗透压力或动水压力。

2. 预应力锚索极限锚固力通常由破坏性拉拔试验确定。极限拉拔力指锚索沿握裹砂浆或砂浆固体沿孔壁滑移破坏的临界拉拔力;容许锚固力指极限锚固力除以适当的安全系数(通常为 2.0 ~ 2.5),它将为设计锚固力提供依据,通常容许锚固力为设计锚固力的 1.2 ~ 1.5 倍;设计锚固力可依据滑坡体推力和安全系数确定。

3. 预应力锚索将根据滑坡体结构和变形状况确定锁定值,即:

(1)当滑坡体结构完整性较好时,锁定锚固力可达设计锚固力的 100%。

(2)当滑坡体蠕滑明显,预应力锚索与抗滑桩相结合时,锁定锚固力应为设计锚固力的 50% ~ 80%。

(3)当滑坡体具崩滑性时,锁定锚固力应为设计锚固力的 30% ~ 70%。

4. 预应力锚索设计锚固力的确定可分为两种情况。

(1)岩质滑坡

根据极限平衡法进行计算,须考虑预应力沿滑面施加的抗滑力和垂直滑面施加的法向阻滑力。稳定系数和锚固力计算公式见附录 A。

(2)堆积层(包括土质)滑坡

根据传递系数法进行计算,考虑预应力锚索沿滑面施加的抗滑力,可不考虑垂直滑面施加的法向阻滑力。计算公式参见附录 A。所需锚固力为:

$$T = P/\cos\theta \qquad\qquad (3.2.7\text{-}1)$$

式中　T——设计锚固力,kN/m;

　　　P——滑坡推力,kN/m;

　　　θ——锚索倾角,(°)。

5. 内锚固段长度不宜大于 10 m,可根据下列三种方法综合确定,其中经验类比方法更优。

(1)理论计算

①按锚索体从胶结体中拔出,计算锚固长度(m):

$$L_{m_1} = \frac{KT}{n\pi dC_1} \qquad\qquad (3.2.7\text{-}2)$$

②按胶结体与锚索体一起沿孔壁滑移,计算锚固长度(m):

$$L_{m_2} = \frac{KT}{\pi DC_2} \qquad\qquad (3.2.7\text{-}3)$$

式中　T——设计锚固力,kN;

　　　K——安全系数,取值 2.0 ~ 4.0;

　　　n——钢绞线根数;

　　　d——钢绞线直径,mm;

　　　D——孔径,mm;

　　　C_1——砂浆与钢绞线允许黏结强度,MPa;

　　　C_2——砂浆与岩石的胶结系数,MPa,为砂浆强度的 1/10 除以安全系数 1.75 ~ 3.0。

(2)类比法

根据链子崖危岩体锚固工程等经验,推荐内锚固段长度如表 3.2.7-1 所示。

表 3.2.7-1　内锚固段长度推荐值表

序号	吨位	内锚固段长度(m)
1	3 000 kN 级以上	7 ~ 8
2	3 000 ~ 2 000 kN 级	6 ~ 7
3	2 000 ~ 1 000 kN 级	5 ~ 6
4	1 000 kN 级以下	4 ~ 5

(3)拉拔试验

当滑体地质条件复杂,或防治工程重要时,可结合上述方法,并对锚索进行破坏性试验,以确定内锚固段的合理长度。拉拔试验可分为 7 d、14 d、28 d 三种情况进行,水灰比按 0.38 ~ 0.45 调配。

6. 预应力锚索的最优锚固角

预应力锚索倾角主要由施工条件确定。但是,可根据以下两种方法综合考虑其最优倾角:

（1）理论公式

理论分析表明，锚索倾角满足下式时是最经济的：

$$\theta = \alpha - (45° + \varphi/2) \tag{3.2.7-4}$$

式中　θ——锚索倾角，(°)；

　　　α——滑面倾角，(°)；

　　　φ——滑面内摩擦角，(°)。

（2）实际经验

对于自由注浆锚索，锚索倾角应大于11°，否则须增设止浆环进行压力注浆。

7. 群锚效应

预应力锚索的数量取决于滑坡产生的推力和防治工程安全系数。锚索间距宜大于4 m。若锚索间距小于4 m，须进行群锚效应分析。推荐公式如下：

（1）本技术要求推荐公式

$$D = \ln(T^2 \times L/\rho) \tag{3.2.7-5}$$

（2）日本《USL 锚固设计施工规范》采用公式

$$D = 1.5\sqrt{L \cdot d/2} \tag{3.2.7-6}$$

式中　D——锚索最小间距，m；

　　　T——设计锚固力，kN；

　　　d——锚索钻孔孔径，m；

　　　L——锚索长度，m；

　　　ρ——修正系数，取 10^5 kN^2 · m。

8. 锚索内端排列

相邻锚索不宜等长设计，可根据岩体强度和完整性交错布置，长短差在2 m至5 m之间。

3.2.7.3 预应力锚索构造

1. 预应力锚索所采用的钢绞线应符合国家标准 GB/T 5223—2002、GB/T 5224—2003，7 丝标准型钢绞线参数如表 3.2.7-2 所示。

表 3.2.7-2　国标 7 丝标准型钢绞线参数表

公称直径 (mm)	公称面积 (mm²)	每 1 000 m 理论质量(kg)	强度级别 (N/mm²)	破坏荷载 (kN)	屈服荷载 (kN)	伸长率 (%)	70% 破断荷载 1 000 h 的松弛度(%)
9.50	54.8	432	1 860	102	86.6	3.5	2.5
11.10	74.2	580	1 860	138	117	3.5	2.5
12.70	98.7	774	1 860	184	156	3.5	2.5
15.20	139.0	1 101	1 860	259	220	3.5	2.5

2. 对中支架

预应力锚索必须设置对中支架(架线环)，避免钢绞线打缠和砂浆握裹效果降低。对中支架可用钢板或硬塑料加工。每间隔 1.5～3.0 m，设置一个对中支架。

3. 注浆管

用高压胶管或塑料软管加工,直径(曲)宜为 25 mm。注浆完毕后,须拔出注浆管。

4. 固结砂浆

固结砂浆用砂含泥量不应超过总重量的 3%;云母及轻物质含量不应超过总重量的 3%;有机质含量用比色法试验,不应深于标准色。

5. 添加剂

为了加速内锚固段的固结强度,可在砂浆中掺入 0.3‰的三乙醇胺等无腐蚀性添加剂。添加剂的使用应符合《混凝土外加剂应用技术规范》(GB 50119—2003)。

6. 内锚固段及注浆

为了达到预应力锚索对滑带的加固效果,锚索张拉段必须穿过滑带 2 m 以上,对于隐蔽型滑面的松散层滑坡,张拉段要求进入新鲜基岩面 1.5 m 以上(参见附图 A.4)。

7. 锚具

预应力锚索锚具品种较多,工程设计单位必须在工程设计施工图上注明锚具的型号、标记和锚固性能参数。OVM 锚具的基本参数如表 3.2.7-3 所示。

表 3.2.7-3　OVM 锚具基本参数表　　　　　　　　　　(单位:mm)

OVM 锚具	钢绞线直径	钢绞线根数	锚垫板 (边长×厚度×内径)	锚板 (直径×厚度)	波纹管 (外径×内径)
OVM15 – 6、7	15.2 ~ 15.7	6 根、7 根	200×180×140	135×60	77×70
OVM15 – 12	15.2 ~ 15.7	12 根	270×250×190	175×70	97×90
OVM15 – 19	15.2 ~ 15.7	19 根	320×310×240	217×90	107×100

3.2.8　重力式挡土墙

3.2.8.1　一般规定

1. 重力挡墙适用于居民区、工业和厂矿区以及航运、道路建设涉及的规模小、厚度薄的滑坡阻滑治理工程。

2. 设计挡土墙应与其他治理工程措施相配合,根据地质地形条件设计多个方案,通过技术经济分析、对比后,确定最优方案,以达到最佳工程效果。

3. 挡土墙工程应布置在滑坡主滑地段的下部区域。当滑体长度大而厚度小时,宜沿滑坡倾向设置多级挡土墙。

4. 当坡面无建筑物或其他用地,且地质和地形条件有利时,挡土墙宜设置为向坡体上部凸出的弧形或折线形,以提高整体稳定性。

5. 挡土墙墙高不宜超过 8 m,否则应采用特殊形式挡土墙,或每隔 4 ~ 5 m 设置厚度不小 0.5 m、配比适量构造钢筋的混凝土构造层。

6. 墙后填料应选透水性较强的填料,当采用黏土作为填料时,宜掺入适量的石块且夯实,密实度不小于 85%。

3.2.8.2　重力挡墙设计

1. 挡土墙所受压力可采用附录 A 滑坡推力公式(A.10)和土压力计算公式计算,取

其最大值。挡土墙工程结构设计安全系数根据 3.2.5 推荐如下:

基本荷载情况下,抗滑稳定性 $K_s \geqslant 1.3$,抗倾覆稳定性 $K_s \geqslant 1.6$;

特殊荷载情况下,抗滑稳定性 $K_s \geqslant 1.2$,抗倾覆稳定性 $K_s \geqslant 1.4$。

墙体结构强度按《砌体结构设计规范》(GB 50003—2011)进行验算。

2. 作用在挡土墙上的荷载力系及其组合,视挡土墙型式不同分别考虑。基本荷载应考虑墙背承受的由填料自重产生的侧压力、墙身重力、墙顶上的有效荷载、基底法向反力、摩擦力及常水位时的静水压力和浮力;附加荷载涉及地表水体水位的静水压力和浮力、水位降落时的水压力和波浪压力等;特殊荷载考虑地震力及临时荷载。

3. 墙身所受的浮力应根据地基渗水情况,按下列原则确定:位于砂类土、碎石类土和节理很发育的岩石地基,按计算水位的 100% 计算;位于完整岩石地基,其基础与岩石间灌注混凝土,按计算水位的 50% 计算;不能肯定地基土是否透水时,宜按计算水位的 100% 计算。

4. 土压力的计算方法及有关规定如下:

(1)作用在墙背上的主动土压力,可按库仑理论计算。计算公式见附录 B.1。

(2)挡土墙前部的被动土压力,一般不予考虑。但当基础埋置较深,且地层稳定,不受水流冲刷和扰动破坏时,结合墙身位移条件,可采用 1/3 ~ 1/2 被动土压力值或静止土压力值。被动土压力可按库仑理论计算,计算公式见附录 B.2。

(3)衡重式挡土墙上墙土压力,当出现第二破裂面时,用第二破裂面公式计算,不出现第二破裂面时,以边缘点连线作为假想墙背按库仑公式计算;下墙土压力采用力多边形法计算,不计入墙前土的被动土压力。

5. 墙背后填料的内摩擦角,应根据试验资料确定。当无试验资料时可参照有关规范所给出的数值选用。

6. 挡土墙设计必须进行抗滑和抗倾覆稳定性验算。

抗滑稳定系数和抗倾覆稳定系数计算公式见附录 B.3。

7. 基底压力计算方法

$$P_{max} = (F + A)/A + M/W \tag{3.2.8-1}$$
$$P_{min} = (F + G)/A - M/W \tag{3.2.8-2}$$

式中　P_{max}——基础底面边缘的最大压力设计值,kPa;

　　　P_{min}——基础底面边缘的最小压力设计值,kPa;

　　　F——上部结构传至基础顶面的竖向力设计值,kN;

　　　G——基础自重设计值和基础上的土重标准值,kN;

　　　A——基础底面面积,m^2;

　　　M——作用于基础底面的力矩设计值,kN·m;

　　　W——基础底面的抵抗矩,kN·m。

当偏心距 $e > b/6$ 时,P_{max} 按下式计算:

$$P_{max} = 2(F + G)/(3Ia) \tag{3.2.8-3}$$

式中　I——垂直于力矩作用方向的基础底面边长,m;

　　　a——合力作用点至基础底面最大压力边缘的距离,m。

当地基受力层范围内有软弱下卧层时,应验算其顶面压力。

8. 挡土墙偏心压缩承载力计算

$$N \leqslant \varphi f A \qquad (3.2.8-4)$$

式中　N——荷载设计值产生的轴向力,kN;

A——截面面积,m²;

f——砌体抗压强度设计值,kPa;

φ——高厚比 β 和轴向力的偏心距 e 对受压构件承载力的影响系数。

当 $0.7y < e < 0.95y$(y 为截面重心到轴向力所在方向截面边缘距离,m)时,除按上式进行验算外,还应按正常使用极限状态验算

$$N_k \leqslant \frac{f_{tmk} A}{\dfrac{Ae}{W} - 1} \qquad (3.2.8-5)$$

式中　N_k——轴向力标准值,kN;

f_{tmk}——砌体弯曲抗拉强度标准值,kPa,取 $f_{tmk} = 1.5 f_{tm}$,f_{tm} 为砌体弯曲抗拉强度设计值;

W——截面抵抗矩,kN·m;

e——按荷载标准值计算的偏心距。

当 $e \geqslant 0.95y$ 时,按下式进行计算:

$$N_k \leqslant \frac{f_{tm} A}{\dfrac{Ae}{W} - 1} \qquad (3.2.8-6)$$

9. 受剪构件的承载力按下式计算:

$$V \leqslant (f_v + 0.18\sigma_k) A \qquad (3.2.8-7)$$

式中　V——剪力设计值,kN;

f_v——砌体抗剪强度设计值,kPa;

σ_k——荷载标准值产生的平均压力,kPa,但仰斜式挡土墙不考虑其影响。

10. 重力式挡墙的墙身结构强度可按《砌体结构设计规范》(GB 5003—2011)进行验算。

3.2.8.3　重力挡墙构造

1. 挡土墙墙型的选择宜根据滑坡稳定状态、施工条件、土地利用和经济性等因素确定。在地形地质条件允许情况下,宜采用仰斜式挡土墙;若施工期间滑坡稳定性较好且土地价值低,宜采用直立式;若施工期间滑坡稳定性较好且土地价值高,宜采用俯斜式(见图 3.2.8-1)。

2. 在设计中可根据地质条件采用特殊形式挡土墙,如减压平台挡土墙、扶壁挡土墙、锚杆(索)挡墙、锚定板挡墙及加筋土挡墙等(见图 3.2.8-2)。

3. 挡土墙基础埋置深度必须根据地基变形、地基承载力、地基抗滑稳定性、挡土墙抗倾覆稳定性、岩石风化程度以及流水冲刷计算确定。土质滑坡挡土墙必须置于滑动面以下不小于 1~2 m。

4. 重力式挡土墙采用毛石混凝土或素混凝土现浇时,毛石混凝土或素凝土墙顶宽不

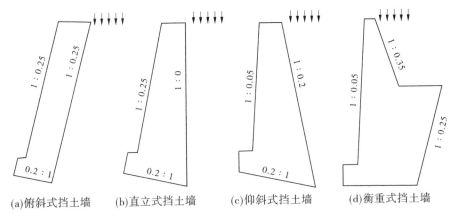

(a)俯斜式挡土墙　　(b)直立式挡土墙　　(c)仰斜式挡土墙　　(d)衡重式挡土墙

图 3.2.8-1　重力挡墙断面一般形式图

宜小于 0.6 m,毛石含量为 15% ~ 30% 。

5. 挡土墙胸墙宜采用 1:0.5 ~ 1:0.3 坡度。墙高小于 4.0 m,可采用直立胸墙,地面较陡时,墙面坡度可采用 1:0.2 ~ 1:0.3。

6. 挡土墙墙背可设计为倾斜的、垂直的和台阶形,整体倾斜度不宜小于 1:0.25。

7. 挡土墙基础宽度与墙高之比宜为 0.5 ~ 0.7,基底宜设计为 0.1:1 ~ 0.2:1 的反坡,土质地基取小值,岩质地基取大值。

8. 墙基沿纵向有斜坡时,基底纵坡不陡于 5%;当纵坡陡于 5% 时,应将基底做成台阶式。

9. 当基础砌筑在坚硬完整的基岩斜坡上而不产生侧压力时,可将下部墙身切割成台阶式,切割后应进行全墙稳定性验算。

10. 在挡土墙背侧应设置 200 ~ 400 mm 的反滤层,孔洞附近 1 m 范围内应加厚至 400 ~ 600 mm。回填土为砂性土时,挡土墙背侧最下一排泄水孔下侧应设倾向坡外、厚度不小于 300 mm 的防水层。

11. 挡土墙后回填表面设置为倾向坡外的缓坡,坡度取 1:20 ~ 1:30,或墙顶内侧设置排水沟,可通过挡土墙顶引出,但注意墙前坡体冲刷。

12. 为排出墙后积水,须设置泄水孔。根据水量大小,泄水孔孔眼尺寸宜为 50 mm × 100 mm、100 mm × 100 mm、100 mm × 150 mm 方孔,或 $\phi 50 \sim 200$ mm 圆孔。孔眼间距 2 ~ 3 m,倾角不小于 5°。上下左右交错设置,最下一排泄水孔的出水口应高出地面 ≥ 200 mm。

13. 在泄水孔进口处应设置反滤层,且必须用透水性材料(如卵石、砂砾石等)。为防止积水渗入基础,须在最低排泄水孔下部,夯填至少 300 mm 厚的黏土隔水层。

14. 挡墙沉降缝每 5 ~ 20 m 设置一道,缝宽 20 ~ 30 mm,缝中填沥青麻筋、沥青木板或其他有弹性的防水材料,沿内、外、顶三方填塞,深度不小于 150 mm。

3.2.9　岩石锚喷支护

3.2.9.1　一般规定

1. 岩质边坡可采用锚喷支护。Ⅰ类岩质边坡宜采用混凝土锚喷支护;Ⅱ类岩质边坡

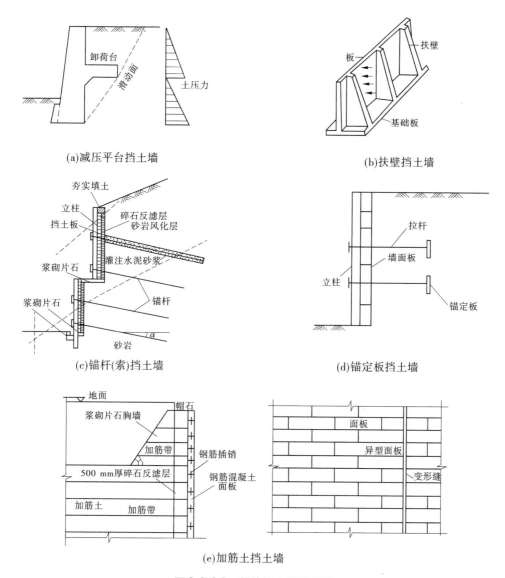

(a)减压平台挡土墙　　　　　　　　　　　(b)扶壁挡土墙

(c)锚杆(索)挡土墙　　　　　　　　　　　(d)锚定板挡土墙

(e)加筋土挡土墙

图 3.2.8-2　其他挡土墙形式图

宜采用钢筋混凝土锚喷支护;Ⅲ类岩质边坡坡高不宜大于 15 m,且应采用钢筋混凝土锚喷支护。

2. 下列边坡不应采用锚喷支护:

(1)膨胀性岩石的边坡;

(2)具有严重腐蚀性的边坡。

3. 岩质边坡采用锚喷支护后,对局部不稳定块体尚应采取加强支护的措施。

3.2.9.2　岩质边坡锚喷支护设计

1. 岩质边坡采用锚喷支护时,整体稳定性计算应符合下列规定:

(1)岩石侧向压力可视为均匀分布,岩石侧向压力水平分力标准值可按下式计算:

$$e_{hk} = \frac{E_{hk}}{H} \tag{3.2.9-1}$$

式中　e_{hk}——岩石侧向压力水平分力标准值,kN/m^2;

　　　E_{hk}——岩石侧向压力合力水平分力标准值,kN/m;

　　　H——边坡高度,m。

（2）锚杆所受水平拉力标准值可按下式计算:

$$H_{tk} = e_{hk}s_{xj}s_{yj} \tag{3.2.9-2}$$

式中　s_{xj}——锚杆的水平间距,m;

　　　s_{yj}——锚杆的垂直间距,m;

　　　H_{tk}——锚杆所受水平拉力标准值,kN。

2. 采用锚喷支护边坡时,锚杆计算应符合本节 3.2.7 的规定。

3. 用锚杆加固受拉或受剪破坏的不稳定危岩块体,锚杆抗拉或抗剪承载力应满足下式要求:

$$\xi_1 A_s f_y \geqslant \gamma_0 \gamma_Q G_0 \tag{3.2.9-3}$$

或　　　　$$\xi_2 A_s f_v + (G_2 \tan\varphi_s + C_s A) \geqslant \gamma_0 \gamma_Q G_1 \tag{3.2.9-4}$$

式中　G_0——不稳定块体的自重,kN;

　　　G_1、G_2——不稳定块体自重在平行和垂直于滑面方向的分力,kN;

　　　A_s——锚杆钢筋总截面面积,m^2;

　　　f_y——锚杆钢筋抗拉强度设计值,kPa;

　　　f_v——锚杆钢筋抗剪强度设计值,kPa;

　　　C_s——滑移面的黏聚力,kPa;

　　　φ_s——滑移面的内摩擦角,(°);

　　　A——滑移面面积,m^2;

　　　γ_0——边坡工程重要性系数,按照《建筑边坡工程技术规范》(GB 50330—2002),安全等级为一级的边坡取 1.1,其他取 1.0;

　　　γ_Q——荷载分项系数,可取 1.30,当可变荷载较大时应按现行荷载规范确定;

　　　ξ_1——锚杆抗拉工作条件系数,永久性锚杆取 0.69,临时性锚杆取 0.92;

　　　ξ_2——锚杆抗剪工作条件系数,取 0.6。

4. 喷层对局部不稳定块体的抗拉承载力应按下式验算:

$$0.6\xi_c f_t h u_r \geqslant \gamma_0 \gamma_Q G_0 \tag{3.2.9-5}$$

式中　ξ_c——喷层工作条件系数,取 0.6;

　　　f_t——喷射混凝土抗拉强度设计值,kPa,可按表 3.2.9-1 采用;

　　　u_r——不稳定块体出露面的周边长度,m;

　　　h——喷层厚度,m,当 $h > 100$ mm 时以 100 mm 计算。

3.2.9.3　构造设计

1. 岩面护层可采用喷射混凝土层、现浇混凝土板或格构梁等型式。

2. 锚杆的设置应满足下列要求:

（1）锚杆宜用钢筋,钢筋直径为 16 ~ 32 mm。

（2）锚杆倾角宜为 10°~20°。

（3）锚杆布置宜采用菱形排列，也可采用行列式排列。

（4）锚杆间距宜为 1.25~3 m，且不应大于锚杆长度的一半；对Ⅰ、Ⅱ类岩体边坡，最大间距不得大于 3 m，对Ⅲ类岩体边坡，最大间距不得大于 2 m；钻孔直径宜为 80~150 mm。注浆材料宜采用水泥浆或水泥砂浆，其强度等级不低于 M10。

（5）应采用全黏结锚杆。

3. 局部锚杆的布置应满足下列要求：

（1）对受拉破坏的不稳定块体，锚杆应按有利于其抗拉的方向布置；

（2）对受剪破坏的不稳定块体，锚杆宜逆向不稳定块体滑动方向布置。

4. 喷射混凝土的设计强度等级不应低于 C20，喷射混凝土 1 d 龄期的抗压强度不应低于 5 MPa。

5. 喷射混凝土的物理力学参数可按表 3.2.9-1 采用。

表 3.2.9-1 喷射混凝土物理力学参数

物理力学参数	喷射混凝土强度等级		
	C20	C25	C30
轴心抗压强度设计值（MPa）	10.00	12.50	15.00
弯曲抗压强度设计值（MPa）	11.00	13.50	16.50
抗拉强度设计值（MPa）	1.10	1.30	1.50
弹性模量（MPa）	2.10×10^4	2.30×10^4	2.50×10^4
重度（kN/m³）	22.00		

6. 钢筋网一般不宜小于φ6@200 mm×200 mm 的网眼。在面层的上部应向上翻过边坡顶 1.00~1.50 mm，以形成护坡顶。在坡顶应做好防水。

7. 喷射混凝土与岩面的黏结力，对整体状和块状岩体不应低于 0.70 MPa，对碎裂状岩体不应低于 0.40 MPa。喷射混凝土与岩面黏结力试验应遵守现行国家标准《锚杆喷射混凝土支护技术规范》（GB 50086—2001）的规定。

8. 一般情况下，喷射混凝土面板厚度不应小于 50 mm，含水岩层的喷射混凝土面板厚度和钢筋网喷射混凝土面板厚度不应小于 100 mm。岩体边坡钢筋网喷射混凝土面板厚度和钢筋混凝土面板厚度不应小于 150 mm。钢筋直径宜为 6~12 mm，钢筋间距宜为 150~300 mm，宜采用双层配筋，钢筋保护层厚度不应小于 25 mm。

9. 永久性边坡的现浇板厚度宜为 200 mm，混凝土强度等级不应低于 C20。应采用双层配筋，钢筋直径宜为 8~14 mm，钢筋间距宜为 200~300 mm。面板与锚杆应有可靠连接。

10. 面板宜沿边坡纵向每 20~25 m 的长度分段设置竖向伸缩缝。

3.2.10 格构锚固

3.2.10.1 一般规定

1. 格构锚固技术是利用浆砌块石、现浇钢筋混凝土或预制预应力混凝土进行坡面防护,并利用锚杆或锚索固定的一种滑坡综合防护措施,适用于地形坡度小于35°的浅层滑坡。

2. 格构技术应与其他防护措施结合,与美化环境结合,利用框格护坡,并在框格之间种植花草,达到美化环境的目的。同时,应与市政规划、建设相结合,在防护工程前沿,可规划为道路、广场或其他建设用地,在护坡工程体内,可预留管网通道。

3. 根据滑坡结构特征,选定不同的护坡材料。

(1)当滑坡稳定性好,但前缘表层开挖失稳,出现坍滑时,可采用浆砌块石格构护坡,并用锚杆固定。

(2)当滑坡稳定性差,且滑坡体厚度不大,宜用现浇钢筋混凝土格构 + 锚杆(索)进行滑坡防护,须穿过滑带对滑坡阻滑。

(3)当滑坡稳定性差,且滑坡体较厚,下滑力较大时,应采用混凝土格构 + 预应力锚索进行防护,并须穿过滑带对滑坡阻滑。

3.2.10.2 格构锚固设计

1. 在对格构进行设计前,应对滑坡稳定系数进行计算,作为设计的依据。滑坡设计荷载包括滑坡体自重、静水压力、渗透压力、孔隙水压力、地震力等。对于跨越地表水体水位线的滑坡,须考虑每年库水位变动时对滑坡体产生的渗透压力。

2. 对于整体稳定性好,并满足设计安全系数要求的滑坡,可采用浆砌块石格构进行护坡。采用经验类比法进行设计,前缘形成坡度不宜大于35°,即1:1.5。当边坡高度超过30 m时,须设马道放坡,马道宽2.0~3.0 m。

3. 当滑坡整体稳定性好,但前缘出现溜滑或坍滑,或坡度大于35°时,可采用现浇钢筋混凝土格构进行护坡,并用锚杆(管)进行固定。采用经验类比和极限平衡法相结合的方法进行设计,锚杆(管)须穿过潜在滑面1.5~2.0 m,采用全黏结灌浆。

4. 当滑坡整体稳定性差,且坡面须防护时,可采用现浇钢筋混凝土格构与锚杆或锚索进行防护。采用与预应力锚索相同的锚固力计算公式确定锚固荷载,推荐单束锚杆或锚索设计吨位。采用简支梁或多跨连续梁公式计算两锚杆之间的格构内力。

(1)格构弯矩设计值的确定。

按典型剖面承受的土压力和锚杆设计锚固力计算。

(2)钢筋混凝土格构强度判定。

格构提供的弯矩为:

$$M = f_y A_{sl} \gamma_s h_0 + f'_y A'_{sl}(h_0 - a') \quad (3.2.10\text{-}1)$$

若

$$M > K M_{max} \quad (3.2.10\text{-}2)$$

则格构强度满足设计要求。

式中 M_{max}——格构承受的弯矩设计值,10^{-6}kN·m;

       K——安全系数,取值为1.5;

       f_y、f'_y——钢筋抗拉、抗压强度,N/mm²;

       A_{sl}、A'_{sl}——受拉钢筋、受压钢筋截面面积,mm²;

       γ_s——受拉区混凝土塑性影响系数;

       h_0——截面有效高度,mm;

a'——纵向受压钢筋合力砂浆保护层厚度,mm。

5. 当滑坡整体稳定性差、滑坡推力过大,且前沿坡面须防护时,可采用预制预应力钢筋混凝土格构与锚索进行防护。采用与预应力锚索相同的锚固力计算公式确定锚固荷载,并推荐单束锚索的设计吨位。

3.2.10.3 格构锚固构造

1. 浆砌块石格构

(1)型式

浆砌块石格构可分为下列型式(见图3.2.10-1)。

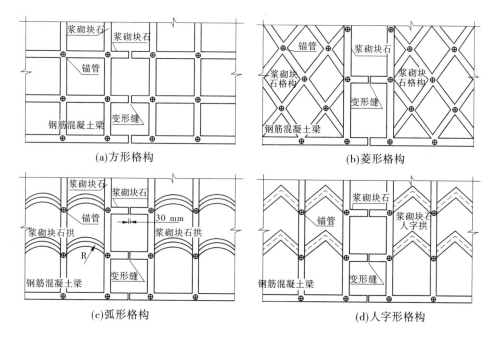

(a)方形格构　　　　　　　　　(b)菱形格构

(c)弧形格构　　　　　　　　　(d)人字形格构

图 3.2.10-1　格构平面布置型式图

①方形:指顺边坡倾向和沿边坡走向设置方格状浆砌块石。格构水平间距应小于3.0 m。

②菱形:指沿平整边坡坡面斜向设置浆砌块石。格构间距应小于3.0 m。

③人字形:指顺边坡倾向设置浆砌块石条带,沿条带之间向上设置人字形浆砌块石拱。格构横向间距应小于3.0 m。

④弧形:指顺边坡倾向设置浆砌块石条带,沿条带之间向上设置弧形浆砌块石拱。格构横向间距应小于3.0 m。

(2)浆砌块石设计

浆砌块石格构设计以类比法为主。断面高×宽不宜小于300 mm×200 mm,最大不超过450 mm×350 mm。水泥砂浆采用M7.5,格构框条宜采用里肋式或柱肋式,并每隔10~20 m设一变形缝。

(3)边坡坡度

浆砌块石格构边坡坡面应平整,坡度不宜大于35°。当边坡高于30 m时,应设马道。

马道的宽度取 3~5 m。

(4)锚杆(管)

为了保证格构的稳定性,可根据岩土体结构和强度在格构节点设置锚杆,长度宜大于 4 m,全黏结灌浆。若岩土体较为破碎和易溜滑,可采用锚管加固,全黏结灌浆,注浆压力宜为 0.5~1.0 MPa。锚杆(管)埋置在浆砌块石格构中(见图 3.2.10-2)。

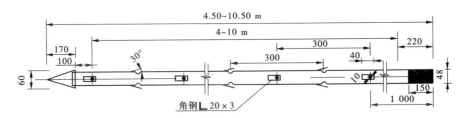

图 3.2.10-2 格构锚管结构图 (未标注数字单位 mm)

(5)注浆停止前应稳压至少 10 min,漏浆时应补浆。

(6)培土植草。为了美化环境和防护表层边坡,在格构间应培土和植草。

2. 现浇钢筋混凝土格构

(1)格构型式

现浇钢筋混凝土格构型式可分为以下几种(参见图 3.2.10-1)。

①方形:指顺边坡倾向和沿边坡走向设置方格状钢筋混凝土梁。格构水平间距应小于 5.0 m。

②菱形:指沿平整边坡坡面斜向设置钢筋混凝土。格构间距应小于 5.0 m。

③人字形:指顺边坡倾向设置钢筋混凝土条带,沿条带之间向上设置人字形钢筋混凝土,若岩土完整性好,亦可设置浆砌块石拱。格构水平间距应小于 4.5 m。

④弧形:指顺边坡倾向设置钢筋混凝土,沿条带之间向上设置弧形钢筋混凝土,若岩土体完整性好,亦可设置浆砌块石拱。格构水平间距应小于 4.5 m。

(2)钢筋混凝土断面与配筋(见图 3.2.10-3)

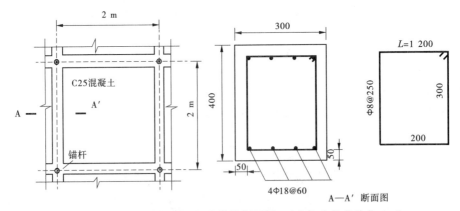

图 3.2.10-3 现浇钢筋混凝土格构断面图 (未标注数字单位 mm)

①钢筋混凝土断面设计应采用简支梁法进行弯矩计算,并采用类比法校核。断面高×宽不宜小于 300 mm×250 mm,最大不宜超过 500 mm×400 mm。

②主筋确定:纵向钢筋应采用Φ14以上的Ⅱ级螺纹钢,箍筋应采用Φ8以上的钢筋加工。若配筋率过小,可按少筋梁结构处理。

③混凝土:宜采用C25以上强度等级。

(3)边坡坡度

现浇钢筋格构边坡坡面应平整,坡度不宜大于70°。当边坡高于30 m时,应设置马道。

(4)锚杆(管)或锚索

为了保证格构的稳定性,可根据岩土体结构和强度在格构节点设置锚杆。锚杆应采用Φ25~Φ40Ⅱ级螺纹钢加工,长度宜为4 m以上,全黏结灌浆,并与钢筋笼点焊连接。若岩土体较为破碎和易溜滑,可采用锚管加固,锚管用Φ50钢管加工,全黏结灌浆,注浆压力宜为0.5~1.0 MPa,并与钢筋笼点焊连接。锚杆(管)埋置在浆砌块石格构中。锚杆(管)均应穿过潜在滑动面。Φ50钢管设计拉拔力可取为100~140 kN。

当滑坡整体稳定性差或下滑力较大时,应采用预应力锚索进行加固。其设计同本节3.2.7预应力锚索的规定。

(5)为了美化环境和防护表层边坡,在格构间应培土和植草。

3.2.11　加筋挡土墙

3.2.11.1　加筋挡土墙作为柔性支挡结构工程,由基础、面板、筋带和填土等部分组成,通过土体—筋体的相互摩擦加固,以平衡侧向土压力。可应用于填沟用地和填方路段的斜坡工程,以及小型滑坡前缘的压脚支挡。

3.2.11.2　为做好加筋挡土墙的设计与施工,应对场地进行详细勘查,重点查明建设范围内地基性状、地下水、填料以及加筋体施工条件等。

3.2.11.3　加筋挡土墙设计时应进行方案比选,体现合理、经济、实用、美观的原则。单级墙高不宜超过10 m,超过10 m时,应进行特殊设计,以免出现极端负荷。

3.2.11.4　在满足加筋体内部稳定性要求的情况下,填料选择可以消化建设区挖方弃土为主。若填料质量不能满足,应按设计要求进行级配选取。

3.2.11.5　在地基的软弱和富水地段,应先对其进行处理,以满足加筋体整体稳定性要求。

3.2.11.6　加筋挡土墙可根据地形和地质条件采用矩形或梯形断面设计;对于面板和基础类型的选用,应分别进行弯折强度和地基应力验算后确定。

3.2.11.7　筋带类型应充分考虑抗拉强度、抗蠕变和抗老化等因素,优先采用土工格栅或高强土工布作为加筋材料。当采用加筋带作为筋材时,宽度应大于50 mm,厚度应大于3 mm。

3.2.11.8　加筋挡土墙作用荷载应根据挡土墙类型及工况确定。基本荷载包括加筋体自重、外侧土体侧压力、下卧基底反力、墙顶活载、墙体静水压力及浮托力;特殊荷载考虑地震力和动水压力。

3.2.11.9　挡墙的整体稳定性应考虑抗滑稳定性、抗倾覆稳定性和地基承载力,设计安全系数推荐如下:

1. 基本荷载情况

抗滑稳定性 $K_s \geqslant 1.5$,抗倾覆稳定性 $K_s \geqslant 2.0$,地基承载力 $K_s \geqslant 2.0$。

2. 特殊荷载情况

抗滑稳定性 $K_s \geq 1.3$,抗倾覆稳定性 $K_s \geq 1.8$,地基承载力 $K_s \geq 1.7$。

3.2.11.10 作用于加筋体的推力综合考虑两种作用力,选最大值:

1. 滑坡推力。由滑坡体传递至挡墙位置的剩余下滑力。

2. 主动土压力。参照重力式挡墙土压力计算公式确定。

3.2.11.11 加筋挡土墙结构设计和施工参照《土工合成材料应用技术规范》(GB 50290—98)执行。

3.2.12 注浆

3.2.12.1 注浆加固适用于以岩石为主的滑坡、崩塌堆积体、岩溶角砾岩堆积体、地面塌陷治理及松动岩体。注浆加固的目的在于通过对崩塌堆积体、岩溶角砾岩堆积体及松动岩体注入水泥砂浆,固结围岩或堆积体,从而提高其地基承载力,避免不均匀沉降。

3.2.12.2 注浆设计与施工

1. 注浆通过钻孔进行。钻孔深度取决于堆积体的厚度以及所要求的地基承载力。一般以提高地基承载力为目的的灌浆,深度可小于 15 m;以提高滑带抗剪强度为目的的灌浆,应穿过滑带至少 3 m。

2. 钻孔应呈梅花状分布,孔间距为注浆半径的 2/3。注浆半径应通过现场试验确定,宜为 1.0 ~ 3.0 m(见图 3.2.12-1)。

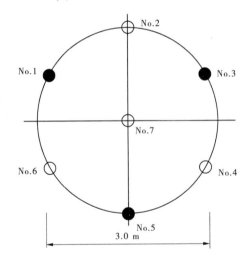

No.1、3、5、7—观测孔;No.2、4、6—灌浆孔

图 3.2.12-1 滑坡加固注浆试验钻孔平面布置示意图

3. 造孔采用机械回转或潜孔锤钻进,严禁采用泥浆扩壁。土体宜干钻,岩体可采用清水或空气钻进。

4. 钻孔设计孔径为 91 ~ 130 mm,宜用 130 mm 开孔。

5. 作好地质编录,尤其是遇洞穴、塌孔、掉块、漏水等各种情况时,应进行详细编录。

6. 注浆所用水泥标号不应低于 425#,水灰比采用逐级变换方式,宜用 5∶1 ~ 2∶1 开灌,然后根据耗浆量逐渐变换水灰比,最后为 0.5∶1,具体参数通过现场灌浆试验确定。

7. 若岩土体空隙大,可改用水泥砂浆。砂为天然砂或人工砂,要求有机物含量不宜大于3%,SO$_3$含量宜小于1%。

8. 注浆压力以不掀动岩体为原则,采用1.0~8.0 MPa。注浆采用不同级别压力,宜按1.0、2.0、2.5、3.0、3.5、4.0、5.0、6.0、8.0 MPa逐级增大。

9. 当注浆在规定压力下,注浆孔(段)注入率小于0.4 L/min,并稳定30 min时即可结束。

10. 双管法灌浆:浆液从内管压入,外管返浆。浆液注入后,通过返浆管检查止浆效果、测压及控制注浆压力,主要是通过胶塞挤压变形止浆。

11. 单管法灌浆:利用高压灌浆管直接向试段输浆,可利用胶塞止浆。

12. 采用自上而下分段注浆法。每段4 m,孔口至地下1~2 m留空。

3.2.12.3　注浆效果检验

1. 设置测试孔,用声波法对注浆前后的岩土体性状进行检测,作垂向单孔和水平跨孔检测。要求如下:

(1)用作检测注浆效果的观测孔,跨孔间距宜为注浆孔间距的1~2倍。

(2)注浆前须对岩土体进行声波测试,提供加固前波速;灌浆后28 d,应对岩土体进行波速测试,提供灌浆后波速的增加值。根据需要,亦可增加灌浆后7 d声波测试。

2. 注浆养护期满后,在建筑物修建前,应对灌浆岩体进行静载试验,提供岩土体的极限和容许承载力指标。必要时,可进行岩土体变形试验。

3. 用钻探取样进行室内岩土体力学参数试验,同时以建筑地基加固为目的的注浆,应直接开挖进行检查。

3.3　泥石流

3.3.1　泥石流灾害防治工程安全等级标准

3.3.1.1　泥石流灾害防治工程安全等级的划分,宜采用以受灾对象及灾害程度为主、适当参考工程造价的原则,进行综合确定。

3.3.1.2　根据泥石流灾害的受灾对象、死亡人数、直接经济损失、期望经济损失和防治工程投资等五个因素,可将泥石流灾害防治工程安全等级划分为四个级别(见表3.3.1-1)。

表3.3.1-1　泥石流灾害防治工程安全等级标准

防治工程安全等级	一级	二级	三级	四级
受灾对象	省会级城市	地、市级城市	县级城市	乡、镇及重要居民点
	铁道、国道、航道主干线及大型桥梁隧道	铁道、国道、航道及中型桥梁、隧道	铁道、省道及小型桥梁、隧道	乡、镇间的道路、桥梁
	大型的能源、水利、通信、邮电、矿山、国防工程等专项设施	中型的能源、水利、通信、邮电、矿山、国防工程等专项设施	小型的能源、水利、通信、邮电、矿山、国防工程等专项设施	乡、镇级的能源、水利、通信、邮电、矿山等专项设施
死亡人数(人)	>1 000	1 000~100	100~10	<10
直接经济损失(万元)	>1 000	1 000~500	500~100	<100

续表 3.3.1-1

防治工程安全等级	一级	二级	三级	四级
期望经济损失 (万元/年)	>1 000	1 000~500	500~100	<100
防治工程投资 (万元)	>1 000	1 000~500	500~100	<100

3.3.2　泥石流灾害防治工程设计标准

3.3.2.1　泥石流灾害防治工程设计标准的确定,应进行充分的技术经济比选,既要安全可靠,也要经济合理。

3.3.2.2　泥石流灾害防治工程设计标准,应使其整体稳定性满足抗滑(抗剪或抗剪断)和抗倾覆安全系数的要求(见表 3.3.2-1)。

表 3.3.2-1　泥石流灾害防治主体工程设计标准

防治工程 安全等级	降雨强度	拦挡坝抗滑安全系数		拦挡坝抗倾覆安全系数	
		基本荷载组合	特殊荷载组合	基本荷载组合	特殊荷载组合
一级	100 年一遇	1.25	1.08	1.60	1.15
二级	50 年一遇	1.20	1.07	1.50	1.14
三级	30 年一遇	1.15	1.06	1.40	1.12
四级	10 年一遇	1.10	1.05	1.30	1.10

3.3.2.3　泥石流拦挡坝坝体与坝基应具有足够的强度,坝体内或地基的最大压应力 σ_{max} 不超过筑坝材料的允许值,最小压应力不允许出现负值。

3.3.3　荷载分析与计算

3.3.3.1　重力式实体拦挡坝

1. 作用于拦挡坝的基本荷载有坝体自重、泥石流压力、堆积物的土压力、过坝泥石流的动水压力、水压力、扬压力、冲击力等。

(1)坝体自重 W_b 取决于单宽坝体体积 V_b 和筑坝材料重度 γ_b ,即

$$W_b = V_b \cdot \gamma_b \tag{3.3.3-1}$$

一般浆砌块石坝的 γ_b 可取 24 kN/m³。

(2)泥石流竖向压力包括土体重 W_s 和溢流体重 W_f 。土体重 W_s 是指拦挡坝溢流面以下、垂直作用于坝体斜面上的泥石流体积重量,重度有差别的互层堆积物的 W_s 应分层计算。

溢流体重 W_f 是泥石流过坝时作用于坝体上的重量,按下式计算:

$$W_f = h_d \cdot \gamma_d \tag{3.3.3-2}$$

式中　h_d——设计溢流体厚度,m;

　　　γ_d——设计溢流重度,kN/m³。

（3）作用于拦挡坝近水面上的水平压力有水石流体水平压力 F_{dl}、泥石流体水平压力 F_{vl}，以及水平水压力 F_{wl}。

$$F_{dl} = \frac{1}{2}\gamma_{ys}h_s^2\tan^2\left(45° - \frac{\varphi_{ys}}{2}\right) \tag{3.3.3-3}$$

其中，浮砂重度　　　　　　　　$\gamma_{ys} = \gamma_{ds} - (1 - n)\gamma_w$

式中　γ_{ds}——干砂重度；

γ_w——水体重度；

n——孔隙率；

h_s——水石流体堆积厚度；

φ_{ys}——浮砂内摩擦角。

F_{vl} 采用朗肯主动土压力计算

$$F_{vl} = \frac{1}{2}\gamma_c \cdot H_c^2\tan^2\left(45° - \frac{\varphi_a}{2}\right) \tag{3.3.3-4}$$

式中　γ_c——泥石流重度；

H_c——泥石流体泥深；

φ_a——泥石流体内摩擦角，一般取值 $4° \sim 10°$。

F_{wl} 按下式计算：

$$F_{wl} = \frac{1}{2}\gamma_w H_w^2 \tag{3.3.3-5}$$

式中　γ_w——水体的重度；

H_w——水的深度。

（4）过坝泥石流的动水压力为过坝泥石流水平作用在坝体上的泥石流动压力，按下式计算：

$$\sigma = (\gamma_c/g)V_c^2 \tag{3.3.3-6}$$

式中　V_c——泥石流的平均流速，m/s；

g——重力加速度，$g = 9.8 \text{ m/s}^2$；

γ_c——泥石流的重度。

（5）作用在迎水面坝踵处的扬压力 F_y 按下式计算：

$$F_y = K\frac{H_1 + H_2}{2}B\gamma_w \tag{3.3.3-7}$$

式中　F_y——扬压力，kPa；

H_1——坝上游水深，m；

H_2——坝下游水深，m；

B——坝底宽度，m；

K——折减系数，可根据坝基渗透性参见有关规范而定。

（6）冲击力 F_c 包括泥石流整体冲击力 F_δ 和泥石流中大块石的冲击力 F_b。

泥石流整体冲击力用下式计算：

$$F_\delta = \lambda\frac{\gamma_c}{g}V_c^2\sin\alpha \tag{3.3.3-8}$$

式中　F_δ——泥石流整体冲击力,kPa;

　　　γ_c——泥石流重度,kN/m³;

　　　V_c——泥石流的平均流速,m/s;

　　　g——重力加速度,$g = 9.8$ m/s²;

　　　α——建筑物受力面与泥石流冲压方向的夹角,(°);

　　　λ——建筑物形状系数,圆形建筑物 $\lambda = 1.0$,矩形建筑物 $\lambda = 1.33$,方形建筑物 $\lambda = 1.47$。

若受冲击工程建筑物为墩、台或柱,泥石流中大块石冲击力计算公式为:

$$F_b = \sqrt{\frac{3EJV^2W}{gL^3}} \cdot \sin\alpha \tag{3.3.3-9}$$

式中　F_b——泥石流中大块石冲击力,kPa;

　　　E——工程构件弹性模量,kPa;

　　　J——工程构件截面中心轴的惯性矩,m⁴;

　　　L——构件长度,m;

　　　V——石块运动速度,m/s;

　　　W——石块重量,kN;

　　　g——重力加速度,$g = 9.8$ m/s²;

　　　α——块石运动方向与构件受力面的夹角。

若受冲击建筑物为坝、闸或拦栅等,F_b 按下式计算:

$$F_b = \sqrt{\frac{48EJV^2W}{gL^3}} \cdot \sin\alpha \tag{3.3.3-10}$$

式中符号意义同上。

2. 对于水石流,作用于拦挡坝上的荷载组合按如下考虑:

(1)空库过流时,作用荷载有:坝体自重 W_b、水石流土体重 W_s、溢流体重 W_f、水平水压力 F_{wl}、过坝水石流的动水压力 σ、水石流体水平压力 F_{dl} 和扬压力 F_y(未折减),以及与地震力的组合。

(2)未满库过流时,作用荷载有:坝体自重 W_b、土体重 W_s、溢流体重 W_f、水石流体水平压力 F_{dl}、水平水压力 F_{wl}、过坝水石流的动水压力 σ 和扬压力 F_y(考虑了折减),以及与地震力的组合。

对于泥石流,作用于拦挡坝的荷载组合,只将水石流产生的水平压力 F_{dl} 换为泥石流的 F_{vl}。在满库过流计算 W_s 时应分层考虑。

空库运行时,拦挡坝的稳定性最差,坝后淤积越高,拦挡坝稳定性越好。

3. 拦挡坝的稳定性验算应包括以下三个方面:

(1)抗滑稳定性验算

$$k_c = \frac{\sum N}{\sum P} \tag{3.3.3-11}$$

式中　k_c——抗滑安全系数,可根据防治工程安全等级及荷载组合取值;

$\sum N$——垂直方向作用力的总和,kN;

$\sum P$——水平方向作用力的总和,kN。

(2)抗倾覆验算

$$k_0 = \frac{\sum M_N}{\sum M_P} \tag{3.3.3-12}$$

式中　k_0——抗倾覆安全系数,可根据防治工程安全等级及荷载组合取值;

$\sum M_N$——抗倾力矩的总和,kN·m;

$\sum M_P$——倾覆力矩的总和,kN·m。

(3)地基承载力应满足下式:

$$\sigma_{\max} \leqslant [\sigma]$$
$$\sigma_{\min} \geqslant 0 \tag{3.3.3-13}$$

其中

$$\sigma_{\max} = \frac{\sum N}{B}\left(1 + \frac{6e_0}{B}\right)$$

$$\sigma_{\min} = \frac{\sum N}{B}\left(1 - \frac{6e_0}{B}\right)$$

式中　$\sigma_{\max}$——最大地基应力,kN/m²;

$\sigma_{\min}$——最小地基应力,kN/m²;

$\sum N$——垂直方向作用力的总和,kN;

B——坝底宽度,m;

e_0——偏心矩;

$[\sigma]$——地基容许承载力。

(4)坝身强度可按结构力学公式计算。

3.3.3.2　排导工程

1. 排导槽的基本荷载包括结构自重、土压力、泥石流体重量和静压力、泥石流的冲击力。特殊荷载为地震力。

基本荷载组合:结构自重、土压力、设计情况下的流体重量和流体静压力、泥石流的冲击力。

特殊组合:结构自重、土压力、校核情况下的流体重量和流体静压力、泥石流的冲击力、地震力。

2. 排导槽在设计中必须满足:

(1)整体式框架结构和全断面衬砌结构应具有足够的刚度,设计荷载作用下地基有足够的承载力。

(2)验算挡土墙在设计荷载作用下,抗滑、抗倾和地基承载力应满足设计要求。

(3)验算倾斜的护坡厚度和刚度,避免由于不均匀沉陷变形和局部应力而折断、开裂。验算砌体和下卧层之间的抗滑稳定性,应满足设计要求。

(4)验算最大冲刷深度,槽基不得悬空外露,槽基埋深应为槛高的 $1/2 \sim 1/3$。同时,槽顶耐磨层的耐久性应满足使用年限。

(5)结构的顶冲部位应具有较好的抗冲击强度。泥石流的抗冲击力按式(3.3.3-9)计算。

3. 渡槽的基本荷载包括结构自重、填土重量及土压力(进、出口段槽体)、泥石流体重量和静压力、泥石流的冲击力。特殊荷载为地震力和温度荷载引起的结构附加应力。

基本荷载组合:结构自重、土压力、设计情况下的流体重量和流体静压力、泥石流的冲击力。

特殊组合:结构自重、土压力、校核情况下的流体重量和流体静压力、泥石流的冲击力、地震力、温度荷载引起的结构附加应力。

4. 渡槽为一空间结构,其纵、横方向结构与受力均不相同。计算时选不同的结构计算单元,既作纵、横向结构总体计算,又分别计算侧墙、底板、肋箍、拉杆、腹拱、竖墙、立柱、拱墩、基础等的强度、抗裂性以及稳定性等。上述计算可参照同类结构的计算方法进行。

3.3.3.3 参数选取

1. 泥石流体重度 γ_c

采用称重法或体积比法测定。在无实验条件的情况下,可根据当地经验获得。

2. 泥石流流速 V_c

$$V_c = \frac{1}{\sqrt{\gamma_H \phi + 1}} \cdot \frac{1}{n} \cdot H_c^{2/3} \cdot I_c^{1/2} \qquad (3.3.3-14)$$

式中 γ_H ——固体物质重度;

         H_c ——计算断面的平均泥深;

         I_c ——泥石流水力坡度;

         n ——泥石流沟床的糙率系数;

         ϕ ——泥石流泥沙修正系数(见表3.3.3-1)。

表 3.3.3-1   泥石流体重度 γ_c、泥石流固体物质重度 γ_H 与泥石流泥沙修正系数 ϕ 对照表

γ_H (t/m³)	γ_c (t/m³)										
	1.3	1.4	1.5	1.6	1.7	1.8	1.9	2.0	2.1	2.2	2.3
2.4	0.272	0.400	0.556	0.750	1.000	1.330	1.80	2.50	3.67	6.00	13.00
2.5	0.250	0.364	0.500	0.667	0.875	1.140	1.50	2.00	2.75	4.00	6.50
2.6	0.231	0.333	0.454	0.600	0.778	1.000	1.28	1.67	2.20	3.00	4.33
2.7	0.214	0.308	0.416	0.545	0.700	0.890	1.12	1.43	1.83	2.40	3.25

3. 泥石流流量计算

(1)现场形态调查法:

$$Q_c = V_c \cdot F_c \qquad (3.3.3-15)$$

式中 F_c ——泥石流过流断面面积;

V_c——泥石流流速。

（2）雨洪计算法：

$$Q_c = K_Q \cdot Q_B \cdot D \qquad (3.3.3\text{-}16)$$

式中　Q_B——清水洪峰流量，按河南省水利厅印发的水文手册中的计算公式计算；

　　　K_Q——泥石流流量修正系数，可按下式计算获得：

$$K_Q = 1 + \frac{\gamma_c - 1}{\gamma_H - \gamma_c} = 1 + \phi \qquad (3.3.3\text{-}17)$$

　　　D——堵塞系数，可查表3.3.3-2获得。

表 3.3.3-2　泥石流堵塞系数 D

堵塞程度	严重堵塞	中等严重堵塞	轻微堵塞	无堵塞
D 值	>2.5	2.5～1.5	1.5～1.1	1.0

4. 弯道超高 ΔH

$$\Delta H = \frac{V_c^2 B}{2gR} \qquad (3.3.3\text{-}18)$$

式中　B——泥面宽；

　　　R——主流中心弯曲半径。

5. 实测获得沿程泥沙级配及河床表面巨石的三轴向尺寸。

3.3.4　拦挡坝

3.3.4.1　一般规定

1. 拦挡坝分为重力式实体拦挡坝和格栅坝两种，格栅坝又可以分为刚性格栅坝和柔性格栅坝两种。

2. 拦挡坝具有以下功能：

（1）拦截水沙，改变输水、输沙条件，调节下泄水量和输沙量；

（2）利用回淤效应，稳定斜坡和沟谷；

（3）降低河床坡降，减缓泥石流流速，抑制上游河段纵、横向侵蚀；

（4）调节泥石流流向。

3. 为保障下游安全，在同一个河段内建造的拦挡坝不应少于3座，每座坝的调节能力不宜大于1/3。

4. 建造拦挡建筑物的先期或同时，应开展流域内植被工程治理，以延长泥库寿命。

5. 拦挡坝坝址的选择应避开泥石流的直冲方向，多设在弯道的下游侧面，以充分发挥弯道的消能作用。

6. 泄流口应与下游沟道中安全流路的中心线垂直。

7. 过坝流量、沙量和砂石粒径，应根据下游安全输水、输沙要求，逐级向上分配，确定应建坝的座数。

3.3.4.2　重力式实体拦挡坝

1. 溢流坝段居中，尽量使非溢流坝段成对称结构布置。溢流口宽度应大于稳定沟槽宽度并小于同频率洪水的水面宽度。溢流坝段坝高 H_d 与单宽流量 q_c 按下式确定：

$$\left.\begin{array}{l} H_d < 10 \text{ m}, q_c > 30 \text{ m}^3/(\text{s} \cdot \text{m}) \\ H_d = 10 \sim 30 \text{ m}, q_c = 15 \sim 30 \text{ m}^3/(\text{s} \cdot \text{m}) \\ H_d > 30 \text{ m}, q_c < 15 \text{ m}^3/(\text{s} \cdot \text{m}) \end{array}\right\} \qquad (3.3.4\text{-}1)$$

2. 排泄孔尽可能成排布置在溢流坝段,孔数不得少于 2 个,多排布设时应作"品"字形交错排列。一般取:

单孔孔径　　　　　　　　　　　　$D \geqslant (2 \sim 4.5) D_m$

孔间壁厚　　　　　　　　　　　　$D_b \geqslant (1 \sim 1.5) D_m$

式中　D_m——过流中最大石块粒径。

3. 排泄道进口段轴向力求与主河流向一致,或取小锐角相交,交角 $\alpha < 30°$,引水段应布置成上宽下窄、圆滑渐变的喇叭形,底坡坡度 $I_f > 50‰ \sim 80‰$。

4. 利用多年累计库容或回淤纵坡法计算设计坝高。

5. 非溢流坝坝顶高于溢流口底的安全超高 h 按下式确定:

$$h = h_s + H_c \qquad (3.3.4\text{-}2)$$

式中　h_s——根据坝的不同等级设计所需的安全超高,一般取 $0.5 \sim 1.0$ m;

　　　H_c——溢流坝段的泥深。

6. 坝顶宽 b 按构造要求设计,且低坝坝顶宽度 b 不小于 1.5 m,高坝坝顶宽度 b 不小于 3 m;当有交通及防灾抢险等特殊要求时,b 应大于 4.5 m。

7. 坝底部宽度 B_d 按实际断面型式通过稳定性计算确定,详见图 3.3.4-1。

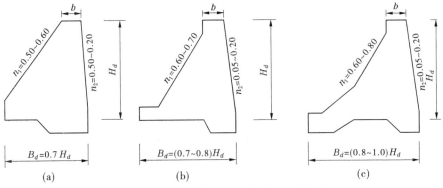

图 3.3.4-1　重力式拦挡坝断面型式图

8. 坝的设计需进行结构计算,主要包括抗滑稳定、抗倾稳定、坝基应力和坝体应力等,可参照土力学、坝工结构计算方法及其相关规范进行。

9. 坝下消能防护工程包括副坝、护坝等,其结构型式如图 3.3.4-2 所示。大多数拦挡坝采用副坝消能。

副坝与主坝重叠高度 H',按下式计算确定:

$$H' = \left(\frac{1}{3} \sim \frac{1}{4}\right)(H'_{dl} + H_c) \qquad (3.3.4\text{-}3)$$

式中　H'_{dl}——拦挡坝坝顶到冲刷坑底的高度,m;

　　　H'——副坝与主坝重叠高度,m;

H_c——溢流口上泥深,m。

主、副坝间的距离 L,按下式确定:

$$L = (1.5 \sim 2)(H'_{dl} + H_c)$$ (3.3.4-4)

式中 L——主、副坝间距。

若副坝高出河底较高,在下游还应再设第二道副坝。

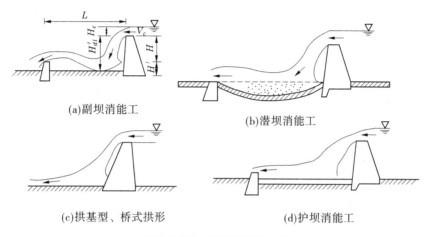

(a)副坝消能工   (b)潜坝消能工

(c)拱基型、桥式拱形   (d)护坝消能工

图 3.3.4-2 坝下游消能工程

3.3.4.3 格栅坝

1. 格栅坝可分为刚性格栅坝和柔性格栅坝两种。刚性格栅坝又可以分为平面型和立体型两种,其材料主要有钢管、钢轨、钢筋混凝土构件。柔性格栅坝材料主要为高弹性钢丝网,不适用于细颗粒的泥流、水沙流等泥石流河沟。

2. 格栅坝的特点:

(1)拦、排兼容,充分利用下游河道固有输沙能力,保证下游河道稳定。

(2)有选择地拦蓄,改变上、下游堆积结构和坝体受力条件。

(3)延长泥库寿命,充分发挥工程经济效益。

(4)可以实现工厂化生产,节省坝工量,施工周期短。

3. 格栅坝类型主要见图 3.3.4-3。

4. 格拦间距及孔口尺寸受以下几个条件控制:

(1)过坝的设计流量;

(2)过坝的允许石块粒径。

5. 切口坝的顶部布置齿状溢流口,切口采用窄深的梯形断面、矩形断面或三角形断面。切口的宽度 b 应满足如下条件:

$$\left.\begin{array}{c} b/D_{m1} \geqslant 2 \sim 3 \\ b/D_{m2} \geqslant 1.5 \end{array}\right\}$$ (3.3.4-5)

式中 D_{m1}——中小洪水可挟带的最大粒径;

D_{m2}——大洪水可挟带的最大粒径;

b——断面宽度。

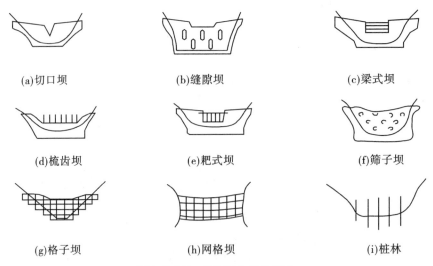

(a)切口坝　　　　　　(b)缝隙坝　　　　　　(c)梁式坝

(d)梳齿坝　　　　　　(e)耙式坝　　　　　　(f)筛子坝

(g)格子坝　　　　　(h)网格坝　　　　　(i)桩林

图 3.3.4-3　格栅坝的结构型式

切口的深度(h)通常取 $h/b = 1 \sim 2$。

切口的密度范围为 $0.2 < \dfrac{\sum b}{B} < 0.6$，其中 B 为溢流口宽度。

6. 钢索网格坝宜设在流通区域减速区。网格坝的高度应由下式计算

$$H_d = H_m + \Delta H + H_L \tag{3.3.4-6}$$

式中　H_m——泥石流最大龙头高,m;

ΔH——泥石流的冲起高度,m;

H_L——泥石流的淤积厚度,m;

H_d——网格坝的高度,m。

网口大小按如下关系设计:

$$1.5 \leqslant \frac{b}{D_m} \leqslant 4.0 \tag{3.3.4-7}$$

式中　b——网孔宽度,m,一般网孔为正方形;

D_m——泥石流最大粒径。

钢索在河床上的敷设长度可按下式计算:

$$L = (1.5 \sim 2.0)H_d \tag{3.3.4-8}$$

式中　L——钢索在河床上的敷设长度;

H_d——网格坝的高度。

网格体钢丝索的设计按泥石流作用于格栅坝的冲击力来计算。

7. 桩林布置在间歇发生、暴发频率较低的泥石流沟沟道中下游。一般沿垂直向布置两排或多排桩,纵向交错成三角形或梅花形,桩间距为:

$$b/D_m = 1.5 \sim 2 \tag{3.3.4-9}$$

式中　b——桩的排距和行距。

地面外露部分桩高 $h = (2 \sim 4)b$,且 $3\ \text{m} \leqslant h \leqslant 8\ \text{m}$。桩基应埋在冲刷线以下,且埋置

深度不应小于总长度的 1/3。

桩体采用钢轨、钢管或组合钢构件或钢混桩体,用挖孔或钻孔的方法施工。

桩体的受力分析与结构设计,类同悬臂梁,可参见相关规范。

3.3.5 排导槽

3.3.5.1 泥石流渡槽适用于泥石流暴发较频繁,高含沙水流、洪水或常流水交替出现,有冲刷条件的沟道。

3.3.5.2 设置渡槽处应有足够的高差,进、出口顺畅,基础有足够的承载力并具有较高的抗冲刷能力。

3.3.5.3 对于处在急剧发展阶段的泥石流沟,或由崩塌、滑坡、阻塞溃决等成因形成的泥石流沟,只有在上游已经或有可能采取措施论证使泥石流发育得到控制时,或者有立面条件时,才允许采用渡槽。

3.3.5.4 按设计标准流量计算获得的断面面积,增大 30% 作为验算满槽过流能力的校核依据。

3.3.5.5 渡槽和泥石流沟应顺直、平滑地连接,渡槽进口不得布置在急弯上且进口以上需有 10~20 倍于槽宽的直线引流段。

3.3.5.6 渡槽进口段一般采用上宽下窄的梯形或圆弧形状的喇叭口形,连续渐变。渐变段长 $L \geqslant (5 \sim 10) B_f (B_f$ 为槽宽),且 $L \geqslant 20$ m,渐变段扩散角 $\alpha \leqslant 8° \sim 15°$。

3.3.5.7 槽身应为均匀的直线段,在跨越障碍物时,跨越后应延伸长度 $L = (1 \sim 1.5) B_f$。

3.3.5.8 应按设计最大流量计算获得的横截面面积加上计算裕度和安全超高得到渡槽的设计横断面尺寸。

3.3.5.9 断面应采用竖墙式矩形或陡墙(边坡坡比 $n < 0.5$)窄深式梯形,槽底做成圆弧形或钝角三角形。

渡槽的宽深比按下式计算:

$$\beta = \frac{B_c}{H_c} = 2(\sqrt{1 + n^2} - n) \tag{3.3.5-1}$$

式中 β——断面宽深比;

$\quad\quad B_c$——底宽;

$\quad\quad H_c$——流深;

$\quad\quad n$——梯形或矩形的边坡坡比,矩形断面时,$n = 0$。

3.3.5.10 渡槽跨端基础一般采用整体连续式条形基础、支承墩、柱或排架等支承方式。两端条形基础的形状、尺寸、构造和基底标高应对称。基础埋深不小于被跨越建筑物的基底标高,并应满足抗冲刷、抗冻融的要求。基础应置于坚固的基岩或密实坚硬的石质土上,否则,地基应作加固处理。

3.3.5.11 渡槽进、出口段和槽身应设置沉降缝与伸缩缝。若槽身长度超过 40 m,可按 20~30 m 一段划分伸缩缝,分缝需作防渗处理。

3.3.5.12 渡槽进、出口段边墩应采用重力式结构并设置槽底止推墩台。

3.3.5.13 渡槽的底部和侧壁过流面应作防冲击磨损处理,一般增加 5~10 cm 厚的耐磨保护层,可采用耐磨混凝土材料。

3.3.5.14 计算槽底纵坡的公式为:

1. 对水石流

$$I_f = 0.59 \frac{D_a^{2/3}}{H_c}$$ (3.3.5-2)

式中 I_f——渡槽槽底纵坡;

D_a——石块平均粒径,m;

H_c——平均泥深,m。

或参照表 3.3.5-1 选用 I_f。

表 3.3.5-1 H_c/D_{90} 与纵坡 I_f 的关系

H_c/D_{90}	1.5	2.5	3.5	4.5	5.5
纵坡 I_f 范围(%)	24.6 ~ 21.4	21.4 ~ 18.0	18.0 ~ 14.8	14.8 ~ 11.4	11.4 ~ 8.0
纵坡 I_f 中值(%)	23.0	19.5	16.5	13.0	10.0

注:H_c 为平均泥深,m;D_{90} 为按石块个数计90%小于或等于该粒径,m。

2. 对泥石流和泥流

$$I_b < I_f < 1.5\%$$ (3.3.5-3)

式中 I_b——沟道相应段的天然沟床纵坡;

I_f——渡槽槽底纵坡。

3.3.5.15 排导槽纵坡设置受上、下游地形条件所限制者,其纵坡值可采用等于或略大于相应沟段的纵坡值。

3.3.5.16 排导槽纵坡设置受上、下游地形条件所限,其纵坡值必须小于相应沟段的纵坡值,其纵坡 I_f 应不小于 $K_1 J_L$,即

$$I_f \geqslant K_1 J_L$$ (3.3.5-4)

式中,K_1 可取 0.85 ~ 0.9,对于槽底较平整光滑者可取其中较小的值。

3.4 崩塌

3.4.1 崩塌规模等级

崩塌规模等级划分见表 3.4.1-1。

表 3.4.1-1 崩塌规模等级

灾害等级	特大型	大型	中型	小型
体积(×10⁴ m³)	≥100	100 ~ 10	10 ~ 1	< 1

3.4.2 崩塌分类及特征

崩塌分类及特征划分见表 3.4.2-1。

表 3.4.2-1　崩塌分类及特征

类型	岩性	结构面	地形	受力状态	起始运动形式
倾倒式崩塌	黄土、直立或陡倾坡内的岩层	多为垂直节理、陡倾坡内的直立层面	峡谷、直立岸坡、悬崖	主要受倾覆力矩作用	倾倒
滑移式崩塌	多为软硬相间的岩层	有倾向临空面的结构面	陡坡通常大于55°	滑移面主要受剪切力	滑移、坠落
鼓胀式崩塌	黄土、黏土、坚硬岩层下伏软弱岩层	上部垂直节理,下部为近水平的结构面	陡坡	下部软岩受垂直挤压	滑移、倾倒
拉裂式崩塌	多见于软硬相间的岩层	多为风化裂隙和重力拉张裂隙	上部突出的悬崖	拉张	坠落
错断式崩塌	坚硬岩层、黄土	垂直裂隙发育,通常无倾向临空面的结构面	大于45°的陡坡	自重引起的剪切力	下错、坠落

3.4.3　稳定性评价方法

3.4.3.1　工程地质类比法:对已有的崩塌与附近崩塌区以及稳定区的山体形态,斜坡坡度,岩体构造,结构面分布、产状、闭合及填充情况进行调查对比,分析山体的稳定性、危岩的分布,判断产生崩塌落石的可能性及其破坏力。

3.4.3.2　力学分析法:在分析可能崩塌体及落石受力条件的基础上,用"块体平衡理论"计算其稳定性。计算时应考虑当地地震力、风力、爆破力、地面水和地下水冲刷力以及冰冻力等的影响。

倾倒式崩塌抗倾覆稳定性系数 K 可按下式计算:

$$K = \frac{抗倾覆力矩}{倾覆力矩} \qquad (3.4.3\text{-}1)$$

滑移式崩塌抗滑移稳定性系数 K 可按下式计算:

$$K = \frac{抗滑力}{滑动力} \qquad (3.4.3\text{-}2)$$

鼓胀式崩塌稳定性系数 K 可按下式计算:

$$K = \frac{基底抗力}{上部岩体重量} \qquad (3.4.3\text{-}3)$$

$$基底抗力 = 无侧限抗压强度 \times 基底面积 \qquad (3.4.3\text{-}4)$$

拉裂式崩塌稳定性系数 K 可按下式计算:

$$K = \frac{岩石允许抗拉强度}{岩石所受最大拉应力} \qquad (3.4.3\text{-}5)$$

错断式崩塌稳定性系数 K 可按下式计算:

$$K = \frac{岩石允许抗剪强度}{岩石所受最大剪应力} \qquad (3.4.3\text{-}6)$$

3.4.4　防崩支撑建筑物

3.4.4.1　高支墙

为防止高陡山坡上的悬岩崩塌,常常修建高支墙。其设计原则是根据可能崩落石块重量、下坠力和支墙本身的重量而定基础的压力,经常是按地基允许承载力控制支墙的高度。支墙需与山坡密贴,在相当高度时,结合断面加以横条形成整体圬工,并用钢筋与山坡岩层锚固,以承担悬岩下坠时的水平推力,使墙身与山体构成一体,可增大支托能力(见图3.4.4-1)。

高支墙支撑的悬岩体积较大时,基底为软岩,更应注意基础的承载力,否则,一旦悬岩下错,可能连同支墙一起破坏。一般修建支墙地段多系山坡高陡,已处于临界不稳定状态,故支墙设计应尽量少开挖原山坡,以免挖空下部坡脚,造成悬崖崩塌。

3.4.4.2　明洞式支墙

在高陡边坡上部有大块危岩倒悬在边坡之上时,如果修建一般支墙,其断面要求较大,需要将线路外移。当外移无条件时,可建拱形明洞,其上设支墙以支撑大块危岩(见图3.4.4-2)。

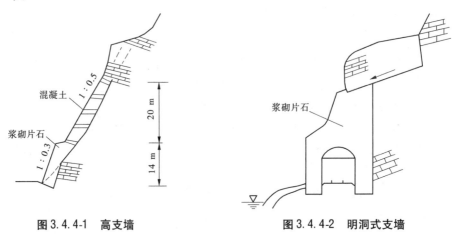

图3.4.4-1　高支墙　　　　　　　图3.4.4-2　明洞式支墙

3.4.4.3　柱式支墙

对高陡边坡上的个别大块危岩,如果不便清除,在其他条件允许的情况下,可采用柱式支墙。

3.4.4.4　支撑挡土墙

当山坡或路堑边坡上有显然不同的两种地层,上层为较坚硬和节理发育的岩石,下层为软质岩石时,采用支撑挡土墙,既可挡住下部软质岩石不致坍塌,又可支撑上部破碎岩石,从而使边坡稳定性得到保证(见图3.4.4-3)。

3.4.4.5　支护墙

支护墙主要作用是防止边坡岩体继续风化,同时还兼有对上部危岩的支撑作用。这种墙必须和边坡岩体密贴。

3.4.5　被动拦截

对于山坡上的岩体节理裂隙发育,风化破碎,崩塌落石物质来源丰富,崩塌规模虽不大,但可能频繁发生者,则宜根据具体情况采用从侧面防护的拦截措施(如落石平台或落石槽、拦石堤或拦石墙、钢轨栅栏等)。被动防崩拦截措施(或构筑物)主要作用是把崩落下来的岩体或岩块拦截在线路的上侧,使其不能侵入限界。必须根据崩塌落石地段的地形、地貌情况,崩落岩体的大小及其位置进行落石速度、弹跳距离的计算,然后进行设计。

3.4.5.1　落石槽

当路堤距离崩塌落石山坡坡脚有一定距离,且路堤标高高出坡脚地面标高较多(大于2.5 m)时,宜于在坡脚修筑落石槽;或者当落石地段堑顶以上的山坡较平缓时,则在路基和有崩落物的山坡之间,宜于修筑带落石槽的拦石墙,或带落石槽的拦石堤,如图3.4.5-1所示。落石槽断面尺寸以及拦石墙和拦石堤的尺寸均可据有关计算和现场调查试验确定。

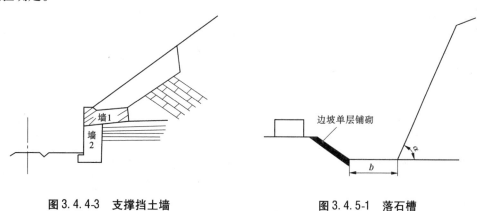

图3.4.4-3　支撑挡土墙　　　　　　图3.4.5-1　落石槽

落石槽底宽 b 按下式计算:

$$b = \sqrt{\frac{2W(1 - \cot\alpha\tan\alpha_1)}{\tan\alpha_1}} \qquad (3.4.5-1)$$

式中　W——在计算期内顺线路方向每延米的落石堆积数量,m^3;

　　　α_1——落石堆积的自然坡度角;

　　　α——山坡的坡度角。

3.4.5.2　拦石堤和拦石墙

当陡峻山坡下部有小于30°的缓坡地带,而且有较厚的松散堆积层,落石高程不超过60~70 m时,在高出路基不超过20~30 m处,修筑带落石槽的拦石堤是适宜的,见图3.4.5-2。

拦石堤通常使用当地土筑成,一般采用梯形断面,其顶宽为2~3 m。其外侧可以根据土的性质,采用不加固的较缓的稳定边坡,也可以采用较陡的边坡,予以加固。其内侧迎石坡可用 1:0.75 的坡度,并进行加固。若山坡坡度大于 30°,落石高度超过 60 ~ 70 m,则以修筑带落石槽的拦石墙为宜。拦石墙墙身多为浆砌片石,墙的截面尺寸及其背面缓冲填土层的厚度,应根据其强度和稳定性计算来决定。在坡度较差的路堑边坡地段,如有崩塌落石现象,在条件允许时,可以在坡脚修建拦石墙。

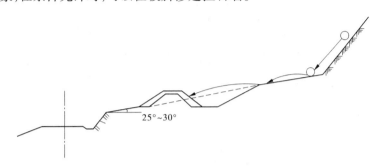

图 3.4.5-2　带落石槽的拦石堤

3.4.5.3　钢轨栅栏

采用钢轨栅栏可以代替拦石墙起拦截落石的作用。可以用浆砌片石或混凝土作基础,用废钢轨作立柱、横杆。立柱一般高 3 ~ 5 m,间隔 3 ~ 4 m,基础深 1 ~ 1.5 m。横杆间距一般为 0.6 m 左右。立柱、横杆用直径 20 mm 的螺栓联结,栅栏背后留有宽度不小于 3.0 m 的落石沟或落石平台。

3.4.5.4　柔性拦石网(SNS)被动防护系统技术

SNS 被动防护系统是一种能拦截和堆存落石的柔性拦石网,其显著特点是系统的柔性和强度足以吸收、分散所受的落石冲击动能,使系统受到的损失趋于最小,改变传统系统的刚性结构为高强度柔性结构。它以落石所具有冲击动能这一综合参数作为最主要设计参数,能对高达 4 000 kJ 的高能级冲击动能进行有效防护,能在系统的设计弹性范围内安全地吸收落石的冲击动能,并将其转变为系统的变形能而加以消散,与落石在网上的冲击点位无关。

该系统由钢丝绳网(和铁丝格栅)、固定系统(拉锚、基座、支撑绳)、减压环、钢柱四个主要部分组成。系统的柔性主要来自钢丝绳网、支撑绳、减压环等结构。减压环是迄今为止所能实现的最简单而有效的消能元件。它为一在节点处按预先设定的力箍紧的环状钢管。使用钢丝绳顺钢管内穿过,若与减压环相连的钢丝绳接受拉力达到一定程度时,减压环启动并通过塑性位移来吸收能量。若冲击能量在设计范围内,能多次接受冲击功产生位移,从而实现过载保护功能,系统构成见图 3.4.5-3。

3.4.6　主动加固

对于高陡边坡上的危岩,如果无条件修筑拦截和拦挡等建筑物,又不便于清除,可采用各种主动加固措施。

3.4.6.1　锚固技术

锚固技术是指采用普通(预应力)锚杆、锚索、锚钉进行危岩体治理的技术类型。其应用重点是正确选用锚固材料,设计锚固力。锚固砂浆标号不低于 M30;锚杆、锚索及锚钉的锚固力应根据计算确定,并据此进行锚孔、锚筋及锚固深度设计。危岩体锚固深度按

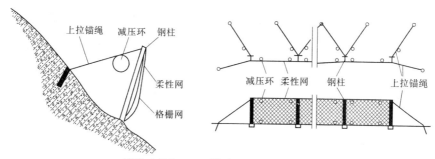

图 3.4.5-3 SNS 被动防护系统示意图

照伸入主控裂隙的深度而计算,不应小于 5~6 m;采用锚杆治理危岩体时,对于整体性较好的危岩体,外锚头宜采用点锚,对整体性较差的危岩体,外锚头可采用竖梁、竖肋或格构等形式,以加强整体性。合理控制预应力锚杆和锚索的预应力施加,施工过程中,对每个危岩体应钻取 3~5 个超深孔,孔深以在勘查认定主控裂面基础上增加 8~9 m 为宜。取出岩芯,判别危岩体内裂隙的发育密度,以最内侧一条裂隙作为主控裂隙面,据此调整治理方案。当高陡的岩质边坡上有巨大的危岩和裂缝时,为了防止产生崩塌落石,也可以采用锚索进行加固。

3.4.6.2 灌浆技术

危岩体中破裂面较多、岩体比较破碎时,为了确保危岩体的整体性,宜进行有压灌浆处理。

应用灌浆技术时,应在危岩体中、上部钻设灌浆孔。灌浆孔宜陡倾,并在裂缝前后一定宽度内按照梅花形布设。灌浆孔应尽可能穿越较多的岩体裂隙面,尤其是主控裂隙面。

灌浆材料应具有一定的流动性,锚固力要强。对于危岩体四周的裂缝,可以采用灌浆技术进行加固。对于顶部出现显著裂缝,且稳定性差的危岩体,应谨慎采用灌浆技术,防止灌浆产生的静、动水压力造成危岩体的破坏失稳。

若需采用灌浆技术,可采用分段无压灌浆,灌浆过程中注意检测危岩体的变形。通过灌浆处理的危岩体不仅整体性得到提高,而且也使主控裂隙面的力学强度参数得以提高、裂隙水压力减少。灌浆技术宜与其他技术共同使用。

在使用上述加固措施的地段,所有危岩裂缝都应用水泥砂浆灌注并勾缝。

3.4.6.3 SNS 主动防护系统技术

SNS 主动防护系统主要由锚杆、支撑绳、钢丝绳网、格栅网等组成,通过固定在锚杆或支撑绳上施以一定预紧力的钢丝绳网和(或)格栅网对整个边坡形成连续支撑,其预紧力作业使系统紧贴坡面,并阻止局部岩土体移动,或在发生较小位移后,将其裹缚于原位附近,从而实现其主动防护功能。该系统的显著特点是对坡面形态无特殊要求,不破坏或改变原有的地貌形态和植被生长条件,广泛用于非开挖自然边坡,对破碎坡体浅表层防护效果良好。对于不能采用清除或被动拦截措施进行治理的孤立式或悬挂式危岩体,采用 SNS 主动防护系统技术往往是非常有效的。系统构成见图 3.4.6-1。

3.5 地面塌陷及地裂缝

3.5.1 对于壁式陷落法开采的采区中部和超充分采动区以及其他便于进行地表移

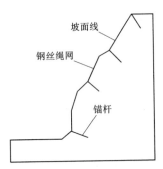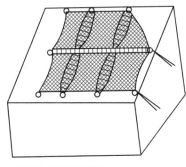

图 3.4.6-1 SNS 主动防护系统示意图

动预计的塌陷区,地表的稳定性应按拟建建(构)筑物的允许变形值确定:

1. 如果预计拟建建(构)筑物建成时的地表移动变形值小于拟建建(构)筑物的允许移动变形值,则地表属稳定型。

2. 如果预计拟建建(构)筑物建成时的地表移动变形值大于拟建建(构)筑物的允许移动变形值,则地表属不稳定型。

3. 山地塌陷区的稳定性除按地表预计的移动变形值判定外,还应按预测采动坡体的稳定性进行判定:如预测采动坡体不会发生滑坡或坍塌,则坡体不需治理;如采动坡体可能发生滑坡或坍塌,则不仅要治理采空,还需治理采动坡体,否则不能进行拟建建(构)筑物建设。

3.5.1.2 如果时间允许,对于壁式陷落法开采或经特殊设计开采的塌陷区中部和充分采动区,也可通过一年以上高精度沉降观测,确定其地表的稳定性:

1. 如果塌陷区地表年沉降量小于 24 mm(年平均沉降速度小于 0.066 mm/d),则地表属稳定型;

2. 如果塌陷区地表年沉降量大于 24 mm(年平均沉降速度大于 0.066 mm/d),则地表属不稳定型。

3.5.1.3 对于古窑塌陷区、不规则的柱式塌陷区以及长壁陷落法塌陷区的边缘区和其他难以进行地表移动预计的塌陷区或地下空洞区,其地表的稳定性应按塌陷区的开采条件、停采时间(地下空洞的形成时间)和开采深厚比(地下空洞的深高比)等因素确定:

1. 停采 5 年以上,周围无新的开采扰动,开采深厚比大于 200,或开采厚度小于 1 m 的薄矿层开采深度大于 200 m 的塌陷区,其地表应属于稳定型;

2. 停采 3~5 年,开采深厚比 40~200,或薄矿层开采深度为 100~200 m 的塌陷区,其地表为过渡稳定型;

3. 停采时间少于 3 年,或停采 3 年以上又有新的开采扰动,开采深厚比小于 40,或薄矿层开采深度小于 100 m 的塌陷区,其地表属不稳定型。

3.5.2 塌陷区评价类型

根据塌陷区评价的难易程度,将塌陷区划分为 4 个评价类型:

第一类为条带法或充填法等特殊开采塌陷区,属简易评价类型。此类塌陷区只需搜集有关开采设计、开采实施、地表移动观测和采动损害状况等资料进行简易评价,说明地表的稳定状况即可。

第二类为长壁陷落法一般平地塌陷区,属一般性评价类型。这类塌陷区的地形、地质和采矿资料较为齐全、精度较高,评价的理论、方法和参数也较为完善,因而评价难度不大,但评价工作量较大,评价精度相对较高。

第三类为短壁陷落法一般平地塌陷区,属难度较大的评价类型。这类塌陷区的地形、地质和采矿资料的完备性与精度较差,评价的理论、方法和参数也不够完善,评价的难度和工作量略大于第二类,评价精度也略低一些。

第四类为柱式塌陷区及山地和特殊地质条件塌陷区,属难度很大的评价类型。这类塌陷区的地形、地质和采矿资料不全、精度不高;或评价的理论、方法和参数可靠性较差,评价精度相对较低。

3.5.3 塌陷区治理设计

3.5.3.1 总体设计

治理设计的原则与要求如下:

1. 设计应符合国家和本行业现行的有关规范或标准的规定。

2. 设计前应详细研究勘查报告。

3. 根据塌陷区的形成时间、埋深、采空厚度、采矿方法、顶板或覆岩岩性及其力学性质、水文地质及工程地质条件等选择治理方案或方法。已基本稳定的塌陷区,根据拟建建筑物性质、高度、荷载等,设计是否需钻孔注浆。

4. 施工前选择试验区域,按设计注浆钻孔总数的5%～10%进行现场注浆试验,其内容包括浆液的配比、成孔工艺、注浆施工工艺、注浆设备等。

5. 在分析与总结试验阶段成果的基础上优化设计。

3.5.3.2 塌陷区注浆设计

1. 注浆材料

(1)注浆材料及其技术指标

水:应符合拌制混凝土用水要求,其 pH 值大于4。

水泥:水泥标号不应低于 PO42.5 号,应优先选用矿渣水泥,其次是普通硅酸盐水泥或其他类型水泥。如果塌陷区中的水对浆液结石体有强至中等腐蚀性,应采用抗硫酸水泥。注浆用的水泥必须符合国家质量标准。

粉煤灰:应符合国家二、三级的质量标准。

黏土:塑性指数不宜小于14,黏粒(粒径小于0.05 mm)含量不宜低于25%,含砂量不大于3%。

骨料:砂应为质地坚硬的天然砂或人工砂,粒径不宜大于2.5 mm,有机物含量不宜大于3%;石屑或矿渣最大粒径与溶洞、空洞和裂隙的宽度有关,一般情况下不宜大于1.0 cm,有机物含量不宜大于3%。

(2)外加剂技术指标要求

水玻璃:模数宜为2.4～3.0,浓度宜为30～45波美度。

三乙醇胺:工业用品,应符合《混凝土外加剂》(GB 8076—2008)的规定。

2. 注浆设备及机具

(1)钻机:钻机应根据塌陷区的岩层结构、岩性、注浆孔或帷幕孔的结构、止浆技术等要求进行选择。冲击式钻机或不取芯的钻具不宜使用,宜采用回转式钻机和带岩芯管的硬质合金钻头钻机。

(2)搅拌机的转速和制浆能力应与工程量、浆液类型和注浆泵的性能相适应。

(3)注浆泵每个浆站不少于 2 台,其最大排浆量应满足塌陷区注浆和施工进度的需要,其最大泵压宜不小于 4 MPa。

(4)注浆管路及其连接部位,必须能承受最大注浆压力的 1.5~2 倍。注浆管路拐弯处可采用弧形弯管连接。

(5)注浆泵、注浆孔(或帷幕孔)孔口处必须安装压力表。

(6)水泵宜选用潜水泵。泵的排水量和泵的数量应满足工程的需要。

3. 注浆钻孔

(1)钻孔布设

注浆孔(或帷幕孔)的排距、孔距一般经现场试验确定。当无法进行试验时,宜根据采煤方法、覆岩地层结构及岩性、煤层采出率、顶板管理方法、垮落带和断裂带的空隙、裂隙之间的连通性,进行设计。

(2)钻孔结构及技术要求

①孔深:注浆孔或帷幕孔应钻至塌陷区(或煤层)底板以下 3 m 处。

②孔径:钻孔开孔孔径宜控制在 130~150 mm,经一次或两次变径后,终孔孔径不应小于 91 mm。

③变径位置:注浆孔和帷幕孔均应进入完整基岩 8~10 m 处变径。

④取芯孔:取芯孔的数量应为注浆孔和帷幕孔总数的 3%~5%,塌陷区部位岩芯采取率不应小于 30%,其他部位岩芯采取率不应小于 60%。

⑤钻孔测斜:钻孔每 50 m 测斜一次,每百米孔斜不应超过 2°。

⑥注浆管径:应选用直径不小于 50 mm 或 127 mm 的钢管,需投入骨料时,管径不应小于 89 mm。

(3)止浆

注浆钻孔止浆可一次完成,宜采用法兰盘简易止浆法或止浆塞、套管等方法止浆。通过已有的塌陷区治理工程实践,采用法兰盘简易止浆法止浆较为合理。但是,此法亦不完善。当法兰盘止浆完成后,注浆前发生塌孔或堵孔事故需进行扫孔时,施工难度相当大。即法兰盘装置一般是起拔不上来的,因此扫孔钻进十分困难。似法兰盘简易止浆法宜采用直径不小于 50 mm 的钢管作为注浆管,将一端焊接一个大小与开孔孔径相近的法兰盘,下入注浆孔变径处,用少量碎石黏土将似法兰盘与孔壁之间的空隙封堵,然后采用 1:2 水泥浆或 PO42.5 号快硬水泥稠浆将注浆管与孔壁胶结在一起,水泥浆灌注高度不应小于 8 m(见图 3.5.3-1、图 3.5.3-2)。

对于在钻探过程中易塌孔、易缩径堵孔的煤层塌陷区,或当注浆钻孔中需要投放骨料时,宜采用套管止浆。

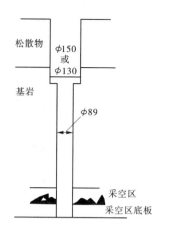
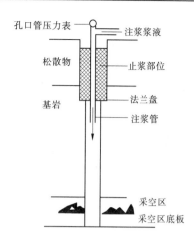

图 3.5.3-1　注浆孔结构示意图　（单位:mm）　　**图 3.5.3-2　全孔一次注浆浇铸孔口管示意图**

（4）注浆及其相关参数

a. 浆液配比

浆液的浓度使用,应由稀到浓,逐级采用 5:1、3:1、2:1、1:1、0.8:1、0.7:1、0.6:1 等 7 个浓度比级。当然,根据工程目的、施工现场的具体情况,可选用其中 3 个或 4 个浓度比级。当塌陷区充水时,宜采用浓度较大的 3 个或 4 个浓度比级;反之,则从浓度较稀的比级开始。

b. 注浆压力（结束压力）

注浆压力是控制注浆质量、提高注浆效益的重要因素。结束压力与采空垮裂带的空隙、裂隙的大小或多少、水文地质及工程性质条件等相关,一般是通过现场注浆试验确定。当无现场注浆试验资料时,也可通过公式（3.5.3-1）计算或以经验先行拟定,在注浆过程中再调整。

$$P = P_b + \left(\frac{H_c\rho_c - H_w\rho_w}{10} \right) \times 0.1 \tag{3.5.3-1}$$

式中　P——注浆压力（有效全压力）,MPa;

　　　P_b——孔口压力,MPa;

　　　H_c——受注层段 1/2 处至孔口压力表的浆液柱高度,m;

　　　ρ_c——浆液相对密度;

　　　H_w——静水位至受注层段 1/2 处的水柱高度,m;

　　　ρ_w——水的相对密度。

在注浆施工过程中,为易于注浆管理,一般采用孔口压力值来控制工程质量。当通过上式计算时,应先确定注浆压力（有效全压力 P）值,该值可随注浆深度的增加而增大,一般依据现场钻孔内具体情况确定,取塌陷区地下水的静水压力的 1.5~2 倍,然后估算孔口压力值。

c. 结束吸浆量

一般来说,在注浆压力达到设计值（结束压力）时,结束吸浆量越小,工程质量越好。

水电系统采用小于 0.4 L/min,煤炭系统采用小于 20 L/min,交通系统治理塌陷区注浆,采用小于 50 L/min。

d. 浆液结石体强度

塌陷区治理宜用水泥粉煤灰浆液。当对塌陷区公路路基的稳定性要求较高时,应选用纯水泥浆。对于一级公路,浆液结石体的无侧限抗压强度不应小于 0.2 MPa;对于高速公路、桥梁、涵洞等构造物,浆液结石体的无侧限抗压强度不应小于 0.3 MPa。

(5)浆液中水泥用量

水泥在固相中的比例,应依据对浆液结石体强度的要求,通过室内或试验段的试验结果确定。

(6)注浆量

a. 注浆总量计算

注浆总量可按公式(3.5.3-2)计算

$$Q_{总} = ASmK\Delta V\eta/C \tag{3.5.3-2}$$

式中　$Q_{总}$——塌陷区总注浆量,m^3。

　　　S——塌陷区治理面积,其值为塌陷区治理长度与塌陷区治理宽度的乘积,m^2,当塌陷区治理宽度不一致时,可采用平均值。

　　　m——塌陷区煤层厚度,m。

　　　ΔV——采空区剩余空隙率,即煤层被采出后,原空间经塌陷冒落岩块充填后剩余的空隙,其取值在 0.2~1。该值可通过以下 3 种方式确定:

　　　　①矿山已有的沉降及塌陷区观测资料。即先计算塌陷区上方地面的最大沉降量,通过已有的观测资料确定已完成的沉降量,然后用两者的差值与地面的最大沉降量之比来估算。

　　　　②勘查过程中勘查孔内空洞和裂隙的资料。即通过孔内空洞和裂隙发育的平均高度与矿层开采厚度之比来估算。

　　　　③该地区已有的工程资料。一般情况下闭矿时间在 5 年之内,取值在 0.3~1;闭矿时间在 5 年以上,取值在 0.2~0.3。当采空区的顶板和覆岩为较坚硬的岩石时,取值宜稍大。

　　　K——煤层回采率,一般通过采矿实际调查确定。

　　　A——注浆总量浆液损耗系数,取值在 1.0~1.5。

　　　η——注浆充填系数,取值在 0.75~0.95。该值宜根据工程的性质确定,对于路基范围内的采空区,取值在 0.75~0.85;对于构筑物范围的采空区,取值在 0.85~0.95。

　　　C——浆液结石率,取值在 0.7~0.95,一般经试验确定。

b. 单孔注浆量计算

单孔注浆量可按公式(3.5.3-3)计算

$$Q_{单} = A\pi R^2 m\Delta V\eta/C \tag{3.5.3-3}$$

式中　$Q_{单}$——单孔注浆量,m^3;

　　　A——单孔注浆量浆液损耗系数,取值在 1.2~2;

　　　　R——浆液有效扩散半径,按孔距的一半计算,m;

　　　　其他符号意义同前。

3.5.3.3　地面塌陷坑和裂缝治理工程

　　对于地面上明显的塌陷坑,宜采用灰土或素土分层夯实,其具体技术要求可参照本技术要求 4.4.3 条相关规定执行。

　　对于宽度大于 10 cm 以上的地面裂缝,宜采用开挖回填方法治理。开挖宽度和长度宜按该地面裂缝实际宽度和长度与两侧各加 1 m 之和来考虑,开挖的深度应大于 1 m。开挖后宜采用灰土或素土分层回填夯实,其具体技术要求参照本技术要求 4.4.3 条相关规定执行。

4　地形地貌景观及土地资源恢复治理

4.1　一般规定

4.1.1　地形地貌景观和土地资源恢复治理时要与周围自然景观相协调,并与当地降水条件、土壤类型和植被覆盖情况和谐。

4.1.2　地形地貌景观恢复治理时,尽量恢复为原地形地貌;无法恢复为原地形地貌的,则需尽量与周围地形地貌相协调,且避免整治后发生次生灾害或不良影响。

4.1.3　应达到治理区内土方量平衡,基本上渣尽坑平,且满足场地利用的功能要求。

4.1.4　地形地貌景观恢复治理工程的平面布置和立面设计应考虑对周边环境的影响,做到美化环境,体现生态保护要求。边坡坡面和坡脚应采取有效的保护措施,对有行人或牲畜出没的坡顶,应设置安全保护和警示设施。

4.2　边坡整治

4.2.1　填方边坡

4.2.1.1　土质填方边坡

　　一般土质填方边坡(高度不大于 8 m)均采用 1:1.50。但当边坡高度超过一定高度时,其下部边坡(高度不大于 12 m)改用 1:1.75。高度超过 12 m 的边坡,一般应设计台阶。

　　对于浸水填方边坡,设计水位以下部分视填料情况,边坡坡度宜采用 1:1.75～1:2.00。在常水位以下部分,边坡坡度宜采用 1:2.00～1:3.00,并视水流情况采取加固措施。

4.2.1.2　岩质填方边坡

　　填石边坡根据填石种类(岩石硬度),其高度一般不超过 12 m,边坡坡度一般可用1:1.00～1:1.75。

4.2.1.3　砌石边坡

　　砌石应采用当地不易风化的开山片石砌筑,基底以 1:5 的坡率向内侧倾斜,砌石高度一般不大于 15 m,墙的内外坡度依砌石高度,按表 4.2.1-1 选定。

表 4.2.1-1　砌石边坡坡度允许值

序号	高度(m)	内坡坡度	外坡坡度
1	≤5	1:0.30	1:0.50
2	≤10	1:0.50	1:0.67
3	≤15	1:0.60	1:0.75

4.2.2　挖方边坡

4.2.2.1　土质挖方边坡

土质挖方边坡坡度应根据边坡高度、土的密实程度、地下水和地表水情况、土的成因及生成时代等因素确定。一般情况下,具有一定黏性土质的挖方边坡坡度,取值为1:0.50~1:1.50,个别情况下可放缓至1:1.75。不同高度、不同密实度的土质挖方边坡坡度可参照表4.2.2-1。

表 4.2.2-1　土质挖方边坡坡度允许值

土的类别		边坡坡度
黏土、粉质黏土、塑性指数大于3的粉土		1:1
中密以上的中砂、粗砂、砾砂		1:1.50
卵石土、碎石土、圆砾土、角砾土	胶结和密实	1:0.70
	中密	1:1

4.2.2.2　岩质挖方边坡

岩质挖方(开采)边坡形式及坡度应根据工程地质与水文地质条件、边坡高度、施工方法,结合自然稳定边坡和人工边坡的调查综合确定。岩石的分类、风化和破坏程度及边坡的高度是决定坡度的主要因素。

边坡高度大于20 m的露采坡面,宜采用分层开采、分层防护和护脚与加固等技术措施。当开采边坡较高时,可根据不同的岩石性质和稳定要求开采成折线式或台阶式,台阶式边坡的中部应设置边坡平台(护坡道),边坡平台的宽度不宜小于2 m,并可根据工程施工机械作业需要适当放宽。

整治后使用要求为建筑边坡时,应满足《建筑边坡工程技术规范》(GB 50330—2002)相关规定,在边坡保持整体稳定的条件下,岩质边坡开挖(采)的坡度允许值应根据实际经验,按工程类比的原则并结合已有边坡的坡度值分析确定。对无外倾软弱结构面的边坡,可按表4.2.2-2确定。

4.2.3　爆破削坡降坡

4.2.3.1　边坡工程爆破施工的一般要求

1. 边坡工程削坡降坡应根据岩石的工程地质分类、岩石的风化程度和节理发育程度等确定施工方法。对于软石或强风化岩石,凡能用机械直接开挖的,均宜用机械开挖,如这类土石方数量不大,工期允许,也可以人工开挖。凡不能使用机械或人工直接开挖的石方,可选用爆破工艺施工。

表 4.2.2-2　岩质边坡坡度允许值

边坡岩体类型	风化程度	边坡坡度允许值		
		$H < 8$ m	8 m $\leqslant H <$ 15 m	15 m $\leqslant H <$ 25m
Ⅰ类	微风化	1:0.05 ~ 1:0.10	1:0.10 ~ 1:0.15	1:0.15 ~ 1:0.25
	中等风化	1:0.10 ~ 1:0.15	1:0.15 ~ 1:0.25	1:0.25 ~ 1:0.35
Ⅱ类	微风化	1:0.10 ~ 1:0.15	1:0.15 ~ 1:0.25	1:0.25 ~ 1:0.35
	中等风化	1:0.15 ~ 1:0.25	1:0.25 ~ 1:0.35	1:0.35 ~ 1:0.50
Ⅲ类	微风化	1:0.25 ~ 1:0.35	1:0.35 ~ 1:0.50	
	中等风化	1:0.35 ~ 1:0.50	1:0.50 ~ 1:0.75	
Ⅳ类	微风化	1:0.50 ~ 1:0.75	1:0.75 ~ 1:1.00	
	中等风化	1:0.75 ~ 1:1.00		

注:1. 表中 H 为边坡高度。

　　2. 下列边坡的坡度允许值应通过稳定性分析计算确定:①有外倾软弱结构面的边坡;②岩质较软的边坡;③坡顶边缘附近有较大荷载的边坡;④坡高超过本表范围的边坡。

2. 设计爆破削坡降坡的区域,应查明区内管线情况,同时调查施工作业区周边建筑物结构类型、完好程度、与爆破区距离等,然后制订爆破方案,以确保既有建筑物、管线的安全。在爆破危险区应采取安全保护措施。

3. 爆破方案经专家评审选定后,应视其对有影响的建(构)造物的重要程度,分别报送当地公安部门、建(构)造物行业主管部门、项目承担单位主管部门及监理工程师审批。

4. 爆破作业必须由具有相应资质的施工单位承担,并由经过专业培训、取得爆破证书的专业人员施爆。土石方爆破施工中,当工程量小、工期允许时,可采用人工打眼;工程量较大时,应采用机械钻孔,钻孔机械可采用风钻或凿岩机。

5. 爆破前必须做好下列准备工作:

(1)清除危石和残存石渣,引流裂隙水。

(2)爆破前应对施工区域及爆破施工影响范围内有碍施工的已有建筑物和构筑物、道路、沟渠、管线、坟墓、树木等进行详细调查,并进行实物拍摄。

(3)在危险区内的建(构)筑物管线设备等应采取安全保护措施,防止爆破地震飞石和冲击波的破坏。同时应对爆破影响区建(构)筑物做好监测点和建筑原有裂缝查勘记录(附照片或录像资料)。

(4)防止爆破有害气体及噪声对人体的危害。

(5)在爆破危险区的边界设立警戒哨和警告标志。

(6)将爆破信号的意义、警告标志和起爆时间,通知当地单位和居民,起爆前督促人畜撤离危险区。

6. 岩石边坡的削坡降坡应充分重视挖方边坡的稳定,一般宜选用中小炮爆破。对于风化较严重、节理发育或岩层产状对边坡稳定不利的石方,宜用小排炮微差爆破。小型排炮药室距设计坡线的水平距离,应不大于炮孔间距的1/2。

7. 开挖边坡外有必须确保的重要建筑物,当采用减弱松动爆破都无法保证建筑物安全时,可采用人工开凿、化学爆破或控制爆破。

8. 在石方开挖区应注意施工排水,应在纵向和横向形成坡面开挖面,其纵坡应满足排水要求,以确保爆破的石料不受积水的浸泡。

9. 爆破施工应符合边坡施工方案的开挖原则。当边坡开挖采用逆作法时,爆破应配合台阶施工;当普通爆破危害较大时,应采取控制爆破措施。

10. 爆破影响区有建(构)筑物时,爆破产生的地面质点震动速度,对土坯房、毛石房屋不应大于 10 mm/s,对一般砖房、非大型砌块建筑不应大于 20 ~ 30 mm/s,对钢筋混凝土结构房屋不应大于 50 mm/s。

11. 对坡顶爆破影响范围内稳定性较差的边坡,爆破震动效应宜通过爆破震动效应监测或试爆试验确定。

12. 为保证爆破削坡后的坡面相对平整,其爆破施工宜采用光面爆破法。爆破后,可利用机械进行土石料翻方,同时对坡面进行机械修凿。为避免爆破破坏岩体的完整性,爆破坡面宜预留部分岩层采用机械或人工挖掘修整,以达到设计要求的坡面平整度。

13. 为保证边坡的永久稳定及爆破施工的顺利进行,可根据工程施工和边坡安全稳定需要设置爆破作业平台,平台宽度和相邻平台高度可根据岩石类型、施工机械种类确定,一般宽度为 4 ~ 6 m,相邻平台间的高度一般不大于 10 m,并以确保边坡稳定为前提。

14. 削坡后的最终坡度角除保证边坡稳定外,还应满足坡面植被恢复施工的需要,并保证边坡整治效果的长期稳定。最终坡度角一般不大于 55°,对软石、强风化岩石、节理发育的岩质边坡及外倾结构面边坡可适当放缓坡度。

15. 边坡爆破工程设计应满足《爆破安全规程》(GB 6722—2011)等现行有关标准的规定。

4.2.3.2　爆破方法的选用

1. 露采矿山削坡降坡爆破法一般采用松动爆破结合光面爆破及预裂爆破施工工艺。

2. 在主体石方爆破后,为满足设计要求,获得光滑、平整的壁面,达到控制轮廓线的目的,宜采用光面爆破。

3. 为获得理想的爆破效果,在主体石方开挖爆破之前,常采用预裂爆破的方法,预先在设计的轮廓线上爆破一条有一定宽度的贯穿裂缝。

4. 爆破参数的选择应结合相关的技术要求及钻孔直径、孔距、装药量、岩石的物理力学性质、地质构造、装药品种、装药结构以及施工因素等,根据完成的工程实际经验资料(经验类比法)或通过实地的现场试验确定。

5. 在进行药量计算时,应根据岩石类型、岩石特征、岩石坚固系数、爆破方法及实际使用的炸药品种等进行必要的换算。

6. 爆破工程与安全技术依据《爆破安全规程》(GB 6722—2011)及相关技术规范要求。

4.3　边坡防护

4.3.1　实体式护面墙

4.3.1.1　一般规定

1. 护面墙多用在一般土质边坡,以及易风化的岩质边坡与其他风化严重的软质岩层和较破碎的岩石地段,以防止继续风化。

2. 护面墙适用的边坡坡度一般不大于1:0.50。

3. 护面墙除自重外,不担负其他载重,亦不承受墙后的土压力,因此护面墙所防护的边坡应自身稳定。

4.3.1.2　护面墙设计与构造

1. 护面墙的厚度视墙高而定(见表4.3.1-1)。一般采用0.40~0.60 m。底宽 d 可根据边坡陡度、墙的高度、被保护山坡的潮湿情况和基础允许承载力大小等条件来确定。底宽 d 一般等于顶宽 b 加(1/10~1/20) H(H 为墙高),即 $d = b + (1/10 \sim 1/20)H$。

表 4.3.1-1　护面墙的厚度参考值

护面墙高度 H(m)	边坡坡度	护面墙厚度(m)	
		顶宽 b	底宽 d
≤2	1:0.50	0.40	0.40
≤6	>1:0.50	0.40	0.40 + H/10
6 < H ≤ 10	1:0.50~1:0.75	0.40	0.40 + H/20
10 < H < 15	1:0.75~1:1.00	0.60	0.60 + H/20

2. 护面墙墙身坡度

护面墙墙背坡度与边坡坡度一致。等截面护面墙墙面坡度 m 与墙背坡度 n 相同,而变截面护面墙墙面坡度 m 与墙背坡度 n 应满足 $n = m - 1/20$($n = 0.50$)或 $n = m - 1/10$($n = 0.50 \sim 0.75$)。

3. 沿墙身长度每隔10 m应设置20 mm宽的伸缩缝(或沉降缝)一道,用沥青麻(竹)筋填塞,深入 0.10~0.20 m,心部可空着。墙身设置一些泄水孔,孔口大小一般为60 mm×60 mm或100 mm×100 mm。在墙身下部或边坡渗水较多处,应适当加密泄水孔。泄水孔的后面,应用碎石和砂做成反滤层。伸缩缝及泄水孔的布置见图4.3.1-1。

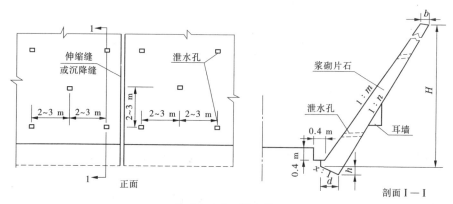

图 4.3.1-1　护面墙

4. 护面墙的基础应设在可靠的地基上,其埋置深度应在当地土壤的冰冻线以下0.25 m。其基础承载力不宜小于300 kPa,如基岩的承载力不够,应采用适当的加强措施。个别软弱地段,可采用拱跨过。如所防护的开采边坡岩石较完整,拱内可用干砌片石填塞,作为泄水孔。墙底一般做成倾斜的反坡(见图 4.3.1-1),土质地基采用 $x = 0.20$ 或 0.10,岩石地基采用 $x = 0.20$ 或 0.10(墙面坡度)。

5. 为了增加墙的稳定性,视断面上基岩的岩质好坏,每 $6 \sim 10$ m 高为一级,并设置不小于 1 m 宽的平台,墙背每 $3 \sim 6$ m 高设一耳墙,其宽 $0.50 \sim 1.00$ m。对于防护松散层的护面墙,最好在夹层的底部土层中,留出宽度不小于 1.00 m 的边坡平台,并进行加固,以增加护面墙的稳定性。

6. 边坡及坡顶山坡上常有各种不良地质现象,而且常是几种现象同时出现,故加固边坡应该综合考虑。开采边坡时,在岩石中形成的凹陷,应以石砌圬工填塞,以支托突出的岩层,这种护墙称为支补墙。

4.3.2 干砌片石护坡

4.3.2.1 一般规定

1. 干砌片石护坡用于防护受到水流冲刷等有害影响的部位,被防护的边坡坡度,一般应为 $1:1.50 \sim 1:2.00$。

2. 干砌片石防护,一般有单层铺砌(见图 4.3.2-1)、双层铺砌(见图 4.3.2-2)等几种形式,可根据具体情况选用。

3. 铺砌层的底面应设垫层,垫层材料一般常用碎石、砾石或砂砾混合物等。垫层厚度一般用 $0.10 \sim 0.20$ m。

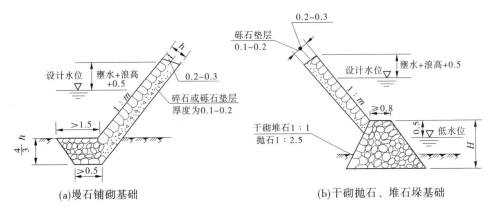

(a)墁石铺砌基础　　　　　　　　　　(b)干砌抛石、堆石垛基础

图 4.3.2-1　单层铺砌片石护坡　(尺寸单位:m)

4.3.2.2 干砌片石护坡设计与构造

1. 干砌片石的厚度一般为:单层 $0.15 \sim 0.25$ m,双层的上层为 $0.25 \sim 0.35$ m、下层为 $0.15 \sim 0.25$ m。

2. 所用石料应是未经风化的坚硬岩石,其重度一般不应小于 20 kN/m³。

3. 护坡坡脚应修筑墁石铺砌式基础。一般情况下,基础埋置深度为 $1.50H$(H 为护坡厚度)。在基础较深时,可设计为石垛或 M5 浆砌片石基础。沿河线受水冲刷的基础,应埋置在冲刷线以下 $0.50 \sim 1.00$ m 处或采用石砌深基础。

4. 铺石护坡顶的高程,应为计算水位高程加壅水高度、波浪侵袭高度和安全高度

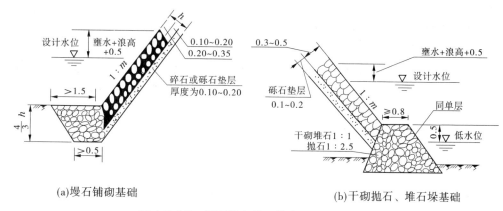

(a)墚石铺砌基础　　　　　　(b)干砌抛石、堆石垛基础

图 4.3.2-2　双层铺砌片石护坡　（尺寸单位:m）

(0.50 m)。

4.3.3　浆砌片石防护

4.3.3.1　一般规定

1. 浆砌片石防护适用于边坡缓于1:1的土质边坡或易风化的岩质边坡。

2. 水流流速较大(如4~5 m/s),波浪作用较强,以及可能有流冰、漂浮物等冲击作用时,采用浆砌片石防护应结合其他防护加固措施。

3. 浆砌片石防护与浸水挡土墙或护面墙等综合使用,以防护不同岩层和不同位置的边坡,可收到较好的效果。

4. 严重潮湿或严重冻害的土质边坡,未进行排水措施以前,不宜采用浆砌防护。

4.3.3.2　浆砌片石防护设计与构造

1. 浆砌片石护坡的厚度一般为0.20~0.50 m,用于冲刷防护时,最小厚度一般不小于0.35 m。护坡底面应设置0.10~0.20 m厚的碎石或砂砾垫层。

2. 受水流冲刷的边坡,浆砌片石护坡基础埋置深度应在冲刷线以下0.50~1.00 m,否则应有防止坡脚被冲刷的措施。

3. 浆砌片石护坡每段长10~15 m,应与护面墙一样设置伸缩缝,缝宽约20 mm,缝内填塞沥青麻筋或沥青木板等材料。在基底土质有变化处,还应设置沉降缝。可考虑将伸缩缝与沉降缝合并设置。

4. 护坡的中、下部应设泄水孔,以排泄护坡背面的积水及减小渗透压力。泄水孔的孔径,可用100 mm×100 mm的矩形孔或直径为100 mm的圆形孔,其间距为2~3 m。泄水孔后0.50 m的范围内应设置反滤层。

5. 填方边坡上采用浆砌片石护坡,应在填土沉实或夯实后施工,以免因填筑体的沉降而引起护坡的破坏。

4.3.4　混凝土预制块护坡

4.3.4.1　一般规定

1. 混凝土预制块防护边坡适用于较大的流速和波浪冲击的边坡,其容许流速在4~8 m/s以上,而容许波浪高可达2 m以上。

2. 混凝土预制块护坡必须设置砂砾或碎石垫层。

4.3.4.2 混凝土预制块护坡设计与构造

1. 混凝土预制块板,一般地区采用 C20 混凝土,在严寒地区可提高到 C25 混凝土。为了提高混凝土的耐久性和防渗性,应按不同水泥成分加入适量的增塑剂。

2. 混凝土块板可预制成边长不小于 1 m,最小厚度大于 60 mm 的不同大小的方块,也可预制成如图 4.3.4-1 所示的六边形,并配置一定的构造钢筋。相邻块间不联结,靠紧铺设即可,砌缝宽 5 ~ 15 mm,并用沥青麻筋或沥青木板填塞。为了减小水流或波浪对混凝土预制块的冲击与上浮力,在预制块板时可留出整齐排列的孔眼,孔眼尺寸应小于靠近块板的垫层颗粒的粒径。

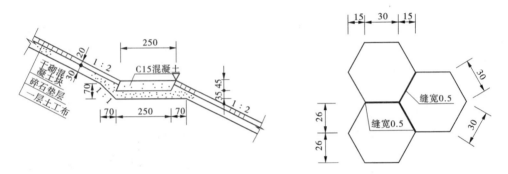

图 4.3.4-1　200 mm 厚 C20 混凝土预制块护坡示意图 　(尺寸单位:cm)

3. 混凝土板护坡下应按反滤层要求设置砂砾或碎石垫层,其一般厚度为:干燥边坡采用 100 ~ 150 mm,较湿边坡采用 200 ~ 300 mm,潮湿边坡采用 300 ~ 400 mm。

4. 为增加边坡的稳定性,一般应在坡脚设置混凝土或浆砌块石护脚。

4.3.5 植物防护工程

4.3.5.1 植物防护主要指利用植草、植树等来防护边坡表层并起到美化环境的目的。

4.3.5.2 植物防护工程通过铺草皮,植草、灌木、树,或铺设工厂生产的绿化植生带等对边坡表层进行防护,以防治表层溜塌、减少地表水入渗和冲刷等,宜与格构、格栅等防护工程结合使用。草皮一般呈块状(20 cm × 25 cm、25 cm × 40 cm)、带状(宽 25 cm,长 200 ~ 300 cm,厚 6 ~ 10 cm),植树行距一般为 0.8 ~ 1.5 m、株距一般为 0.5 ~ 1.0 m。

4.3.5.3 植物防护工程可作为美化边坡整治工程及环境的一种工程措施加以采用。

4.3.5.4 植物防护一般仅在表层土体溜塌和美化环境中加以考虑。

4.3.6 土工织物防护工程

土工织物是由高分子合成纤维构成的一种新型建筑材料,具有排水、反滤、分隔、加固、防护等作用。按照行业规范《土工织物的施工规范》(QB/SNGSG—2004)使用。

4.4　土石方工程

4.4.1 一般要求

4.4.1.1 矿区废弃地清理平整中的土石方施工,应按照土石方运距最短、运程合理和各个工程项目的施工顺序做好调配,减少重复搬运。

4.4.1.2 平整场地的表面坡度应符合设计要求,如设计无要求时,一般应向排水沟方向做成不小于 0.20% 的坡度。平整后的场地表面应逐点检查,检查点的间距不宜大于

20 m。

4.4.1.3　场地平整施工中,应经常测量和校核其平面位置、水平标高和场地坡度等是否符合设计要求。平面控制桩与水准点也应定期复测和检查是否正确。

4.4.1.4　采用机械施工时,必要的边坡修整和场地边角、小型沟槽的开挖或填土等,可用人工或小型机具配合进行。

4.4.1.5　在场地平整前须按照有关规定进行表土剥离和表土合理存放,以备覆土时使用。

4.4.1.6　土石方施工应符合后期土地平整要求。

4.4.2　挖方工程

4.4.2.1　挖方包括对废弃地内的废弃、残留矿体(孤丘)等进行挖除、铲平等,可采取机械结合爆破的方法进行。

4.4.2.2　挖方时,应防止附近已有建筑物或构筑物、道路、管线等发生下沉和变形。必要时应与设计单位或建设单位协商,采取防护措施,并在施工中进行沉降和位移观测。

4.4.2.3　挖方时,应防止挖方超挖,在危险地段应设置明显标志。

4.4.2.4　开挖宜从上到下分层分段依次进行,随时做成一定的坡势,以利泄水,并不得在影响边坡稳定范围内积水。

4.4.2.5　在滑坡地段挖方时,应符合下列规定:

1. 施工前应熟悉工程地质勘查资料,了解现场地形地貌及滑坡迹象等情况;

2. 不宜在雨期施工;

3. 应先做好地面和地下排水设施;

4. 严禁在滑坡体上部弃土或堆放材料;

5. 必须遵循由上至下的开挖顺序,严禁先切除坡脚;

6. 爆破施工时,应防止因爆破震动影响边坡稳定。

4.4.3　填方

4.4.3.1　填方主要包括对废弃地低洼区域及采坑等进行回填与压实。

4.4.3.2　填方基底的处理应符合设计要求,无要求时应符合下列规定:

1. 坑穴应清除积水、淤泥和杂物等,并分层回填夯实;

2. 坡度陡于1/5 时,应将基底挖成阶梯形,阶宽不小于 1 m;

3. 当填方基底为耕植土或松土时,应将基底辗压密实;

4. 在池塘上填方前,应根据实际情况采用排水疏干、挖除淤泥或抛填块石、砂砾、矿渣等方法处理后再进行填土。

4.4.3.3　填土前,应对填方基底和已完隐蔽工程进行检查和中间验收,并作出记录。

4.4.3.4　永久性填方的边坡坡度应按设计要求施工。

4.4.3.5　填方土料应符合设计要求,设计无要求时应符合下列规定:

1. 碎石类土、砂土(使用细、粉砂时,应取得设计单位同意)和爆破石渣可用作表层以下的填料。

2. 含水量符合压实要求的黏性土,可用作各层填料。

3. 碎块草皮和有机质含量大于8%的土,仅用于无压实要求的填方。

　　4. 淤泥和淤泥质土一般不能用作填料,但在软土或沼泽地区,经过处理含水量符合压实要求后,可用于填方中的次要部位。

　　5. 碎石类土或爆破石渣用作填料时,其最大粒径不得超过每层铺填厚度的2/3(当使用振动辗时,不得超过每层铺填厚度的3/4)。铺填时,大块料不应集中,且不得填在分段接头处或填方与山坡连接处。

4.4.3.6 填方施工前,应根据工程特点、填料种类、设计压实系数、施工条件等合理选择压实机具,并确定填料含水量控制范围、铺土厚度和压实遍数等参数。

4.4.3.7 填料为黏性土时,填土前应检验其含水量是否在控制范围内。如含水量偏高,可采用翻松、晾晒、均匀掺入干土(或吸水性填料)等措施,如含水量偏低,可采用预先洒水润湿、增加压实遍数或使用大功能压实机械等措施。

4.4.3.8 填料为碎石类土(充填物为砂土)时,碾压前宜充分洒水湿透,以提高压实效果。

4.4.3.9 填料为爆破石渣时,应通过碾压试验确定含水量的控制范围。

4.4.3.10 填方每层铺土厚度和压实遍数应根据土质、压实系数和机具性能确定,或按照表4.4.3-1选用。碾压时,轮(夯)迹应相互搭接,防止漏压。

表4.4.3-1　填方每层的铺土厚度和压实遍数

压实机具	每层铺土厚度(mm)	每层压实遍数(遍)
平碾	200~300	6~8
羊足碾	200~350	8~15
蛙式打夯机	200~250	3~1
人工打夯	不大于200	3~1

注:人工打夯时,土块粒径不应大于50 mm。

4.4.3.11 振动平碾适用于填料为爆破石渣、碎石类土、杂填土或轻亚黏土的大型填方(填料为亚黏土或黏土时,宜使用振动凸块碾)。

　　使用8~15 t重的振动平碾压实爆破石渣或碎石类土时,铺土厚度一般为0.60~1.50 m,宜先静压,后振压,碾压遍数应由现场试验确定,一般为6~8遍。

4.4.3.12 碾压机械压实填方时,应控制行驶速度,一般不应超过下列规定:
　　平碾:2 km/h;羊足碾:3 km/h;振动碾:2 km/h。

4.4.3.13 采用机械填方时,应保证边缘部位的压实质量。填土后,如设计不要求边坡修整,宜将填方边缘宽填0.50 m;如设计要求边坡整平拍实,宽填可为0.20 m。

4.4.3.14 分段填筑时每层接缝处应做成斜坡形,碾迹重叠0.50~1.00 m。上、下层错缝距离不应小于1 m。

4.4.3.15 填方应按设计要求预留沉降量,设计无要求时,可根据工程性质、填方高度、填料种类、压实系数和地基情况等与建设单位共同确定(沉降量一般不超过填方高度的3%)。

4.4.3.16 填方中采用两种透水性不同的填料分层填筑时,上层宜填筑透水性较小的填料,下层宜填筑透水性较大的填料,填方基土表面应做成适当的排水坡度,边坡不得用透水性较小的填料封闭。如因施工条件限制,上层必须填筑透水性较大的填料时,应将下层透水性较小的土层表面做成适当的排水坡度或设置盲沟。

4.4.3.17　填方土石方来源应充分利用废弃地内的自身资源,不足部分异地就近获取。

4.4.3.18　填方基土为软土时,应根据设计要求进行地基处理,设计无要求时,应符合下列规定:

1. 软土层厚度较小时,可采用换土或抛石挤淤等处理方法;

2. 软土层厚度较大时,可采用砂垫层、砂井、砂桩等方法加固,其施工要求应按国家标准《建筑地基基础工程施工质量验收规范》(GB 50202—2009)的有关规定执行。

4.4.3.19　填方基土为杂填土时,应按设计要求加固地基,并应妥善处理基底下的软硬点、空洞、旧基、暗塘等。

4.4.3.20　在地形、工程地质复杂地区内的填方,且对填土密实度要求较高时,应采取措施(如排水暗沟、护坡等),以防填方土粒流失、不均匀下沉和坍滑等。

4.4.4　排土场整治

4.4.4.1　排土场整治范围包括废矿堆场、储矿场、渣场等,治理部位包括其顶部、平台和边坡等。

4.4.4.2　可结合废弃地场地整治,将废(尾)矿(土、石、渣)等用于场地平整与低洼区域回填以及高陡边坡坡脚区域的回填压脚。

4.4.4.3　采用坡率法整治时,排土场最终坡度应与土地利用方式相适应,一般为26°～28°,机械作业区坡度小于20°。

4.4.4.4　合理安排岩土排弃次序,尽量将含不良成分的岩土堆放在深部,品质适宜的土层包括易风化性岩层可安排在中上部,富含养分的土层宜安排在排土场顶部或表层。

4.4.4.5　排水设施满足场地要求。设计和施工中有控制水土流失的措施,特别是控制边坡水土流失的措施。

4.4.4.6　对于地势较高的矿山,必须评估排土场有无可能形成泥石流,若不符合安全要求,必须进行清理或建坝拦挡。

4.4.4.7　对存在崩溃(塌)、滑坡、泥石流等地质灾害隐患的排土场,可采用刷方减载或挡土墙等边坡加固与护坡措施。

4.4.5　废弃地生活垃圾处置

废弃地生活垃圾处置一般采用焚烧与卫生填埋工艺,其技术要求与控制标准参照《生活垃圾焚烧污染控制标准》(GB 18485—2001)及《生活垃圾卫生填埋技术规范》(CJJ 17—2004)等。

4.5　排水工程

4.5.1　地表排水

4.5.1.1　地表排水工程,应根据矿区实际情况合理地选定设计标准,防洪标准应按50年一遇设计。

4.5.1.2　地表排水工程设计频率下地表汇水流量,可根据中国水利科学院水文研究所提出的小汇水面积设计流量公式计算。即

$$Q_P = 0.278\varphi S_P F/\tau^n \tag{4.5.1-1}$$

式中　Q_P——设计频率下地表汇水流量,m^3/s;

　　　S_P——设计降雨强度,mm/h,依据最新《河南省暴雨参数图集》(2005 年)确定;

　　　τ——流域汇流时间,h;

　　　φ——径流系数;

　　　n——降雨强度衰减系数;

　　　F——汇水面积,km^2。

当缺乏必要的流域资料时,可按中国公路科学研究所提出的经验公式计算,即

当 $F \geqslant 3\ km^2$ 时

$$Q_P = \varphi S_P F^{2/3} \tag{4.5.1-2}$$

当 $F < 3\ km^2$ 时

$$Q_P = \varphi S_P F \tag{4.5.1-3}$$

4.5.1.3　排水沟断面形状可为矩形、梯形、复合型及 U 形等(见图 4.5.1-1)。梯形、矩形断面排水沟,易于施工,维修清理方便,具有较大的水力半径和输移力,在滑坡防治排水工程设计时应优先考虑。

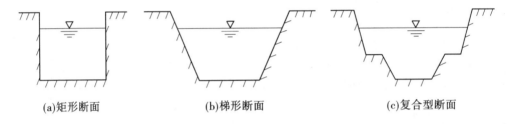

(a)矩形断面　　　　　　　　(b)梯形断面　　　　　　　　(c)复合型断面

图 4.5.1-1　滑坡地面排水沟断面形状示意图

4.5.1.4　地表排水工程水力设计,应首先对排水系统各主、支沟段控制的汇流面积进行分割计算,并根据设计降雨强度和校核标准分别计算各主、支沟段汇流量和输水量;在此基础上,确定排水沟断面或校核已有排水沟过流能力。

4.5.1.5　排水沟过流量计算公式为:

$$Q = WC\sqrt{Ri} \tag{4.5.1-4}$$

式中　Q——过流量,m^3/s;

　　　R——水力半径,m;

　　　i——水力坡降;

　　　W——过流断面面积,m^2;

　　　C——流速系数,m/s,宜采用下列两式计算。

　1. 巴甫洛夫斯基公式

$$C = R^y/n \tag{4.5.1-5}$$

式中　n——糙率;

　　　y——与 n、R 有关的指数。

$$y = 2.5\sqrt{n} - 0.13 - 0.75\sqrt{R}(\sqrt{n} - 0.10)$$

2. 满宁公式

$$C = R^{1/6}/n \qquad (4.5.1-6)$$

对刚性材料的排水沟,n 的取值,建议采用《溢洪道设计规范》(SDJ 341—89)、《渠道防渗工程技术规范》(SL 18—2004)的推荐数值。

4.5.1.6　外围截水排水沟应设置在滑坡体或老滑坡后缘,远离裂缝 5 m 以外的稳定斜坡面上。依地形而定,平面上多呈"人"字形展布。沟底比降无特殊要求,以能顺利排除拦截的地表水为原则。根据外围坡体结构,截水沟迎水面需设置泄水孔,推荐尺寸为 100 mm × 100 mm ~ 300 mm × 300 mm。

4.5.1.7　当排水沟通过裂缝时,应设置成叠瓦式的沟槽,可用土工合成材料或钢筋混凝土预制板制成。

4.5.1.8　有明显开裂变形的坡体,应及时用黏土或水泥浆填实裂缝,整平积水坑、洼地,使降雨能迅速沿排水沟汇集、排走。

4.5.1.9　滑坡体上若有水田,应改为旱地耕作。若有积水的池、塘、库,应停止耕作。滑坡体后缘(外围),若分布有可能影响滑坡的积水的池、塘、库,宜停止耕作;否则其底和周边均须实施防渗工程。

4.5.1.10　排水沟进出口平面布置,宜采用喇叭口或八字形导流翼墙。导流翼墙长度可取设计水深的 3 ~ 4 倍。

4.5.1.11　当排水沟断面变化时,应采用渐变段衔接,其长度可取水面宽度之差的 5 ~ 20 倍。

4.5.1.12　排水沟的安全超高,不宜小于 0.4 m,最小不小于 0.3 m;对弯曲段凹岸,应考虑水位壅高的影响。

4.5.1.13　排水沟弯曲段的弯曲半径,不得小于最小容许半径及沟底宽度的 5 倍。最小容许半径可按下式计算:

$$R_{min} = 1.1v^2 A^{1/2} + 12 \qquad (4.5.1-7)$$

式中　R_{min}——最小容许半径,m;

v——沟道中水流流速,m/s;

A——沟道过水断面面积,m²。

4.5.1.14　在排水沟纵坡变化处,应避免上游产生壅水。断面变化时,宜改变沟道宽度,深度保持不变。

4.5.1.15　设计排水沟的纵坡时,应根据沟线、地形、地质以及与山洪沟连接条件等因素确定,并进行抗冲刷计算。当自然纵坡大于 1:20 或局部高差较大时,可设置陡坡或跌水。

4.5.1.16　跌水和陡坡进出口段,应设导流翼墙,与上、下游沟渠护壁连接。梯形断面沟道,多做成渐变收缩扭曲面;矩形断面沟道,多做成"八"字墙形式。

4.5.1.17　陡坡和缓坡连接剖面曲线,应根据水力学计算确定;跌水和陡坡段下游,应采用消能和防冲措施。当跌水高差在 5 m 以内时,宜采用单级跌水;跌水高差大于 5 m 时,宜采用多级跌水。

4.5.1.18　排水沟宜用浆砌片石或块石砌成;地质条件较差时,如坡体松软段,可用毛石混凝土或素混凝土修建。砌筑排水沟砂浆的标号,宜用 M7.5 ~ M10。对坚硬块片石砌筑的排水沟,可用比砌筑砂浆高一级标号的砂浆进行勾缝,且以勾阴缝为主。毛石混凝土或素混凝土的标号,宜用 C10～C15。

4.5.1.19　陡坡和缓坡段沟底及边墙,应设伸缩缝,缝间距为 10～15 m。伸缩缝处的沟底,应设齿前墙,伸缩缝内应设止水或反滤盲沟,或两者同时采用。

4.5.2　地下排水

4.5.2.1　当滑坡体表层有积水湿地和泉水露头时,可将排水沟上端做成渗水盲沟,伸进湿地内,达到疏干湿地内上层滞水的目的。渗水盲沟须用不含泥的块石、碎石填实,两侧和顶部做反滤层(见图 4.5.2-1)。

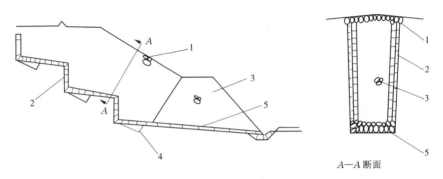

1—大块干砌片石;2—反滤层;3—干砌片石;4—浆砌片石;5—牙石

图 4.5.2-1　滑坡地下排水支撑盲沟断面示意图

4.5.2.2　为拦截滑坡体后山和滑坡体后部深层地下水及降低滑坡体内地下水位,须将横向拦截排水隧洞修于滑坡体后缘滑动面以下,与地下水流向基本垂直;纵向排水疏干隧洞,可建在滑坡体(或老滑坡)内,两侧设置与地下水流向基本垂直的分支截排水隧洞和仰斜排水孔。配有排水孔的截排水隧洞,其排水能力可由下式计算(见图 4.5.2-2):

$$Q = \frac{1.36K(2H - S_w)S_w}{\lg \dfrac{d}{\pi r_w} + \dfrac{1.36b_1b_2}{d}} \tag{4.5.2-1}$$

式中　Q——单井涌水量,m³/d;

　　　K——渗透系数,m/d;

　　　H——水头或潜水含水层厚度,m;

　　　S_w——排水孔中水位降深,m;

　　　d——井距之半,m;

　　　r_w——井半径,m;

　　　b_1——井排至排泄边界的距离,m;

　　　b_2——井排至补给边界的距离,m。

4.5.2.3　对于规模小、滑面埋深较浅的滑坡,采用支撑盲沟排除滑坡体地下水,具有施工简便、效果明显的优点,并可起到抗滑支撑的作用。

　　1. 支撑盲沟长度计算

　　采用公式为:

$$L = \frac{K_s T\cos\alpha - T\sin\alpha\tan\varphi}{\gamma hb\tan\varphi} \tag{4.5.2-2}$$

式中　L——支撑盲沟长度，m；

　　　　T——作用于盲沟上的滑坡推力，kN；

　　　　α——支撑盲沟后的滑坡滑动面倾角，
　　　　　　　（°）；

　　　　h、b——支撑盲沟的高、宽，m；

　　　　γ——盲沟内填料容量，采用浮容量，
　　　　　　　kN/m³；

　　　　φ——盲沟基础与地基内摩擦角，（°）；

　　　　K_s——设计安全系数，取值1.3。

2. 支撑盲沟排除地下水的出水量计算

（1）当设计盲沟长度大于50 m时：

$$Q = LK\frac{H^2 - h^2}{2R} \qquad (4.5.2\text{-}3)$$

式中　Q——盲沟出水量，m³/d；

　　　　L——盲沟长度，m：

　　　　K——渗透系数，m/d；

　　　　H——含水层厚度，m；

　　　　h——动水位至含水层底板的高度，m；

　　　　R——影响半径，m。

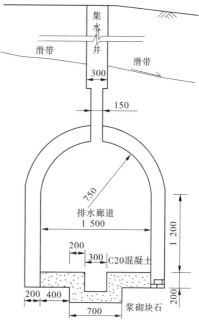

图4.5.2-2　滑坡地下排水廊道

剖面示意图　（单位：mm）

（2）当设计盲沟长度小于50 m时：

$$Q = 0.685K\frac{H^2 - h^2}{\lg\dfrac{R}{0.25L}} \qquad (4.5.2\text{-}4)$$

4.5.3　土地平整区排水工程

土地平整区排水工程应根据治理后的用地要求，分别满足其排渍标准和排涝标准。

4.5.3.1　排水明沟

1. 沟系布置

（1）根据土地平整工程规模，治理区内宜布置2～3级固定排水明沟，各级排水明沟宜相互垂直布置，排水线路宜短而直。

（2）排水沟宜布置在低洼地带，并尽量利用天然河沟和原有排水沟作为骨干排水沟，以减少工程量，并维护生态系统的稳定。

（3）排水沟出口应尽量采用自排方式。治理区内高差较大，部分地块具备自流条件时，应考虑分片排水。

（4）排水明沟可与边坡或其他形式的排水设施结合布置，如结合坡面排洪沟、截水沟布置。

（5）绿地排水采用明沟排水时，明沟的沟底不得低于附近水体的高水位。

2. 间距与深度

排水沟的间距与深度应满足排涝要求，参考《河南省土地开发整理工程建设标准》，

按相应的排水标准设计并经综合分析确定。

3. 纵横断面

(1)土质排水沟宜采用梯形或复式断面,石质排水沟可采用矩形断面。

(2)排水沟应保证设计排水能力,设计水位距地面(或堤顶)不少于0.20 m。

(3)土质排水沟边坡系数应满足稳定性要求。最小边坡系数宜符合表4.5.3-1的标准。淤泥、流沙地段的排水沟边坡系数应适当加大。

表4.5.3-1　土质排水沟最小边坡系数

土质	排水沟开挖深度(m)		
	≤1.50	1.50～2.50	>2.50
黏土、重壤土	1.00	1.25～1.50	1.50～2.00
中壤土	1.50	1.75～2.00	2.00～2.50
轻壤土、砂壤土	1.75	2.00～2.50	2.50～3.00
砂土	2.00	2.50～3.00	3.50～4.00

(4)排水沟沟底比降应满足上下级水位衔接及不冲不淤要求,宜与沟道沿线地面坡度接近。

4. 边坡防护

(1)对于土壤砂粒含量过大的土质排水沟和边坡易于受到水力侵蚀区域的排水沟,宜选用衬砌防护(无砂混凝土、混凝土网格、坡脚防护等)、生物护坡等措施。

(2)低山丘陵区梯田排水沟在田坎处宜布设跌水。

4.5.3.2　排水暗管

暗管排水具有占地少、排水效果好的特点,适于经济条件较好、土地紧张的地区。暗管排水可以方便利用集水管的控制设备调节地下水位,能够根据作物不同生育阶段的要求,对地下水位进行调控。

1. 系统布置

(1)集水管或明沟宜顺地面坡向布置,与吸水管(埋设的最末一级暗管)管线夹角不应小于30°,且集排通畅。各级排水暗管的首端与相应上一级灌溉渠道的距离不宜小于3 m。

(2)下列位置应设置检查井:吸水管长度超过200 m或集水管长度超过300 m处;集水管穿越道路或渠沟时,道路或渠沟两侧;集水管纵坡变化处;集水管与吸水管连接处。检查井间距不宜小于50 m,井径不宜小于800 mm。井的上一级管底应高于下一级管顶。井内应预留0.30～0.50 m的沉沙深度。明式检查井顶部应加盖保护,暗式检查井顶部覆土厚度不宜小于0.50 m。

(3)暗管排水进入明沟处应采取防冲措施。

(4)暗管排水系统的出口宜采用自排方式。暗管可与浅密明沟结合布置,构成复合式排水网络。

2. 埋深与间距

(1)吸水管埋深应满足控制地下水埋深的要求。

(2)吸水管埋深与间距宜符合表4.5.3-2的规定。

表 4.5.3-2　吸水管埋深与间距 （单位:m）

吸水管埋深	吸水管间距		
	黏土、重壤土	中壤土	轻壤土、砂壤土
0.80 ~ 1.30	10 ~ 20	20 ~ 30	30 ~ 50
1.30 ~ 1.50	20 ~ 30	30 ~ 50	50 ~ 70
1.50 ~ 1.80	30 ~ 50	50 ~ 70	70 ~ 100
1.80 ~ 2.30	50 ~ 70	70 ~ 100	100 ~ 150

（3）吸水管实际选用的内径不得小于 50 mm,集水管实际选用的内径不得小于 80 mm。在集水管的汇流面积较大、长度较长的情况下,可分段采用不同内径的管道。

（4）绿地排水管道施工时,排水管道的坡度必须符合设计要求,管道标高偏差不应大于 ±10 mm;管道连接要求承插口或套箍接口平直,环形间隙均匀。灰口应密实、饱满,抹带接口表面应平整,无间断和裂缝、空鼓现象;排水管道覆土深度应根据雨水井与连接管的坡度、冰冻深度和外部荷载确定,覆土深度不宜小于 0.50 m。

4.5.4　斜坡坡面排水、截水工程

4.5.4.1　坡面排水工程设计结合工程地质、水文地质条件及降雨条件,制订地表排水、地下排水或二者相结合的方案。

4.5.4.2　坡面排水的合理布置,应有利于将溪流直接引离边坡,并通过坡内排水设施截走地下水。在边坡坡顶、坡面、坡脚和水平台阶处应设排水系统。可根据工程需要在坡顶设置截水沟,保证上部集水面积的汇流不对边坡露采面形成冲刷,另外,在边坡平台上也应设置截水沟。坡面排水还应在坡面上设置横向或纵向排水沟。为避免水流方向的突然改变,在坡面上设置急流槽。为使边坡具有防冲蚀能力,可设置多级跌水等。

4.5.4.3　排水沟渠纵坡坡度和出水口间距的设计,应使沟内水流的流速不超过沟渠最大允许流速,超过时应对沟壁采取冲刷防护措施。

4.5.4.4　排水沟渠,宜用浆砌片石或块石砌成;地质条件较差时,如坡体松软段,可用毛石混凝土或素混凝土修建。砌筑排水沟渠砂浆的标号,宜用 M7.5 ~ M10。对坚硬块片石砌成的排水沟渠,可用比砌筑砂浆高一级标号的砂浆进行勾缝,且以勾阴缝为主。毛石混凝土或素混凝土的标号,宜用 C15 ~ C20。

4.5.4.5　为防止沟渠淤塞,沟底纵坡坡度一般不宜小于 0.50%。

4.5.4.6　沟渠的顶面高度应高出设计水位 0.10 ~ 0.20 m。

4.5.4.7　陡坡和缓坡段沟底及边墙,应设伸缩缝,缝间距 10 ~ 15 m。伸缩缝处的沟底,应设齿前墙,伸缩缝内应设止水或反滤盲沟,或两者同时采用。

4.5.4.8　布置排水设施时应考虑将来维修的方便。

4.6　道路工程

4.6.1　一般要求

4.6.1.1　道路类型

治理区道路可分为一级道路、二级道路和生产路。其中,一级道路是项目区内连接村庄或从项目区外主干道进入项目区的道路,供机械、物资和产品运输通行的道路,属于项目区内的主干道路;二级道路是连接生产路与一级道路,起到衔接贯通作用的道路,属于项目区内的次干道路;生产路直接面向区内生产,为区内作业服务,属于项目区内基本道路。

4.6.1.2　道路布置

1. 道路应方便治理区生产以及整治区工程养护,有利于机械化操作,改善项目区内的交通条件。

2. 各级道路应相互衔接,功能协调,形成路网。一、二级道路宜沿斗渠一侧布置;生产路应根据治理区布置情况,沿末级固定排水沟渠一侧布置。

4.6.1.3　路网密度

一、二级道路路网密度不宜超过 3.00 km/km^2,生产路路网密度不宜超过 8.00 km/km^2。

4.6.1.4　治理区用于风景旅游区建设时,绿化区的道路建设参照园路建设标准。

4.6.2　治理区道路

4.6.2.1　治理区道路路面、路肩和路基宽度应符合表 4.6.2-1 的规定。

表 4.6.2-1　路基、路面建设指标

道路等级	一级道路	二级道路	生产路
路面宽度(m)	5.00~6.00	3.00~4.00	1.00~2.00
路肩宽度(m)	0.50	0.50	——
路基宽度(m)	6.00~7.00	4.00~5.00	1.00~2.00

4.6.2.2　一、二级道路纵坡宜根据地形条件合理确定,最大纵坡不宜超过8%;田间道最小纵坡以满足雨雪水排除要求为准,宜取 0.30%~0.40%。

4.6.2.3　路基应采用稳定性好的材料填筑,路肩边缘应高出路基两侧地面高程 0.50 m以上。路肩宜采用适当形式硬化处理或素土夯实。

4.6.2.4　一级道路路面可采用水泥混凝土路面或沥青碎石路面,二级道路路面宜采用砂石路面。路面基层宜采用水泥稳定碎石、二灰碎石等半刚性材料,也可采用水泥稳定粒料(土)、石灰粉煤灰稳定土、石灰稳定粒料(土)、填隙碎石或其他适宜的当地材料铺筑。

4.6.2.5　采用水泥混凝土路面时,面层厚度宜为180~220 mm,基层填筑厚度宜为160~200 mm;采用沥青碎石路面时,面层厚度宜为30~50 mm,基层填筑厚度宜为160~200 mm;采用砂石路面时,面层填筑厚度宜为150~200 mm,基层填筑厚度宜为150~200 mm。

4.6.3　园路建设

4.6.3.1　园路建设以步行道为主。步行道最小宽度宜允许两人交叉通过。宽阔步行道应设置路障,不允许车辆通行。

4.6.3.2　如因养护或其他需要,区内部分道路可允许通车,该部分路面结构及弯道半径必须满足通行的车辆要求,不能环行的车行道路必须有回车场地。

4.6.3.3　弯曲道路应有适当措施避免游人截弯取直,破坏草皮、地被植物或灌木。

4.6.3.4　定桩放线应依据设计的路面中线,每隔 20 m 设置一中心桩,应在道路曲线起点、中点、终点各设一中心桩,并写明标号后,以中心桩为准,按路面宽度定下边桩,最后放出路面平曲线。各中心桩应标注道路标高。

4.6.3.5 开挖路槽应按设计路面宽度,每侧加放 200 mm 开槽,槽底应夯实或碾压,不得有翻浆、弹簧现象。槽底平整度的误差,不得大于 20 mm。

4.6.3.6 铺筑基层,应按设计要求备好铺装材料,虚铺厚度宜为实铺厚度的 140% ~ 160%,碾压夯实后,表面应坚实平整。铺筑基层的厚度、平整度、中线高程均应符合设计要求。

4.6.3.7 铺筑结合层可采用 1:3 白灰砂浆,厚度 25 mm,或采用粗砂垫层,厚度 30 mm。

4.6.3.8 道路表面宜平整抗滑。道路标高应和地面相适应,并宜略低于两旁地面。道路横断面坡度不宜陡于 1/35。

4.6.3.9 道牙的基础应与路槽同时填挖碾压,结合层可采用 1:3 白灰砂浆铺砌。道牙接口处应以 1:3 水泥砂浆勾缝,凹缝深 5 mm。道牙背后应以 12% 白灰土夯实。凡采用自然块石作侧石的,侧石边线及侧石面标高须基本平整,不得有锐利尖角凸出。块面短边大于 0.20 m 时,侧石面标高允许有高差,但块石顶面需平整。

5　植被恢复

5.1　一般规定

5.1.1 一般土壤处理:对场地进行平整,清除灰渣、石块、树根等杂物,并保证排水畅通;对缺乏土壤的露采场和排土场、废石渣场应覆盖客土(或留存的表土),覆土厚度对于灌草不小于 30 cm,对于乔木和经济林用地不小于 50 cm。

5.1.2 土壤改良:对已受污染不适宜农作物、树木或草、灌木生长的矿区土壤,原则上要进行改良,尽量更换肥沃土壤,最好是 pH 值在 6 ~ 8 的壤土。覆土时利用自然降水、机械压实等方法让土壤沉降,使土壤保持一定的紧实度。

5.1.3 岩质边坡土壤处理:岩质边坡土壤瘠薄,应清除坡面浮土及松动石块,结合工程措施沿等高线挖种植槽,在槽内覆客土种植。

5.1.4 应优先采用适应环境能力强的,适合当地生长的乡土树种和草种,或景观设计所需的树种和草种。

5.1.5 有一定厚度土层的坡面植被恢复应与造林护坡和种草护坡结合,宜优先采用人工直接种植灌、乔木和草本植物恢复植被,没有特殊景观要求时,宜乔草、灌草或乔灌草相结合。

5.1.6 在坡比小于 1:0.3 的岩质陡坡面上可采用穴植灌木、藤本植物恢复植被。用工程措施沿边坡等高线挖种植穴(槽),利用常绿灌木的生物学特点和藤本植物的上爬下挂特点,按照设计的栽培方式在穴(槽)内栽植,从而发挥其生态效益和景观效益。

5.1.7 对于交通干线、城镇可视围内,坡比为 1:(1.0~0.75)的土层瘠薄的岩质边坡,应分台阶、格架绿化。

5.1.8 对于坡比为 1:(1.0~0.25)的非光滑岩质坡面,可采用喷植生技术恢复植被。

5.1.9 露采矿山边坡植被恢复工程必须在消除边坡地质灾害隐患,确保边坡稳定的前提下实施。

5.1.10　露采矿山边坡植被恢复应使治理后的效果与周边自然环境相协调。

5.1.11　依据矿山现状,结合自然条件、土地利用与环境整治要求,合理确定整治技术方法。

5.1.12　因地制宜,量力而行,综合治理。对于露采边坡局部岩面完整稳定、有一定欣赏或保存价值的区域,予以自然裸露,根据需要,辅以摩岩石刻或雕塑等加以修饰。

5.1.13　尽量采用最新的技术和方法,体现国际国内最新的成果和水平。

5.1.14　突出生态环境和社会效益,兼顾经济效益,坚持经济效益、社会效益、生态效益相统一的原则。

5.2　覆土土壤

5.2.1　土壤环境质量分类和标准分级

土壤环境质量分类和标准分级依据《土壤环境质量标准》(GB 15618—2008)。

5.2.1.1　土壤环境质量分类

根据土壤应用功能和保护目标,划分为三类:

Ⅰ类主要适用于国家规定的自然保护区(原有背景重金属含量高的除外)、集中式生活饮用水源地、茶园、牧场和其他保护地区的土壤,土壤质量基本上保持自然背景水平;

Ⅱ类主要适用于一般农田、蔬菜地、茶园、果园、牧场等土壤,土壤质量基本上对植物和环境不造成危害和污染;

Ⅲ类主要适用于林地土壤及污染物容量较大的高背景值土壤和矿产附近等地的农田土壤(蔬菜地除外),土壤质量基本上对植物和环境不造成危害和污染。

5.2.1.2　标准分级

一级标准:为保护区域自然生态,维持自然背景的土壤环境质量的限制值;

二级标准:为保障农业生产,维护人体健康的土壤限制值;

三级标准:为保障农林业生产和植物正常生长的土壤临界值。

5.2.1.3　各类土壤环境质量执行标准的级别规定如下:

Ⅰ类土壤环境质量执行一级标准;

Ⅱ类土壤环境质量执行二级标准;

Ⅲ类土壤环境质量执行三级标准。

5.2.1.4　标准值

土壤环境质量标准值,见附录 E。

5.2.1.5　土壤监测分析方法

土壤监测分析方法参照《土壤环境质量标准》(GB 15618—2008)。

5.2.2　种植土的选用与处理

5.2.2.1　用于露采矿山植被恢复的种植土,在使用前应按照不同分区植被生长的需要,按照相应的土壤环境质量分类和标准分级进行检测,对不合格的种植土予以降级使用,并进行改良或更换处理。

5.2.2.2　种植土应尽可能选用施工区周边的含腐殖质及物理性能良好的表土,避免使用强酸性土壤和湿地中的含还原性有害物质的土壤。

5.2.2.3 酸性土壤改良可直接使用 Ca^{2+} 进行酸性矫正,中和剂有 CaO（69% ～70%）、$CaCO_3$（53%）和 $Ca(HCO_3)_2$。

5.2.2.4 碱性土的改良主要通过排灌水、防止蒸发、增加腐殖质和酸性肥料等措施解决,对偏干气候及含有 $CaCO_3$ 的土壤,加入石膏进行中和矫正。

5.2.3 肥料

5.2.3.1 露采矿山植被恢复工程中,应利用施肥和客土等进行土壤改良。

5.2.3.2 各类植物对养分元素的需求不一,为了使草本、木本植物混播并顺利生长,应通过肥料的配比施肥来促成混播的成功。并根据混合植物种类的生物生理特性,进行生长基础和后期施肥的肥料设计。

5.2.3.3 避免肥害。

5.3　植被

包括种植类型、树种选择、种子、苗木、种植密度、栽植方法、混交林植物构成比例、养护方法、成活率等。

5.3.1　植物选择原则

5.3.1.1 因地制宜,根据整治的需要,明确植被恢复工程植物群落的发展方向,合理建立植物群落,确定适宜的治理目标。

5.3.1.2 选择植物生物学、生态学特性与立地条件相适应,适应当地的气候条件,适应当地的土壤条件(水分、pH 值、土壤性质等),稳定性好、抗性强的植物。

5.3.1.3 适地适树(草),以地带性植被、乡土植物为主,适当引进外来植物。需要引进外来树种时,应选择经引种试验并达到《林木引种》(GB/T 14175)标准的树种。

5.3.1.4 乔、灌、藤、草相结合,丰富生物多样性,构建立体生态防护体系,更贴近自然景色。

5.3.2　设计要求

5.3.2.1 根据总体设计等规划设计文件及造林作业区调查情况,做出如下设计:林种、树种(草种),苗木、插条、种子的数量、来源、规格及其处置与运输要求,造林种草方式方法与作业要求,乔灌木树种与草本、藤本植物的栽植配置(结构、密度、株行距、行带的走向等),整地方式与规格,整地与栽植(直播)的时间。

5.3.2.2 进行种苗需求量计算,根据树种配置与结构、株行距及造林作业区面积计算各树种的需苗(种)量,落实种苗来源。

5.3.3　质量要求

5.3.3.1 种植材料应根系发达、生长苗壮、无病虫害,规格及形态应符合设计要求。

5.3.3.2 苗木挖掘、包装应符合现行行业标准《城市绿化和园林绿地用植物材料　木本苗》(CJ/T 24—1999)等的规定。

5.3.3.3 乔木的质量标准:树干挺直,不应有明显弯曲,小弯曲也不得超出两处,无蛀干害虫和未愈合的机械损伤。分枝点高度 2.50 ～2.80 m。树冠丰满,枝条分布均匀,无严重病虫危害,常绿树叶色泽正常。根系发育良好,无严重病虫危害,移植时根系或土球大小应为苗木胸径的 8 ～10 倍。

5.3.3.4 灌木的质量标准:根系发达,生长苗壮,无严重病虫危害,灌丛匀称,枝条分布合理,高度不得低于1.50 m,丛生灌木枝条至少在4～5根以上,有主干的灌木主干应明显。

5.3.3.5 绿篱苗的质量标准:针叶常绿树苗高度不得低于1.20 m,阔叶常绿树苗高度不得低于0.50 m,苗木应树型丰满,枝叶茂密,发育正常,根系发达,无严重病虫危害。

5.3.3.6 播种用的草坪、草花、地被植物种子均应注明品种、品系、产地、生产单位、采收年份、纯净度及发芽率,不得有病虫害。外地引进种子应有检疫合格证。发芽率达90%以上方可使用。

5.3.3.7 矿区废弃地植树造林树种选择、树种配置、栽植密度等技术要求参照《造林技术规程》(GB/T 15776—2006)。

5.3.4 种植要求

5.3.4.1 种植前土壤处理

1. 种植或播种前应对该地区的土壤理化性质进行化验分析,采取相应的消毒、掩肥和客土等措施。

2. 植物生长所必需的最低种植土层厚度应符合表5.3.4-1的规定。

表5.3.4-1　植物生长必需的最低种植土层厚度

植被类型	草本花卉	草坪地被	小灌木	大灌木	浅根乔木	深根乔木
土层厚度(m)	0.30	0.30	0.45	0.60	0.90	1.50

3. 种植地的土壤含有建筑废土及其他有害成分,以及强酸性土、强碱性土、盐土、盐碱土、重黏土、砂土等,均应根据设计规定,采用客土或采取改良土壤的技术措施。

4. 绿地应按设计要求构筑地形。对草坪种植地、花卉种植地、播种地应施足基肥,翻耕0.25～0.30 m,耧平耙细,去除杂物,平整度和坡度应符合设计要求。

5.3.4.2 种植穴、槽的挖掘

1. 种植穴、槽挖掘前,应向有关单位了解地下管线和隐蔽物埋设情况。

2. 种植穴、槽的定点放线应符合下列规定:

(1)种植穴、槽定点放线应符合设计图纸要求,位置必须准确,标记明显。

(2)种植穴定点时应标明中心点位置。种植槽应标明边线。

(3)定点标志应标明树种名称(或代号)、规格。

(4)行道树定点遇有障碍物影响株距时,应与设计单位取得联系,进行适当调整。

3. 种植穴、槽的大小,应根据苗木根系、土球直径和土壤情况而定。穴、槽必须垂直下挖,上口下底相等,规格应符合表5.3.4-2～表5.3.4-6的规定。

表5.3.4-2　常绿乔木类种植穴规格　　　　　　　　(单位:m)

树高	土球直径	种植穴深度	种植穴直径
1.50	0.40～0.50	0.50～0.60	0.80～0.90
1.50～2.50	0.70～0.80	0.80～0.90	1.00～1.10
2.50～4.00	0.80～1.00	0.90～1.10	1.20～1.30
4.00以上	1.00以上	1.20以上	1.80以上

表5.3.4-3 落叶乔木类种植穴规格

胸径(mm)	种植穴深度(m)	种植穴直径(m)	胸径(mm)	种植穴深度(m)	种植穴直径(m)
20~30	0.30~0.40	0.40~0.60	50~60	0.60~0.70	0.80~0.90
30~40	0.40~0.50	0.60~0.70	60~80	0.70~0.80	0.90~1.00
40~50	0.50~0.60	0.70~0.80	80~100	0.80~0.90	1.00~1.10

表5.3.4-4 花灌木类种植穴规格 （单位:m）

冠径	种植穴深度	种植穴直径
2.00	0.70~0.90	0.90~1.10
1.00	0.60~0.70	0.70~0.90

表5.3.4-5 竹类种植穴规格 （单位:m）

种植穴深度	种植穴直径
盘根或土球深0.20~0.40	比盘根或土球大0.40~0.60

表5.3.4-6 绿篱类种植槽规格 （单位:m）

苗高	种植方式(深×宽)	
	单行	双行
0.50~0.80	0.40×0.40	0.40×0.60
1.00~1.20	0.50×0.50	0.50×0.70
1.20~1.50	0.60×0.60	0.60×0.80

4. 在土层干燥地区应于种植前浸穴。

5. 挖穴、槽后,应施入腐熟的有机肥作为基肥。

5.3.4.3 苗木运输和假植

1. 苗木运输量应根据种植量确定。苗木运到现场后应及时栽植。

2. 苗木在装卸车时应轻吊轻放,不得损伤苗木和造成散球。

3. 起吊带土球(台)小型苗木时,应用绳网兜土球吊起,不得用绳索缚捆根颈起吊。质量超过1 t的大型土台,应在土台外部套钢丝缆起吊。

4. 土球苗木装车时,应按车辆行驶方向,将土球向前、树冠向后码放整齐。

5. 裸根乔木长途运输时,应覆盖并保持根系湿润。装车时应顺序码放整齐;装车后应将树干捆牢,并应加垫层防止磨损树干。

6. 花灌木运输时可直立装车。

7. 装运竹类时,不得损伤竹竿与竹鞭之间的着生点和鞭芽。

8. 裸根苗木必须当天种植。裸树苗木自起苗开始,暴露时间不宜超过8 h。当天不能种植的苗木,应进行假植。

9. 带土球小型花灌木运至施工现场后,应紧密排码整齐,当日不能种植时,应喷水保持土球湿润。

10. 珍贵树种和非种植季节所需苗木,应在合适的季节起苗,并用容器假植。

5.3.4.4 苗木种植前的修剪

1. 种植前应进行苗木根系修剪,宜将劈裂根、病虫根、过长根剪除,并对树冠进行修剪,保持地上地下平衡。

2. 乔木类修剪应符合下列规定:

(1)具有明显主干的高大落叶乔木应保持原有树形,适当疏枝,对保留的主侧枝应在健壮芽上短截,可剪去枝条的 1/5 ~ 1/3。

(2)无明显主干、枝条茂密的落叶乔木,对干径 0.10 m 以上树木,可疏枝保持原树形;对干径为 0.05 ~ 0.10 m 的苗木,可选留主干上的几个侧枝,保持原有树形进行短截。

(3)枝条茂密具圆头形树冠的常绿乔木可适量疏枝。枝叶集生树干顶部的苗木可不修剪。具轮生侧枝的常绿乔木用作行道树时,可剪除基部 2 ~ 3 层轮生侧枝。

(4)常绿针叶树不宜修剪,只剪除病虫枝、枯死枝、生长衰弱枝、过密的轮生枝和下垂枝。

(5)用作行道树的乔木,定干高度宜大于 3 m,第一分枝点以下枝条应全部剪除,分枝点以上枝条酌情疏剪或短截,并应保持树冠原形。

(6)珍贵树种的树冠宜作少量疏剪。

3. 灌木及藤蔓类修剪应符合下列规定:

(1)带土球或湿润地区带宿土裸根苗木及上年花芽分化的开花灌木不宜修剪,当有枯枝、病虫枝时应予剪除。

(2)枝条茂密的大灌木,可适量疏枝。

(3)对嫁接灌木,应将接口以下砧木萌生枝条剪除。

(4)分枝明显、新枝着生花芽的小灌木,应顺其树势适当强剪,促生新枝,更新老枝。

(5)用作绿篱的乔灌木,可在种植后按设计要求整形修剪。苗圃培育成形的绿篱,种植后应加以整修。

(6)攀缘类和蔓性苗木可剪除过长部分。攀缘上架苗木可剪除交错枝、横向生长枝。

4. 苗木修剪质量应符合下列规定:

(1)剪口应平滑,不得劈裂。

(2)枝条短截时应留外芽,剪口应在留芽位置以上至少 10 mm。

(3)修剪直径 20 mm 以上大枝及粗根时,截口必须削平并涂防腐剂。

5.3.4.5 播种要求

1. 播种量设计

对于播种绿化,播种量随土壤及种子的性质不同而不同,不同的植物种子的发芽率与成活率不同。在不同的地质气候条件下,种子的发芽率与成活率也可能不同,应给予适当的修正,以达到期望的绿化效果。植物种子的播种量按下式计算:

$$W = \frac{G(1 + Q)}{SPB} \tag{5.3.4-1}$$

式中 W——每 1 m² 经发芽障凝修正后的播种量,g/m²;

G——期望成活株数,株$/m^2$;

S——平均粒数,粒$/g$;

P——种子纯度(%);

B——发芽率(播种前应自行鉴定)(%);

Q——发芽障凝修正值(%),参考表5.3.4-7取用。

表5.3.4-7　不同地质条件下发芽障凝修正值

地质条件	修正值 Q(%)	地质条件	修正值 Q(%)
砂砾石土壤	+20	特别潮湿地	+10
干旱地	+10	缓坡地	-10
特别干旱地	+20	高边坡	+20

2. 混播设计

护坡植物种采用多种种子混播更易于形成稳定的植物群落,混播的不同植物种必须考虑植物种间的生态生物型的搭配是否合理。对于护坡所用的外来植物种,一般混播4~6种牧草就可满足要求。

据植物种的多样性理论和种群的生态位原理,确定混播植物种的选型原则如下:

(1)每种植物种须满足坡面植物种的选型原则。

(2)一般应包括禾草本、灌木及小乔木的植物种。

(3)植物种的生物生态型要互相搭配,以便减少生存竞争的矛盾,如浅根与深根的配合、根茎型与丛生型的搭配等。

(4)不同植物种的发芽天数应尽可能相近,否则有可能造成发芽缓慢的植物种很快被淘汰。

(5)植物种的选择应结合坡面朝向(阴阳面)及坡面的坡度。

(6)一年后,坡面植被应以乔、灌木为主,根据植被种类,以8~12株$/m^2$为宜,并根据生长和发育情况进行适当间伐。

(7)坡面植被的常绿品种应占总数的1/3以上,以与周边自然环境相协调。

3. 种子预处理技术

大部分植物种子一般可直接播种使用且发芽率高,不需要进行处理,但对一些发芽困难的,则必须在喷播前进行种子预处理。

4. 河南省植被恢复常用的植物详见附录F。

5.3.4.6　草坪、花卉种植

1. 草坪种植应根据不同地区、不同地形选择播种、分株、茎枝繁殖、植生带、铺砌草块和草卷等方法。种植的适宜季节和草种类型选择应符合下列规定:

(1)冷季型草播种宜在秋季进行,也可在春、夏季进行。

(2)冷季型草分株栽植宜在春、夏、秋季进行。

(3)茎枝栽植暖季型草宜在夏季和多雨季节进行。

(4)植生带、铺砌草块或草卷,温暖地区四季均可进行,寒冷地区宜在春、夏、秋季进行。

　　2. 草坪播种应符合下列规定:

　　(1)选择优良种子,不得含有杂质,播种前应做发芽试验和催芽处理,确定合理的播种量。

　　(2)播种时应先浇水浸地,保持土壤湿润,稍干后将表层土耙细耙平后进行撒播,均匀覆土 3.00~5.00 mm 后轻压,然后喷水。

　　(3)播种后应及时喷水,水点宜细密均匀,浸透土层 80~100 mm,除降雨天气,喷水不得间断。亦可用草帘覆盖保持湿度,至发芽时撤除。

　　(4)植生带铺设后覆土、轻压、喷水,方法同播种。

　　(5)坡地和大面积草坪铺设可采用喷播法。

　　3. 草坪混播应符合下列规定:

　　(1)选择的两个以上草种应具有互为利用、生长良好、增加美观的功能。

　　(2)混播应根据生态组合、气候条件和设计确定草坪植物的种类与草坪比例。

　　(3)同一行混播应按确定比例混播在一行内,隔行混播应将主要草种播在一行内,另一草种播在另一行内。混合撒播应筑播种床育苗。

　　(4)分株种植应将草带根掘起,除去杂草后 5~7 株分为一束,按株距 0.15~0.20 m,呈"品"字形种植于深 60~70 mm 的穴内,再踏实浇水。

　　4. 茎枝繁殖宜取茎枝或匍匐茎的 3~5 个节,穴深应为 60~70 mm,埋入 3~5 枝,其露出地面宜为 30 mm,并踏实、灌水。

　　5. 铺设草块应符合下列规定:

　　(1)草块应选择无杂草、生长势好的草源。在干旱地掘草块前应适量浇水,待渗透后掘取。

　　(2)草块运输时宜用木板置放 2~3 层,装卸车时,应防止破碎。

　　(3)铺设草块可采取密铺或间铺。密铺应互相衔接不留缝,间铺间隙应均匀,并填以种植土。草块铺设后应滚压、灌水。

　　6. 各类花卉种植时,在晴朗天气、春秋季节、最高气温 25 ℃以下时可全天种植;当气温高于 25 ℃时,应避开中午高温时间。

　　7. 种植花苗的株行距,应根据植株高低、分蘖多少、冠丛大小决定。以成苗后不露出地面为宜。

　　8. 花苗种植时,种植深度宜为原种植深度,不得损伤茎叶,并保持根系完整。球茎花卉种植深度宜为球茎的 1~2 倍。块根、块茎、根茎类可覆土 30 mm。

　　9. 花卉种植后,应及时浇水,并应保持植株清洁。

　　10. 水生花卉应根据不同种类、品种习性进行种植。为适合水深的要求,可砌筑栽植槽或用缸盆架设水中,种植时应牢固埋入泥中,防止浮起。

　　11. 对漂浮类水生花卉,可从产地捞起移入水面,任其漂浮繁殖。

　　12. 主要水生花卉最适水深,应符合表 5.3.4-8 的规定。

表 5.3.4-8　水生花卉最适水深

类别	代表品种	最适水深(mm)	备注
沿生类	菖蒲、千屈菜	5～100	千屈菜可盆栽
挺水类	荷、宽叶香蒲	1 000 以内	
浮水类	芡实、睡莲	500～3 000	睡莲可水中盆栽
漂浮类	浮萍、风眼莲	浮于水面	根不生于泥土中

5.3.4.7　道路绿化

1. 道路绿化应以乔木为主,乔木、灌木、地被植物相结合。

2. 植物种植应适地适树并符合植物间伴生的生态习性,不适宜绿化的土质,应改善土壤进行绿化。

3. 道路绿地应根据需要配备灌溉设施,道路绿地的坡向、坡度应符合排水要求并与治理区内排水系统结合,防止治理内积水和水土流失。

4. 道路绿化应远近期结合,路侧绿带宜与相邻的治理区域其他绿地相结合。

5. 矿区废弃地治理后作为旅游风景区时,其园林景观路应配置观赏价值高、有地方特色的植物。在植物配置上应相互配合,并应协调空间层次、树形组合、色彩搭配和季节变化的关系。其绿化应结合自然环境,突出自然景观特色。

6　土壤污染修复

6.1　土壤污染的类型

6.1.1　重金属污染

重金属污染包括汞、镉、铬、铜、铅、锌、类金属砷、非金属氟等污染,受重金属污染的土壤不同程度地影响植物的正常生长。重金属不能为土壤微生物所分解,而易于积累,转化为毒性更大的化合物,可以通过食物链以有害浓度在人体内蓄积,严重危害人体健康,造成重大生理疾病乃至人员伤亡。

6.1.2　有机物污染

有机物污染包括有机农药、三氯乙醛、矿物油类、表面活性剂以及工矿企业排放的废水、废气、废渣等污染。有机污染物在土壤环境中通过复杂的环境行为进行吸附解吸、降解代谢,可以通过挥发、淋滤等方式进入其他环境体系中,被植物或农作物吸收后,通过食物链的传递、积累及放大作用,对人体健康危害极大。

6.2　土壤污染修复治理设计

6.2.1　重金属污染防治措施

6.2.1.1　通过农田水分调控,调节土壤 Eh 值来控制土壤重金属的毒性及生物有效性。

6.2.1.2　施用石灰、有机物质等改良剂,调节土壤 pH 值,同时可提供阴离子配位体,促使土壤中的重金属形成络合物和螯合物,降低重金属的活性和毒性。

6.2.1.3　对严重污染的土壤采取客土换填的方法进行治理,但该方法代价较高,不易大面积推广。

6.2.1.4 采用合适的超积累植物治理设计对土壤进行生物修复。

6.2.2 有机物污染治理设计

6.2.2.1 增施有机肥料,提高土壤对农药等有机物的吸附量,减轻农药对土壤的污染。

6.2.2.2 调控 Eh 值和 pH 值,加速农药及有机物的降解。若有机物降解过程是氧化反应或好氧微生物作用,则应适当提高土壤 Eh 值,若有机物降解是还原反应,则应降低土壤 Eh 值;大部分情况下提高 pH 值有利于有机物的降解。

6.3 土壤修复试验

土壤修复前要进行必要的室内及野外修复试验示范研究,达到修复技术方法先进、安全、经济可行。

7 地下含水层破坏治理

7.1 一般规定

7.1.1 含水层破坏类治理主要包括含水层顶底板结构破坏的治理,地下水水位下降、水量减少(或疏干)和水质污染的治理。

7.1.2 含水层顶底板结构破坏的治理

可采用防渗帷幕工程措施封堵含水层顶底板破坏处周围的含水层,避免含水层结构地下水的流失,治理恢复其隔水层功能,防渗帷幕工程技术要求按 DL/T 5199—2004 的有关规定。地表水可采用防渗铺垫措施减少渗漏。

7.1.3 地下水水位下降、水量减少(或疏干)的治理

可采用防渗帷幕拦截主要导水通道和对自然溢水井口封堵等堵截工程措施治理,减少含水层中地下水的溢出和防止地下水串层,减少疏干排水量。

7.1.4 水质污染的治理

7.1.4.1 可采用防渗帷幕措施封堵顶底板破坏处周围的含水层,防治受污染或不良水质的含水层与主要供水含水层串通。

7.1.4.2 可采用防渗辅垫方法防治采矿产生的有毒有害矿坑水、选矿尾水以及废石、废渣堆场、尾矿库区的淋滤水渗入主要供水含水层。

7.1.4.3 有毒有害矿坑水、选矿尾水以及废石、废渣堆场、尾矿库区的淋滤水和有毒有害废石、废渣、尾矿的治理和处置、管理应符合国家环境保护部门的规定和要求。

7.1.4.4 对已受到污染的地下水,要采取可行的修复措施进行水污染治理。

7.2 防渗帷幕

7.2.1 钻孔

7.2.1.1 帷幕灌浆孔的钻孔方法应根据地质条件和灌浆方法确定。当采用自上而下分段灌浆法、孔口封闭灌浆法时,宜采用回转式钻机和金钢石或硬质合金钻头钻进;当采用自下而上分段灌浆法时,可采用冲击回转式钻机或回转式钻机钻进。

7.2.1.2 灌浆孔位与设计孔位的偏差应不大于 10 cm,孔深应不小于设计孔深,实际孔位、孔深应有记录。

7.2.1.3 灌浆孔孔径应根据地质条件、钻孔深度、钻孔方法和灌浆方法确定。灌浆孔以较小直径为宜,但终孔孔径不宜小于 56 mm;先导孔、检查孔孔径应满足获取岩芯和孔内试验检测的要求。

7.2.1.4 帷幕灌浆孔应进行孔斜测量。垂直的或顶角小于 5°的帷幕灌浆孔,孔底的偏差不应大于表 7.2.1-1 的规定。如钻孔偏斜值超过规定,必要时应采取补救措施。

表 7.2.1-1 帷幕灌浆孔孔底允许偏差

孔深(m)	20	30	40	50	60	80	100
允许偏差(m)	0.25	0.50	0.80	1.15	1.50	2.00	2.50

对于双排或多排帷幕孔、顶角大于 5°的斜孔,孔底允许偏差值可适当放宽,但方位角的偏差值不应大于 5°。孔深大于 100 m 时,孔底允许偏差值应根据工程实际情况确定。深孔钻进时,应重点控制孔深 20 m 以内的偏差。

7.2.1.5 钻孔遇有洞穴、塌孔或掉块而难以钻进时,可先进行灌浆处理,再行钻进。如发现集中漏水或涌水,应查明情况、分析原因,经处理后再行钻进。

7.2.1.6 灌浆孔或灌浆段钻进结束后,应进行钻孔冲洗,孔底沉积厚度应不大于 20 cm。

7.2.1.7 当施工作业暂时中止时,孔口应妥善加以保护,防止流进污水和落入异物。

7.2.1.8 钻孔过程应进行记录,遇岩层、岩性变化,发生掉钻、坍孔、钻速变化、回水变色、失水、涌水等异常情况,应详细记录。

7.2.2 灌浆方法与灌浆方式

7.2.2.1 根据不同的地质条件和工程要求,帷幕灌浆可选用自上而下分段灌浆法、自下而上分段灌浆法、综合灌浆法或孔口封闭灌浆法。

7.2.2.2 根据灌注浆液和灌浆方法的不同,应相应选用循环式灌浆或纯压式灌浆。当采用循环式灌浆法时,射浆管出口距孔底应不大于 50 cm。

7.2.2.3 帷幕灌浆段段长一般可为 5~6 m,岩体完整时可适当加长,但最长不应大于 10 m;岩体破碎、孔壁不稳时,段长应缩短。混凝土结构和基岩接触处的灌浆段段长宜为 2~3 m。

7.2.2.4 采用自上而下分段灌浆法时,灌浆塞应阻塞在各灌浆段段顶以上 0.5 m 处,防止漏灌。

7.2.2.5 采用自下而上分段灌浆法时,如灌浆段的长度超过 10 m,则宜对该段采取补救措施。

7.2.2.6 混凝土与基岩接触段应先行单独灌注并待凝,待凝时间不宜少于 24 h,其余灌浆段灌浆结束后一般可不待凝。灌浆前孔口涌水、灌浆后返浆或遇地质条件复杂等情况时宜待凝,待凝时间应根据工程具体情况确定。

7.2.2.7 先导孔各孔段可在压水试验后及时灌浆,也可在全孔压水试验完成之后自下而上分段灌浆。

7.2.2.8 不论灌前透水率大小,各灌浆段均应按技术要求灌浆。

7.2.3 灌浆压力与浆液变换

7.2.3.1 灌浆压力应根据工程等级、灌浆部位的地质条件和承受水头等情况进行分析计算,并结合工程类比拟定。重要工程的灌浆压力应通过现场灌浆试验论证。在施工过程中,灌浆压力可根据具体情况进行调整。灌浆压力的改变应征得设计单位同意。

7.2.3.2 采用循环式灌浆时,灌浆压力表或记录仪的压力变送器应安装在灌浆孔孔口处的回浆管路上;采用纯压式灌浆时,压力表或压力变送器应安装在孔口处的进浆管路上;压力表或压力变送器与灌浆孔孔口的距离不宜大于 5 m。灌浆压力应保持平稳,测读压力波动的平均值,最大值也应予以记录。

7.2.3.3 根据工程情况和地质条件,灌浆压力的提升可采用分级升压法或一次升压法。

7.2.3.4 灌注普通水泥浆液时,浆液水灰比可分为 5、3、2、1、0.8、0.5 等六个比级,灌注时由稀至浓逐级变换。灌注细水泥浆液时,浆液水灰比可采用 2、1、0.6 或 1、0.8、0.6 三个比级。

7.2.3.5 根据工程情况和地质条件,也可灌注单一比级的稳定浆液,或混合浆液、膏状浆液等,其浆液的成分、配合比以及灌注方法应通过室内浆材试验和现场灌浆试验确定。

7.2.3.6 当采用多级水灰比浆液灌注时,浆液变换原则如下:

1. 当灌浆压力保持不变、注入率持续减小,或注入率不变而压力持续升高时,不得改变水灰比。

2. 当某级浆液注入量已达 300 L 以上,或灌浆时间已达 30 min,而灌浆压力和注入率均无改变或改变不显著时,应采用浓一级的水灰比。

3. 当注入率大于 30 L/min 时,可根据具体情况越级变浓。

7.2.3.7 灌浆过程中,灌浆压力或注入率突然改变较大时,应立即查明原因,采取相应的措施进行处理。

7.2.3.8 灌浆过程的控制也可采用灌浆强度值(GIN)等方法进行,其最大灌浆压力、最大单位注入量、灌浆强度指数、浆液配合比、灌浆过程控制和灌浆结束条件等,应通过试验确定。

7.2.4 灌浆结束与封孔

7.2.4.1 各灌浆段灌浆的结束条件应根据地质和地下水条件、浆液性能、灌浆压力、浆液注入量和灌浆段长度等确定。一般情况下,当灌浆段在最大设计压力下,注入率不大于 1 L/min 后,继续灌注 30 min,即可结束灌浆。当地质条件复杂、地下水流速大、浆液注入量较大、灌浆压力较低时,持续灌注的时间应延长;当岩体较完整、浆液注入量较小时,持续灌注的时间可缩短。

7.2.4.2 灌浆孔灌浆结束后,应使用水灰比为 0.5 的浆液置换孔内稀浆或积水,采用全孔灌浆法封孔。

7.2.5 搭接帷幕灌浆

7.2.5.1 搭接帷幕灌浆应布置在主帷幕连接部位,搭接帷幕孔的排数不宜少于主帷幕孔的排数,通常布置 2 排或 3 排,孔距宜与主帷幕灌浆孔一致,孔向水平或下倾,孔深应穿过主帷幕上游排。相应部位的上层主帷幕孔深入至下层灌浆隧洞底板高程以下应不小于 5 m。

7.2.5.2 搭接帷幕灌浆宜在隧洞围岩回填灌浆和固结灌浆完成后、主帷幕灌浆施工前进行,也可在主帷幕灌浆完成后进行。

7.2.5.3 搭接帷幕孔可采用风钻或其他类型的钻机钻进,终孔直径不宜小于 38 mm,孔位、孔向和孔深应满足设计要求。

7.2.5.4 搭接帷幕灌浆孔钻孔结束后,应使用水或压缩空气冲净孔内的岩粉、渣屑。灌浆前应使用压力水进行裂隙冲洗,冲洗时间至回水清净时止,或不大于 20 min。冲洗水压力可为灌浆压力的 80% ,并不大于 1 MPa。地质条件复杂或有特殊要求时,是否需要冲洗以及如何冲洗,宜通过现场试验确定。

7.2.5.5 可在各序孔中选取不少于 5% 的灌浆孔在灌浆前进行简易压水试验。简易压水试验可结合裂隙冲洗进行。

7.2.5.6 搭接帷幕灌浆可采用全孔一次灌浆法或分段灌浆法,纯压式灌浆,排内分为二序施工。

7.2.5.7 灌浆宜采用单孔灌浆的方法,在注入量较小地段,同一序灌浆孔也可并联灌浆,并联灌浆的孔数不宜多于 3 个。

7.2.5.8 搭接帷幕灌浆的压力一般可为 1.0 ~ 2.0 MPa,如在主帷幕灌浆之后施工,灌浆压力应取大值。

7.2.5.9 搭接帷幕灌浆的浆液水灰比可采用 2、1、0.8、0.5 四个比级,由稀至浓变换。

7.2.5.10 搭接帷幕灌浆结束条件为:灌浆段在最大设计压力下,注入率不大于 1 L/min 后,继续灌注 30 min。

7.2.5.11 搭接帷幕灌浆孔封孔可采用导管注浆法或全孔灌浆法。

　　1. 应尽快恢复灌浆,否则应立即冲洗钻孔,再恢复灌浆。若无法冲洗或冲洗无效,则应进行扫孔,再恢复灌浆。

　　2. 恢复灌浆时,应使用开灌比级的水泥浆进行灌注,如注入率与中断前相近,即可采用中断前水泥浆的比级继续灌注;如注入率较中断前减小较多,应逐级加浓浆液继续灌注;如注入率较中断前减小很多,且在短时间内停止吸浆,则应采取补救措施。

7.3 防渗铺垫

7.3.1 防渗结构

7.3.1.1 防渗结构宜包括防渗材料的上下垫层、上垫层上部的防护层、下垫层下部的支持层和排水、排气设施(见图 7.3.1-1)。

7.3.1.2 防渗结构应根据工程性质、类别、重要性和使用条件等确定。

7.3.1.3 防护层的材料可采用压实土料、砂砾料、水泥砂浆、干砌块石、浆砌块石或混凝土板块等。对以下情况可以不设防护层:

　　1. 防渗材料位于主体工程内部。

　　2. 防渗材料有足够的强度和抗老化能力,且有专门管理措施。

　　3. 防渗材料用作面层,更换面层在经济上比较合理。

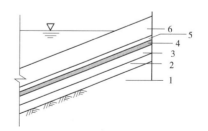

1—坡面线;2—支持层;3—下垫层;
4—土工膜;5—上垫层;6—防护层

图 7.3.1-1　防渗结构

7.3.1.4 上垫层材料可采用砂砾料、无砂混凝土、沥青混凝土、土工织物或土工网等。对以下情况可不设上垫层：

1. 防护层为压实细粒土,且有足够的厚度。

2. 选用复合土工膜。

7.3.1.5 下垫层材料可采用压实细粒土、土工织物、土工网、土工格栅等。对以下情况可不设下垫层：

1. 基底为均匀平整细粒土体。

2. 选用复合土工膜、土工织物膨润土垫(GCL)或防排水材料。

7.3.1.6 排水、排气设施,可采用逆止阀、排水管和纵、横排水沟等。当采用土工织物复合土工膜时,可不设排水、排气系统。

7.3.2 工程防渗设计与施工

7.3.2.1 工程防渗的要求应符合国家现行有关工程防渗方面的标准、规范的规定。

7.3.2.2 生活垃圾、工业垃圾和有毒废料填埋场(坑)防渗层的设计,应符合以下规定：

1. 当填埋物无毒时,可采用单层防渗结构;当填埋物有毒时,应采用双层防渗结构。

2. 膜的厚度不应小于0.75 mm,并应具有较大延伸率。膜和焊接剂应通过试验检验。

3. 采用单层防渗结构(见图7.3.2-1)时,膜应覆盖底面及坑壁。

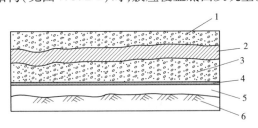

1—废料;2—保护层;3—砂砾石;4—土工膜;5—细粒土;6—地基土

图7.3.2-1 单层防渗结构

4. 当采用双层防渗结构(见图7.3.2-2)时,膜应覆盖底面及坑壁。主土工膜层以上为淋滤液汇集层。主、副膜之间为淋滤液检测层。

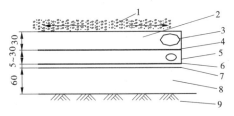

1—废料;2—砂层;3—淋滤液汇集管;4—主土工膜;

5—检测管;6—副土工膜;7—GCL;8—黏土;9—地基土

图7.3.2-2 双层防渗结构 (单位:mm)

5. 废料坑底部应设2%~4%坡度,并应设垂直竹道排除和检测淋滤液。

6. 废料坑顶应设封盖层。坑内和封盖的土工膜在地面应埋封(见图7.3.2-3)。

7.3.2.3 当采用土工膜作为防渗层,截断地下水流或地上水流时,应符合以下要求：

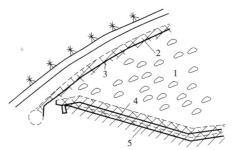

1—废料;2—GCL 或压实黏土;3—土工膜封盖;4—主土工膜;5—副土工膜

图 7.3.2-3 废料坑封盖土工膜的封固

1. 地下垂直防渗和地下截潜流采用的土工膜厚度不宜小于 0.25 mm,重要工程可采用复合土工膜或复合防排水材料,膜厚度不宜小于 0.5 mm。

2. 应根据地基土质的具体条件,选用成槽机具和固壁方法。

3. 铺膜后,应及时在膜两侧回填,并应防止下端绕渗。土工膜的上端应与地面防渗体连接。

4. 地上临时挡水坝宜用于高度不大于 4 m 的浅河床及滩地围堵。膜的强度应能承受相应的水压力,并采用耐老化、强度高的复合土工膜。

7.4 保护性开采

为最大限度地保护地下水资源,应积极采用"限高开采"、"条带开采"等保水采煤的开采技术,合理设计开采参数,精心组织生产,降低导水裂隙高度,减缓对含水层的影响程度。

7.5 含水层再造

进行地下矿体开采时,对由于采矿原因造成的顶底板隔水层破坏进行修复,具体措施为铺设一层有一定厚度和隔水能力的隔水层来实现上部、下部含水层的隔离,就可以使得含水层得到补给,含水量增加,重新达到开采前的状态。

隔水层材料:再造的隔水层要求具有完全的隔水能力,并且具有一定的柔性,可以抵抗因为采动而受到的破坏。同时还要具有长期的有效性。隔水层一般由颗粒半径极小的微粒组成,可以为塑性混凝土、水泥粉煤灰拌和物等,使用前需做室内试验或现场验证其隔水效果。

隔水层厚度:厚度较大时,会浪费材料,增加费用;厚度小时,就会达不到预期效果。因此,隔水层再造厚度应与采矿影响程度相匹配,必要时需进行现场试验。

7.6 地下水污染修复

7.6.1 地下水污染主要指人类活动引起地下水化学成分、物理性质和生物学特性发生改变而使质量下降的现象。地下水污染划分为以下四个类型,即地表污(废)水排放和农耕活动造成的污染,石油、石油化工产品及采矿活动造成的污染,垃圾填埋场渗漏污染,以及地下水超采引起的污染。

7.6.2 目前地下水污染修复技术有物理修复技术、化学修复技术、生物修复技术及复合法修复技术。

7.6.2.1 物理修复技术指技术的核心原理或关键部分是以物理规律起主导作用的技术,主要包括以下几种方法:水动力控制法、流线控制法、屏蔽法、被动收集法、水力破裂处理法等。

7.6.2.2 化学修复技术指技术的核心流程使用化学原理的技术,归纳起来主要有两种方式,即有机黏土法和电化学动力法。

7.6.2.3 生物修复技术是指利用天然存在的或特别培养的生物(植物、微生物和原生动物),在可调控环境条件下将有毒污染物转化为无毒物质的处理技术,目前发展起来的主要是原位生物修复技术。

7.6.2.4 复合法修复技术是兼有以上两种或多种技术属性的污染处理技术,其关键技术同时使用了物理法、化学法和生物法中的两种或全部。

7.6.3 进行地下水污染修复时根据实际情况选用修复技术,必要时需进行现场试验,优化设计。各种修复技术的优缺点见表7.6.3-1。

表 7.6.3-1 各种技术的优缺点及适用范围

技术名称		优缺点	适用范围
物理法	水动力控制法	①设备简单,运行成本低廉;②在污染初期防止污染物扩散效果好;③修复效率高	①受当地水文地质条件限制;②对重度大于水的污染物质处理效果甚微
	流线控制法	①原理简单易懂,技术要求不高,运行成本低;②治理效率高,修复周期短	只能用于密度比水大的大批量有机物污染治理
	屏蔽法、被动收集法、水力破裂处理法	①成本低,原理简单;②地下水污染初期治理效果好	①只适用于污染范围较小的地区;②只对地下水中轻质污染物修复效果好
化学法	有机黏土法	①原理简单、易操作、成本低、吸附效果好;②对初期固定污染物效果明显;③永久消除地下水污染	生物降解速率比较慢
	电化学动力法	①不对当地土壤结构和地下所处的生态环境产生影响;②投资少、效率高;③安装操作容易;④不受当地水文地质条件限制	①适用于污染范围小的区域;②对吸附性不强的有机污染物修复效果不太理想
生物法	原位生物修复技术	①投资小,维护费用低;②操作简便;③对周围环境影响小;④修复效率高,可最大限度地降低污染物浓度,并且污染物可在原地被降解清除;⑤适用于其他技术不能应用的地区	①不能降解所有的有机污染物;②受介质渗透性的影响,可能会产生二次污染

8　地质景观工程

8.1　对地质景观工程设计,由于其专业性强,内容多,且由于矿山类型、地质条件、气候不同,其差异性较大,不宜在本技术要求中作出过细的说明,仅给出总体要求。

8.2　矿山地质环境恢复与治理工程中,对自然环境优美,具有观赏价值,有区位优势,交通方便的,可适当考虑地质景观工程设计,地质景观工程宜进行专项设计。矿山地质环境恢复与治理工程结束后,对具有观赏价值、科学研究价值的矿业遗迹,鼓励开发为矿山公园。

8.3　矿山公园建设要求

8.3.1　国内独具特色的矿床成因类型且具有典型、稀有及科学价值的矿业遗迹;

8.3.2　经过矿山地质环境恢复治理的废弃矿山或者部分矿段;

8.3.3　自然环境优美、矿业文化历史悠久;

8.3.4　区位优越,科普基础设施完善,具备旅游潜在能力;

8.3.5　必须与社会需求相协调,在引导经济转型、促进地方社会和经济发展中,起到积极作用;

8.3.6　土地权属清楚,矿山公园总体规划科学合理。

9　监　测

9.1　监测内容

监测内容包括矿山建设及采矿活动引发或可能引发的地面塌陷、地裂缝、崩塌、滑坡、泥石流、含水层破坏、地形地貌景观破坏等矿山地质环境问题及主要环境要素。同时对矿山地质环境恢复治理工程进行监测。

9.2　监测方法

9.2.1　地面塌陷和地裂缝的监测,可采用遥感、GPS、全站仪、伸缩性钻孔桩、钻孔深部应变仪、人工观测等方法监测;

9.2.2　崩塌、滑坡、泥石流的监测,按照 DZ/T 0221—2006 执行;

9.2.3　含水层破坏的监测,主要是定期测量井孔地下水位高程、埋深,矿坑排水量,泉水溢出量,地下水水质,地下水降落漏斗及疏干范围,可采用人工测量和自动监测仪测量等方法;

9.2.4　地形地貌景观破坏的监测,可采用人工现场量测、遥感解译等方法。

9.3　监测资料整理

9.3.1　监测资料应及时整理、建档。

9.3.1.1　对于手动记录的原始监测数据,应计算其长度、体积、压力等有关参数,并与其他有关资料如日期、监测点号、仪器编号、深度、气温等,以表格或其他形式记录下来,进行统一编号、建卡、归类和建档。

9.3.1.2　对于自动记录在穿孔纸带上的数据等资料,应及时检查并归类、建档。

9.3.1.3 对于全自动记录的数据,应及时进行数据拷贝,并编号存档。

9.3.2 应按规定间隔时间(日、旬、月、季、半年、年)对数据库内的监测数据等资料进行分析统计,计算特征值,如求和、最大值、最小值、平均值等,并分类建档。

9.3.3 按监测内容和方法分类,对各类监测资料分别进行人工曲线标定和计算机曲线拟合,编制相应的图件。

9.3.3.1 对绝对位移监测资料,应编制水平位移、垂向位移矢量图及累计水平位移、垂向位移矢量图,上述两种位移量叠加在一起的综合性分析图,位移(某一监测点或多测点水平位移、垂向位移等)历时曲线图。对相对位移监测资料,编制相对位移分布图、相对位移历时曲线图等。

9.3.3.2 对地面倾斜监测资料,应编制地面倾斜分布图、倾斜历时曲线图。对地下倾斜监测资料,应编制钻孔等地下位移与深度关系曲线图、变化值与深度关系曲线图及位移历时曲线图等。

9.3.3.3 对地声等物理量监测资料,应编制地声(噪声)总量与地应力、地温等历时曲线图和分布图等。

9.3.3.4 对地表水、地下水监测资料,应编制地表水水位流量历时曲线图、地下水水位历时曲线图、土体含水量历时曲线图、孔隙水压力历时曲线图、泉水流量历时曲线图。

9.3.3.5 对气象监测资料,应编制降水历时曲线图、气温历时曲线图、蒸发历时曲线图,以及不同雨强等值线图等。

9.3.3.6 为进行相关分析,还应编制如下图件:滑坡、崩塌变形位移量(包括相对的和绝对的)与降水量变化关系曲线图、变形位移量与地下水水位变化关系曲线图,倾斜位移量(包括地表的和地下的)与降水量变化关系曲线图、倾斜位移量与地下水水位变化关系曲线图;滑坡、崩塌区与泥石流固体物质分布区地下水水位、土体含水量、降水量变化关系曲线图,泉水流量与降水量变化关系曲线图,地表水水位、流量与降水量变化关系曲线图等。

9.3.4 编制监测报告,分为月报、季报和年报。

9.3.4.1 监测月、季报告反映主要监测数据和主要历时曲线及相关曲线图等,并对该时段内的地质环境进行综合分析评价。

9.3.4.2 监测年度报告的主要内容包括自然地理与地质概况,地质环境特征与成因和发展趋势,结论和建议。主要图、表包括地质图、监测点网布置图、各种监测资料分析图和数据表等。

10　标志碑

10.1　制作要求

治理工程结束后,在治理区入口醒目处设立标志碑,标志碑由基座与碑体组成,其中基座由混凝土预制而成,长 2.10 m,宽 0.80 m,高 0.60 m;碑体由整块灰岩石板或钢筋混凝土板刻制而成,长 1.60 m,厚 0.30 m,高 1.40 m。基座埋设于地面以下 0.5 m,基座座上部预制碑体镶嵌槽,槽长 1.62 m,宽 0.32 m,深 0.2 m,见图 10.1-1。

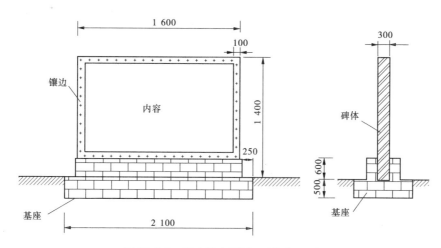

图 10.1-1　标志碑大样图（单位：mm）

10.2　内容要求

标志碑内容主要包括地质环境保护标志、工程名称、工程简介、项目组织实施单位、项目承担单位、建碑日期等。

11　设计成果

11.1　文字说明书

11.1.1　设计说明书编制按附录 G 执行。

11.1.2　矿山地质环境设计目标任务。根据矿山地质环境现状及存在的主要地质环境问题,提出地质环境恢复治理目标任务。

11.1.3　项目概况。简述交通位置、工程概况、自然地理、社会经济及地质环境条件,其中地质环境条件包括气象水文、地形地貌、地层岩性、地质构造、水文地质条件、工程地质条件等。

11.1.4　矿山地质环境问题。主要叙述地质环境现状、地质环境破坏程度及危害对象等。

11.1.5　矿山地质环境恢复治理设计。说明设计原则、依据,针对具体地质环境问题制定有针对性的恢复治理技术措施,结合设计图册对分项工程设计进行说明,同时对施工方法、工艺、注意事项、质量控制措施等进行详细说明。

11.1.6　保障措施。提出切实可行的组织保障、技术保障和资金保障措施,保障地质环境恢复治理工程的顺利实施。

11.1.7　效益分析。对矿山地质环境保护与治理恢复工程实施后所产生的社会效益、环境效益和经济效益进行客观的分析评价。

11.1.8　地质环境恢复治理工程预算。根据地质环境恢复治理工程量及工程技术手段,参照相关标准,进行经费预算。经费预算包括工程直接费用和间接费用。

11.2　制图标准

11.2.1　图件的一般要求

11.2.1.1　工作底图要采用最新的地理底图或地形地质图、矿区基岩地质图。如果收集到的工作底图较陈旧,地形地物变化较大,则应简单实测、修编;如果地形地质图是由小比例尺放大而得,也应进行修编。

11.2.1.2　成果图件应在充分利用已有资料与最新调查资料,深入分析和综合研究的基础上编制。要求报告编制人员必须亲临现场,取得最新的调查资料。

11.2.1.3　成果图件要求数字化成图,图形数据文件命名清晰,并与工程文件一起存储。

11.2.1.4　成果图件要符合有关要求,表示方法合理,层次清楚,清晰直观,图式、图例、注记齐全,读图方便。

11.2.1.5　成果图件比例尺最小为1:5 000,重要地段的成图比例尺(包括平面图和剖面图)原则上不得小于1:1 000。

11.2.2　图件要素

11.2.2.1　地理要素:包括主要地形等高线、控制点,地表水系、水库、湖泊的分布,重要城镇、村庄、工矿企业,干线公路、铁路、重要管线,人文景观、地质遗迹、供水水源地、岩溶泉域等各类保护区。

11.2.2.2　地质环境条件要素:包括矿区地貌分区、地层岩性(产状)、主要地质构造、水文地质要素(如井、泉分布)等。

11.2.2.3　主要矿山地质环境问题:采空区、地面塌陷、地裂缝、崩塌、滑坡、泥石流、含水层破坏、地形地貌景观破坏、土地资源破坏等的分布、规模,采矿固体废弃物堆放位置与规模,已治理的矿山地质环境问题类型及范围等。

11.2.2.4　工程部署:主要防治、监测工作的布置、措施与手段等。

11.2.2.5　专门图件(大样图)。

11.2.3　图件比例尺要求(按附录 H 执行)

11.3　附件要求

　　报告中的各项设计内容需进一步详细说明的,或服务于设计的专项报告,可以作为报告的附件形式单列。

附录 A 滑坡稳定性评价和推力计算公式

A.1 堆积层(包括土层)滑坡

A.1.1 滑动面为单一平面或圆弧形(见图 A.1)

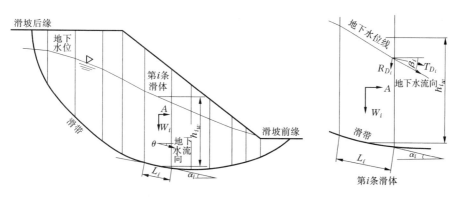

图 A.1 瑞典条分法(圆弧形滑动面)(堆积层滑坡计算模型之一)

1. 滑坡稳定性计算

$$K_f = \frac{\sum \{[W_i(\cos\alpha_i - A\sin\alpha_i) - N_{W_i} - R_{D_i}]\tan\varphi_i + C_iL_i\}}{\sum [W_i(\sin\alpha_i + A\cos\alpha_i) + T_{D_i}]} \quad (A.1)$$

其中,孔隙水压力

$$N_{W_i} = \gamma_w h_{i_w} L_i$$

即近似等于浸润面以下土体的面积 $h_{i_w}L_i$ 乘以水的容重 $\gamma_w(kN/m^3)$。

渗透压力产生的平行滑面分力 T_{D_i}:

$$T_{D_i} = \gamma_w h_{i_w} L_i \tan\beta_i \cos(\alpha_i - \beta_i) \quad (A.2)$$

渗透压力产生的垂直滑面分力 R_{D_i}:

$$R_{D_i} = \gamma_w h_{i_w} L_i \tan\beta_i \sin(\alpha_i - \beta_i) \quad (A.3)$$

式中 W_i——第 i 条块的重量,kN/m;

C_i——第 i 条块的内聚力,kPa;

φ_i——第 i 条块内摩擦角,(°);

L_i——第 i 条块滑面长度,m;

α_i——第 i 条块滑面倾角,(°);

β_i——第 i 条块地下水流向,(°);

A——地震加速度(重力加速度 g);

K_f——稳定系数。

若假定有效应力

$$\overline{N_i} = (1 - r_U)W_i\cos\alpha_i \quad (A.4)$$

其中 r_U 是孔隙压力比,可表示为:

$$r_U = \frac{滑体水下体积 \times 水的容重}{滑体总体积 \times 滑体容重} \approx \frac{滑体水下面积}{滑坡总面积 \times 2} \qquad (A.5)$$

简化公式:

$$K_f = \frac{\sum \{[W_i(1-r_U)\cos\alpha_i - A\sin\alpha_i - R_{D_i}]\tan\varphi_i + C_iL_i\}}{\sum [W_i(\sin\alpha_i + A\cos\alpha_i) + T_{D_i}]} \qquad (A.6)$$

2. 滑坡推力计算公式

对剪切而言:

$$H_s = (K_s - K_f)\sum(T_i\cos\alpha_i) \qquad (A.7)$$

对弯矩而言:

$$H_m = (K_s - K_f)/K_s \sum(T_i\cos\alpha_i) \qquad (A.8)$$

式中　H_s、H_m——推力,kN;

　　　K_s——设计的安全系数;

　　　T_i——条块重量在滑面切线方向的分力。

A.1.2　滑动面为折线形(见图 A.2)

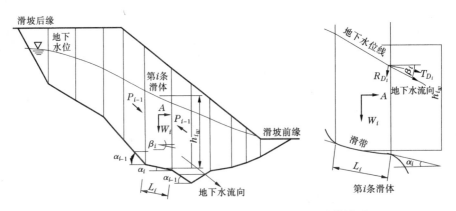

图 A.2　传递系数法(折线形滑动面)(堆积层滑坡计算模型之二)

1. 滑坡稳定性系数

$$K_f = \frac{\sum_{i=1}^{n-1}\{\{[W_i(1-r_U)\cos_i - A\sin\alpha_i - R_{Di}]\tan\varphi_i + C_iL_i\}\prod_{j=i}^{n-1}\psi_j\} + R_n}{\sum_{i=1}^{n-1}\{[W_i(\sin\alpha_i + A\cos\alpha_i) + T_{Di}]\prod_{j=i}^{n-1}\psi_j\} + T_n} \qquad (A.9)$$

其中　　　$R_n = [W_n(1-r_U)\cos\alpha_n - A\sin\alpha_n - R_{D_n}]\tan\varphi_n + C_nL_n$

　　　　　$T_n = W_n(\sin\alpha_n + A\cos\alpha_n) + T_{D_n}$

$$\prod_{j=i}^{n-1}\psi_j = \psi_i\psi_{i+1}\psi_{i+2}\cdots\psi_{n-1}$$

式中　ψ_j——第 i 块段的剩余下滑力传递至第 $i+1$ 块段时的传递系数($j=i$),即

$$\psi_j = \cos(\alpha_i - \alpha_{i+1}) - \sin(\alpha_i - \alpha_{i+1})\tan\varphi_{i+1}$$

其余注释同上。

2. 滑坡推力

应按传递系数法计算,公式如下:

$$P_i = P_{i-1}\psi + K_s T_i - R_i \tag{A.10}$$

式中　P_i——第 i 条块的推力,kN/m;

　　　P_{i-1}——第 i 条块的剩余下滑力,kN/m。

下滑力

$$T_i = W_i(\sin\alpha_i + A\cos\alpha_i) + \gamma_w h_{i_w} L_i \tan\beta_i \cos(\alpha_i - \beta_i) \tag{A.11}$$

抗滑力

$$R_i = W_i(\cos\alpha_i + A\sin\alpha_i) - N_{W_i} - \gamma_w h_{i_w} L_i \tan\beta_i \cos(\alpha_i - \beta_i)\tan\varphi_i + C_i L_i \tag{A.12}$$

传递系数

$$\psi = \cos(\alpha_{i-1} - \alpha_i) - \sin(\alpha_{i-1} - \alpha_i)\tan\varphi_i \tag{A.13}$$

孔隙水压力

$$N_{wi} = \gamma_w h_{i_w} L_i \tag{A.14}$$

即近似等于浸润面以下土体的面积 $h_{i_w} L_i$ 乘以水的容重 γ_w。

渗透压力平行于滑面的分力

$$T_{D_i} = \gamma_w h_{i_w} L_i \tan\beta_i \cos(\alpha_i - \beta_i) \tag{A.15}$$

渗透压力垂直于滑面的分力

$$R_{D_i}^* = \gamma_w h_{i_w} L_i \tan\beta_i \sin(\alpha_i - \beta_i) \tag{A.16}$$

当采用孔隙压力比时,抗滑力 R_i 可采用如下公式:

$$R_i = [W_i(1 - r_U)\cos\alpha_i - A\sin\alpha_i - \gamma_w h_{i_w} L_i]\tan\varphi_i + C_i L_i \tag{A.17}$$

式中　r_U——孔隙压力比。

A.2　岩质滑坡稳定性评价及锚固力计算

A.2.1　稳定性评价(见图 A.3)

$$K_f = \frac{[W(\cos\alpha - A\sin\alpha) - V\sin\alpha - U]\tan\varphi + CL}{W(\sin\alpha + A\cos\alpha) + V\cos\alpha} \tag{A.18}$$

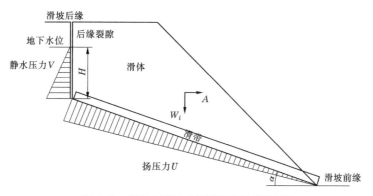

图 A.3　极限平衡法(岩质滑坡计算模型)

其中,后缘裂缝静水压力

$$V = \frac{1}{2}\gamma_w H^2 \qquad (A.19)$$

沿滑面扬压力

$$U = \frac{1}{2}\gamma_w LH \qquad (A.20)$$

A.2.2　岩质滑坡锚固力计算

根据极限平衡法进行计算,须考虑预应力沿滑面施加的抗滑力和垂直滑面施加的法向阻滑力。稳定系数计算公式推荐如下(见图A.4):

$$K_f = \frac{\left[W(\cos\alpha - A\sin\alpha) - V\sin\alpha - U + T\sin\beta\right]\tan\varphi + CL}{W(\sin\alpha + A\cos\alpha) + V\cos\alpha - T\cos\beta} \qquad (A.21)$$

其中,后缘裂缝静水压力

$$V = \frac{1}{2}\gamma_w H^2$$

沿滑面扬压力

$$U = \frac{1}{2}\gamma_w LH$$

式中　β——锚索(杆)与滑坡面的夹角,(°),其与滑面倾角(α)、锚索倾角(θ)之间的关系为 $\beta = \alpha + \theta$;

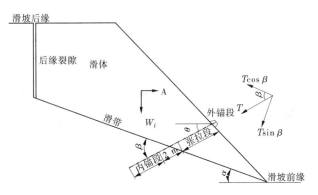

图 A.4　预应力锚索对滑坡作用示意图

　　T——预应力锚索锚固力,kN。

相应地,预应力锚索锚固力为:

$$T = \frac{K_s W_\alpha - W_b - CL}{\sin\beta\tan\varphi + K_s\cos\beta} \qquad (A.22)$$

其中

$$W_\alpha = W(\sin\alpha + A\cos\alpha) + V\cos\alpha \qquad (A.23)$$

$$W_b = \left[W(\cos\alpha + A\sin\alpha) - V\sin\alpha - U\right]\tan\varphi \qquad (A.24)$$

如果锁定锚固力低于设计锚固力的50%,可不考虑预应力锚索产生的法向阻滑力,稳定系数计算公式简化如下:

$$K_f = \frac{\left[W(\cos\alpha - A\sin\alpha) - V\sin\alpha - U\right]\tan\varphi + CL}{W(\sin\alpha + A\cos\alpha) + V\cos\alpha - T\cos\beta} \qquad (A.25)$$

相应地,预应力锚索锚固力为:

$$T = \frac{K_s W_\alpha - W_b - CL}{K_s\cos\beta} \qquad (A.26)$$

附录 B 重力挡土墙土压力计算公式

B.1 重力挡土墙主动土压力计算公式

作用在墙背上的主动土压力,可按库仑理论公式计算,计算公式如下:

$$P_a = \frac{1}{2}\gamma K_a H^2 \tag{B.1}$$

$$K_a = \frac{\cos^2(\varphi - \varepsilon)}{\cos^2\varepsilon\cos(\varepsilon + \delta)\left[1 + \sqrt{\dfrac{\sin(\varphi + \delta)\sin(\varphi - \beta)}{\cos(\delta + \varepsilon)\cos(\varepsilon - \beta)}}\right]^2} \tag{B.2}$$

式中 δ——土对墙背的摩擦角,其值参见表 B.1;

φ——土的内摩擦角,(°);

β——墙顶土坡坡度,(°);

ε——墙背与铅垂向夹角,(°);

P_a——主动土压力,kN/m;

K_a——主动土压力系数,无量纲;

H——墙高,m;

γ——土体容重,kN/m³。

表 B.1 土对挡土墙墙背的摩擦角

挡土墙情况	摩擦角(δ)
墙背平滑,排水不良	$0 \sim 0.33\varphi$
墙背粗糙,排水良好	$0.33 \sim 0.50\varphi$
墙背很粗糙,排水良好	$0.50 \sim 0.67\varphi$
墙背与填土间不可能滑动	$0.67 \sim 1.0\varphi$

B.2 重力挡土墙被动土压力计算公式

$$P_P = \frac{1}{2}\gamma K_P H^2 \tag{B.3}$$

$$K_P = \frac{\cos^2(\varphi + \varepsilon)}{\cos^2\varepsilon\cos(\varepsilon - \delta)\left[1 + \sqrt{\dfrac{\sin(\varphi + \delta)\sin(\varphi + \beta)}{\cos(\delta - \varepsilon)\cos(\varepsilon - \beta)}}\right]^2} \tag{B.4}$$

式中 P_P——被动土压力,kN/m;

K_P——被动土压力系数,无量纲。

B.3 重力挡土墙抗滑和抗倾覆稳定性验算公式

抗滑稳定系数计算公式:

$$K = (G_n + E_{an})\mu/(E_{at} + G_t) \tag{B.5}$$

抗倾覆稳定系数计算公式:

$$K = (G_n X_0 + E_{az} X_f)/(E_{ax} Z_f) \tag{B.6}$$

其中

$$G_n = G\cos\alpha_0$$
$$G_t = G\sin\alpha_0$$
$$E_{at} = E_a\sin(\alpha - \alpha_0 - \delta)$$
$$E_{an} = E_a\cos(\alpha - \alpha_0 - \delta)$$
$$E_{ax} = E_a\sin(\alpha - \delta)$$
$$E_{az} = E_a\cos(\alpha - \delta)$$
$$X_f = b - Z\cot\alpha$$
$$Z_f = b - b\tan\alpha_0$$

式中　G——挡土墙每延米自重,kN/m;

　　　　X_0——挡土墙重心离墙趾的水平距离,m;

　　　　α_0——挡土墙的基底倾角,(°);

　　　　α——挡土墙的墙背倾角,(°);

　　　　δ——土对挡土墙墙背的摩擦角,(°);

　　　　b——基底的水平投影宽度,m;

　　　　Z——土压力作用点离墙趾的高度,m;

　　　　μ——土对挡土墙基底的摩擦系数;

　　　　E_a——作用在挡土墙上的总主动土压力,kN/m,对于抗滑挡土墙,采用滑坡推力。

当基底下有软弱夹层时,稳定性可用圆弧滑动面法进行验算;抗滑稳定系数为最危险的滑动面上,诸力对滑动中心所产生的抗滑力矩与滑动力矩的比值,应符合下列要求:

$$K = M_r/M_s \geq K_s \tag{B.7}$$

式中　M_r——抗滑力矩;

　　　　M_s——滑动力矩。

附录 C 抗滑桩设计地基系数表

表 C.1 岩石物理力学指标与抗滑桩地基系数 K

地层种类	内摩擦角	弹性模量 E_0 (10^4 kPa)	泊松比 μ	地基系数 K (10^6 kPa/m^2)
细粒花岗岩、正长岩、辉绿岩、玢岩	80°以上	5 430 ~ 6 900 6 700 ~ 7 870	0.25 ~ 0.30 0.28	2.0 ~ 2.5 2.5
中粒花岗岩、粗粒正长岩、坚硬白云岩	80°以上	5 430 ~ 6 500 6 560 ~ 7 000	0.25 0.25	1.8 ~ 2.0
坚硬石灰岩、坚硬砂岩、大理岩、粗粒花岗岩、花岗片麻岩	80°以上	4 400 ~ 10 000 4 660 ~ 5 430 5 430 ~ 6 000	0.25 ~ 0.30	1.2 ~ 2.0
较坚硬石灰岩 较坚硬砂岩 不坚硬花岗岩	75° ~ 80°	4 400 ~ 9 000 4 460 ~ 5 000 5 430 ~ 6 000	0.25 ~ 0.30	0.8 ~ 1.2
坚硬页岩 普通石灰岩 普通砂岩	70° ~ 75°	2 000 ~ 5 500 4 400 ~ 8 000 4 600 ~ 5 000	0.15 ~ 0.30 0.25 ~ 0.30 0.25 ~ 0.30	0.4 ~ 0.8
坚硬泥灰岩 较坚硬页岩 不坚硬石灰岩 不坚硬砂岩	70°	800 ~ 1 200 1 980 ~ 3 600 4 400 ~ 6 000 1 000 ~ 2 780	0.29 ~ 0.38 0.25 ~ 0.30 0.25 ~ 0.30 0.25 ~ 0.30	0.3 ~ 0.4
较坚硬泥灰岩 普通页岩 软石灰岩	65°	700 ~ 900 1 900 ~ 3 000 4 400 ~ 5 000	0.29 ~ 0.38 0.15 ~ 0.20 0.25	0.2 ~ 0.3
不坚硬泥灰岩 硬化黏土 软片岩 硬煤	45°	30 ~ 500 10 ~ 300 500 ~ 700 50 ~ 300	0.29 ~ 0.38 0.30 ~ 0.37 0.15 ~ 0.18 0.30 ~ 0.40	0.06 ~ 0.12
密实黏土 普通煤 胶结卵石 掺石土	30° ~ 45°	10 ~ 300 50 ~ 300 50 ~ 100 50 ~ 100	0.30 ~ 0.37 0.30 ~ 0.40 — —	0.3 ~ 0.4

注:引自《铁路路基支挡结构物设计规则》(TBJ 25—90)。

表 C.2 抗滑桩嵌固段土的地基系数 m(随深度增加比例系数)

序号	土体名称	竖直方向 m_0 (kPa/m²)	水平方向 m (kPa/m²)
1	$0.75 < I_L < 1.0$ 的软塑黏土及砂黏土,淤泥	1 000 ~ 2 000	500 ~ 1 400
2	$0.5 < I_L < 0.75$ 的软塑黏砂土、砂黏土及黏土,粉砂及松砂土	2 000 ~ 4 000	1 000 ~ 2 800
3	硬塑砂黏土、砂黏土及黏土,细砂和中砂	4 000 ~ 6 000	2 000 ~ 4 200
4	坚硬黏砂土、砂黏土及黏土,粗砂	6 000 ~ 10 000	3 000 ~ 7 000
5	砾砂,碎石土、卵石土	10 000 ~ 20 000	5 000 ~ 14 000
6	坚实的大漂砾	80 000 ~ 120 000	40 000 ~ 84 000

注:1. 引自《铁路路基支挡结构物设计规则》(TBJ 25—90);

2. I_L 为土的液性指数,其 m_0 和 m 值的条件,相应于桩顶位移的 0.6 ~ 1.0 cm。

表 C.3 抗滑桩嵌固段土岩石的抗压强度和地基系数

序号	抗压强度(10³ kPa)		地基系数(10⁴ kPa/m²)	
	单轴极限值 R	侧向容许值 σ	竖直方向 K_0	水平方向 K
1	10	1.5 ~ 2	10 ~ 20	6 ~ 16
2	15	2 ~ 3	25	15 ~ 20
3	20	3 ~ 4	30	18 ~ 24
4	30	4 ~ 6	40	24 ~ 32
5	40	6 ~ 8	60	36 ~ 48
6	50	7.5 ~ 10	80	48 ~ 64
7	60	9 ~ 12	120	72 ~ 96
8	80	12 ~ 16	150 ~ 250	90 ~ 200

注:引自《抗滑桩设计与计算》,铁道部第二勘测设计院编,铁道出版社,1983。

附录 D　泥石流沟的数量化综合评判及严重程度等级标准

表 D.1　泥石流沟严重程度数量化评分表

序号	影响因素	权重	量级划分							
			严重(A)	得分	中等(B)	得分	较微(C)	得分	一般(D)	得分
1	崩塌、滑坡及水土流失(自然和人为活动的)严重程度	0.159	崩塌、滑坡等重力侵蚀严重,多层滑坡和大型崩塌,表土疏松、冲沟十分发育	21	崩塌、滑坡发育,多层滑坡和中小型崩塌,有零星植被覆盖,冲沟发育	16	有零星崩塌、滑坡和冲沟存在	12	无崩塌、滑坡、冲沟或发育轻微	1
2	泥沙沿程补给长度比(%)	0.118	>60	16	60～30	12	30～10	8	<10	1
3	沟口泥石流堆积活动程度	0.108	河形弯曲或堵塞,大河主流受挤压偏移	14	河形无较大变化,仅大河主流受迫偏移	11	河形无变化,大河主流在高水偏,低水不偏	7	无河形变化,主流不偏	1
4	河沟纵坡(°)(‰)	0.090	>12°(>213)	12	12°～6°(213～105)	9	6°～3°(105～52)	6	<3°(<52)	1
5	区域构造影响程度	0.075	强抬升区,6级以上地震区,断层破碎带	9	抬升区,4～6级地震区,有中小断层或无断层	7	相对稳定区,4级以下地震区,有小断层	5	沉降区,构造影响小或无影响	1
6	流域植被覆盖率(%)	0.067	<10	9	10～30	7	30～60	5	>60	1
7	河沟近期一次变幅(m)	0.062	2	8	2～1	6	1～0.2	4	0.2	1
8	岩性影响	0.054	软岩、黄土	6	软硬相间	5	风化强烈和节理发育的硬岩	4	硬岩	1
9	沿沟松散物储量(10^4 m^3/km^2)	0.054	>10	6	10～5	5	5～1	4	<1	1

续表 D.1

序号	影响因素	权重	量级划分						
			严重(A)	得分	中等(B)	得分	较微(C)	得分	一般(D)	得分
10	沟岸山坡坡度(°)(‰)	0.045	>32°(>625)	6	32°~25°(625~466)	5	25°~15°(466~286)	4	<15°(<286)	1
11	产沙区沟槽横断面	0.036	V形、U形谷,谷中谷	5	宽U形谷	4	复式断面	3	平坦型	1
12	产沙区松散物平均厚度(m)	0.036	>10	5	10~5	4	5~1	3	<1	1
13	流域面积(km²)	0.036	0.2~5	5	5~10	4	0.2以下,10~100	3	>100	1
14	流域相对高差(m)	0.030	>500	4	500~300	3	300~100	2	<100	1
15	河沟堵塞程度	0.030	严	4	中	3	轻	2	无	1

表 D.2　泥石流沟数量化和模糊信息综合评判等级标准表

是与非的差别界限值		划分严重等级的界限值		
等级	标准得分 N 的范围	上下限模糊边界区10%变差得分范围	等级	按标准得分 N 的范围自判	按上下限模糊边界区10%范围自判
是	44~130(0.25≤r≤1.0)	40~130	严重	116~130($r \leqslant 0.75$)	114~130
			中等	87~115($0.5 \leqslant r < 0.75$)	84~118
			轻微	44~86($0.25 \leqslant r < 0.5$)	40~90
非	15~43(r<0.25)	15~48	一般	15~43($r < 0.25$)	15~48

注:1. 括号内的数字为模糊评判 r 的界限值。

　2. 当对某条泥石流沟进行数量化评分得出总分 N 位于模糊界限区时,表示该沟的严重等级可作两可判断,一般需依靠经验判定。

附录 E 土壤环境质量标准值

土壤环境质量标准值表   （单位:mg/kg）

项目		级别土壤			
		一级	二级		三级
		pH 值			
		自然背景	<6.5	6.5~7.5	>7.5	>6.5
镉≤		0.20	0.30	0.30	0.60	1.0
汞≤		0.15	0.30	0.50	1.0	1.5
砷	水田≤	15	30	25	20	30
	旱地≤	15	40	30	25	40
铜	农田等≤	35	50	100	100	400
	果园≤	—	150	200	200	400
铅≤		35	250	300	350	500
铬	水田≤	90	250	300	350	400
	旱地≤	90	150	200	250	300
锌≤		100	200	250	300	500
镍≤		40	40	50	60	200
六六六≤		0.05	0.50			1.0
滴滴涕≤		0.05	0.50			1.0

注:1. 重金属(铬主要是三价)和砷均按元素量计,适用于阳离子交换量>5 cmol/kg 的土壤,若≤5 cmol/kg,其标准值为表内数值的半数。

2. 六六六为四种异构体总量,滴滴涕为四种衍生物总量。

3. 水旱轮作地的土壤环境质量标准,砷采用水田值,铬采用旱地值。

附录 F 河南省矿山地质环境恢复治理设计中常用植物

河南省矿山地质环境恢复治理设计中常用植物表

序号	名称	园林用途	生态习性	生物学特性及观赏特性	常用规格(cm)
一、常绿乔木类					
1	油松	庭荫树、风景林、防护林、行道树	强阳性、耐寒、耐干旱、耐瘠薄、深根性	老年树冠伞形,树姿苍劲古雅,枝繁叶茂	φ12,h400
2	白皮松	庭荫树、风景林	阳性,适应干冷气候,抗污染力强,不耐积水	老干树皮成粉白色,树冠开阔	h400~450
3	黑松	庭荫树、防潮林、行道树	强阳性、耐盐碱	树冠广卵形	h400
4	华山松	庭荫树、园景树	弱阳性,喜温凉湿润气候,浅根性,不耐碱土、怕涝	针叶灰绿色,针叶细软较短,暗绿色	
5	赤松	庭荫树、风景林、防护林、行道树	强阳性、耐寒、深根性、抗风力强	姿态优美,树干挺直,老枝铺散,印度民间视为圣树	
6	雪松	庭荫树、风景林	弱阳性,喜温凉湿润气候,不耐水湿,浅根性	姿态优美,树干挺直,老枝铺散,印度民间视为圣树	h500
7	蜀桧	庭院观赏	喜温凉湿润气候,较耐阴	树冠尖塔形	h200~250
8	日本扁柏	庭院观赏	中性,不耐寒,喜凉爽湿润气候,浅根性	树冠尖塔形	
9	侧柏	庭荫树、绿篱	阳性,耐寒、耐干旱、耐瘠薄、抗污力强、耐修剪	幼时树冠圆锥形	
10	云杉	园景树及风景林	耐阴,喜酸性土壤,浅根性	冠圆锥形,叶灰绿色	h200
11	冷杉	园景树及风景林	阴性,喜冷湿、耐阴,喜酸性土壤、浅根性	冠圆锥形,叶灰绿色	h200~300
12	桧柏	庭荫树、绿篱、行道树、防护林	阳性、耐修剪、抗性强	幼年树冠圆锥形	h200
13	龙柏	庭荫树、园景树	阳性,耐寒性不强,耐修剪,抗有害气体、滞尘能力强	树冠圆柱形似龙体	h400
14	刺柏	园景树	中性偏阴,喜温暖多雨气候及钙质土	树冠圆锥形,小枝柔软下垂	h200~300

续表

序号	名称	园林用途	生态习性	生物学特性及观赏特性	常用规格（cm）
一、常绿乔木类					
15	千头柏	庭院观赏	阳性	树冠紧密,近球形	ϕ50
16	大叶女贞	行道树、绿篱	弱阳性,喜温暖湿润气候,耐修剪,抗污染	花白色,花期6~7月,果蓝黑色	ϕ7~8
17	广玉兰	园景树、行道树、庭荫树	弱阳性,喜温暖湿润气候,抗污染,不耐盐碱土	花大洁白,芳香	ϕ8~10
18	枇杷	庭院观赏、果树	弱阳性,喜中性或酸性土,不耐寒	叶大荫浓,初夏黄果	ϕ6~7
19	石楠	庭荫树、绿篱	弱阳性,耐干旱瘠薄,不耐水湿,抗污染	枝叶浓密,嫩叶红色,花白色	h200
20	棕榈	风景树、庭荫树	中性,抗有害气体,不抗风	干直,叶如扇	h250
21	蚊母	庭院观赏	阳性,喜暖热气候	花紫叶红色,花期3~4月	ϕ5
22	桂花	风景树、庭荫树	弱阳性,怕旱	花黄、白色,浓香,正值仲秋,香飘数里	ϕ4~5
23	珊瑚树	绿篱、基础栽植、防火隔离带	喜光,稍耐阴,抗污染	春日白花,秋日红果	h250
24	刺桂	庭院观赏	弱阳性,生长慢	花白色,甜香,花期10月	
二、落叶乔木类					
25	水杉	庭荫树、防护林、水边绿化	阳性,较耐寒,耐水湿	树冠锥形	ϕ8~9
26	银杏	庭荫树、行道树	阳性,耐寒,深根,不耐积水	树干端直高大,树姿优美,叶形美观,秋季变黄	ϕ8~9
27	悬铃木	庭荫树、行道树	阳性,抗污染,耐修剪	树冠阔球形,冠大荫浓	ϕ9~10
28	毛泡桐	庭荫树、行道树	强阳性,耐盐碱,速生	花鲜紫色,内有紫斑及黄条纹,花期4~5月,先叶开放	
29	泡桐	庭荫树、行道树	强阳性,耐盐碱,速生	花白色	ϕ5~6
30	梓树	庭荫树、行道树、防护林	弱阳性,浅根性,生长快	叶大荫浓,花淡黄色,美丽	ϕ7
31	楸树	庭荫树、行道树、防护林	弱阳性,不耐干旱瘠薄和水湿	树冠长圆形,干直荫浓;花白色,有紫斑,大而美观,花期5月	ϕ8
32	桑树	庭荫树	阳性,抗污染,抗风,耐盐碱	秋叶黄色,果可食	ϕ10
33	青桐	庭荫树、行道树	阳性,抗污染,怕涝	枝干青翠,叶大荫浓	ϕ7~8

续表

序号	名称	园林用途	生态习性	生物学特性及观赏特性	常用规格 (cm)
二、落叶乔木类					
34	毛白杨	庭荫树、行道树、防护林	阳性,抗污染,速生,寿命较长	树形端正,树皮灰白色	
35	黄连木	庭荫树、行道树	弱阳性,耐干旱瘠薄,抗污染	树冠开阔,秋叶橙黄或红色	φ10
36	紫穗槐	护坡固堤	阳性,耐性强,抗污染	花暗紫,花期5~6月	h100
37	国槐	庭荫树、行道树	阳性,耐寒,抗性强	枝叶茂密,花黄绿,花期7~8月	φ7~8
38	龙爪槐	庭植	阳性,稍耐阴,耐寒	树冠伞形,枝下垂,花黄白	φ6
39	五叶槐	园景树	喜光,略耐阴,喜干冷气候	叶形奇特,宛若千万绿蝶栖于树上	
40	刺槐	庭荫树、行道树、防护林、蜜源植物	阳性,浅根性,生长快	树冠椭圆状,花白色,花期5月,有香气	φ7~8
41	江南槐	风景林	阳性,耐干旱瘠薄	茎、小枝、花梗有红色刺毛,花粉红色、淡紫色,多高接在刺槐上	φ6~7
42	皂荚	庭荫树、抗污树种	阳性,稍耐阴,耐寒,耐干旱,抗污染力强,适应各种土壤	树冠广阔,叶密荫浓	
43	合欢	行道树、庭荫树	阳性,耐寒,耐干旱瘠薄,不耐水湿,抗污染力强	树冠扁球形,花粉红色,花期6~7月,清香	φ7~8
44	乌桕	行道树、庭荫树	阳性,耐水湿,抗风	秋叶紫红,缀以白色种子	φ10~11
45	旱柳	行道树、风景树	阳性,耐水湿,速生	树冠广卵形或倒卵形	φ8
46	垂柳	行道树、风景树	阳性,喜水湿,耐旱,速生	枝细长下垂	φ8
47	馒头柳	行道树、园景树	喜阳光充足,耐水湿		φ7~8
48	金丝垂柳	行道树、园景树	喜阳光充足,耐水湿	枝条呈金黄色	φ7
49	枫杨	行道树、护岸树	阳性,耐水湿,速生		φ6~7
50	核桃	干果树、庭荫树	阳性,不耐湿热,防尘力强	树冠广圆形至扁球形	h400
51	槲栎	庭荫树	阳性,耐干旱瘠薄	秋叶橙褐色	
52	光叶榉	庭荫树	喜光,在石灰岩谷地生长良好	秋叶变黄色、古铜色或红色	φ10
53	栾树	庭荫树、行道树	阳性,耐干旱,抗烟尘,耐短期水浸	花金黄,花期6~8月,果橘红色9月,秋叶橙黄色	φ7~8
54	小叶朴	庭荫树、行道树	中性,耐干旱,抗有毒气体,生长慢,寿命长	树形美观,树皮光滑,果紫黑色	
55	杜仲	庭荫树、行道树	阳性,适应性强,不择土壤	树冠球形,枝叶茂密	φ7~8
56	板栗	庭荫树、果树	阳生,深根性,根系发达	枝叶稠密,树冠扁球形	φ10
57	麻栎	庭荫树、用材林	阳性,抗风力强,生长快		

续表

序号	名称	园林用途	生态习性	生物学特性及观赏特性	常用规格（cm）
二、落叶乔木类					
58	栓皮栎	庭荫树、防风、防火	阳性、深根性、抗风力强、不耐移植、不耐水湿	树干通直，树冠雄伟，浓荫如盖，秋叶橙褐色	
59	柿树	果树、庭荫树	不耐水湿和盐碱，寿命长	秋叶红色，果橙黄色	ϕ8
60	君迁子	庭荫树、行道树	耐寒，耐干旱瘠薄，寿命长	果熟时，由黄变成蓝黑色	ϕ10
61	构树	工矿区绿化	阳性，适应性强，不择土壤	聚花果球形，熟时橘红色	
62	白蜡	庭荫树、堤岸树	弱阳性、耐低湿、深根性	树冠卵圆形，秋叶黄色	ϕ8,h400
63	洋白蜡	行道树、防护林	阳性，耐寒，耐低湿	叶色深绿有光泽，发叶迟，落叶早	ϕ7~8
64	玉兰	庭院观赏、对植、列植	阳性，稍耐阴，颇耐寒、怕积水，生长慢	树冠球形、长圆形，花大而洁白花期3~4月，芳香，早春先叶开放	ϕ8,h450,w300
65	枣树	果树，蜜源植物	阳性，适应性强，寿命长		ϕ15
66	鸡爪槭	庭荫树	阳性，喜温暖湿润气候	树姿优美，叶形秀丽，秋叶红艳	ϕ6
67	红枫	庭院观赏、盆栽	不耐寒，不耐水湿	叶常年红色或紫红色	ϕ5~6
68	红羽毛枫	庭院观赏、盆栽	不耐寒，不耐水湿	叶古铜色、红色	ϕ5
69	茶条槭	绿篱、行道树	弱阳性，耐寒，抗烟尘	秋叶红色，翅果成熟前红色	
70	元宝枫	庭荫树、行道树	弱阳性，耐半阴，不耐涝	嫩叶红色，秋叶橙黄或红色	ϕ7~8
71	五角枫	庭荫树、风景树	弱阳性，喜雨量较多地区	秋叶变亮黄色	ϕ7~8
72	流苏	庭植观赏	阳性，耐寒，生长慢	花白色美丽，花期5月，花期满树雪白，核果蓝黑色，果期9月	
73	刺楸	庭荫树、行道树	弱阳性，适应性强，深根性、速生，少病虫害	顶生圆锥花序，花白色，花期7~8月	
74	楝树	庭荫树、行道树，防护树种	阳性，喜温暖湿润气候，抗污染，对土壤适应性强，寿命短	花堇紫色，花期5月，有香气，球形核果淡黄色，经冬不凋	ϕ7,h450,w360
75	榆树	庭荫树、行道树	喜光，耐寒、旱，不耐水湿	树干通直，树形高大，绿荫较浓	ϕ6~7
76	丝棉木	庭荫树、水边绿化	中性、耐寒、耐水湿、抗污染	小枝细长，枝叶秀丽	ϕ8
77	四照花	庭院观赏	中性，耐寒性不强	花黄白色，花期5~6月，秋果粉红	
78	七叶树	庭荫树、行道树、园景树	弱阳性，喜温暖湿润气候，不耐寒，深根性、生长慢，寿命长	花白色，芳香	ϕ7,h380,w250
79	臭椿	庭荫树、行道树	阳性，不择土壤，抗污染、不耐水湿，深根性、生长快，少病虫害	春季嫩叶紫红色，树干通直高大，叶大荫浓，在西方国家称为天堂树	ϕ6~4
80	香椿	庭荫树、行道树	喜光，不耐庇阴，较耐水湿	嫩叶红艳，可食，根皮及果入药	ϕ5~6
81	千头椿	庭荫树、行道树	阳性，适应性强	树冠成伞状	ϕ8~10
82	东京樱花	庭荫树、行道树	对有害气体抗性强	花粉、红、白，花期4~5月	ϕ5~6

续表

序号	名称	园林用途	生态习性	生物学特性及观赏特性	常用规格(cm)
二、落叶乔木类					
83	杏	庭院观赏、果树	阳性,耐寒,耐干旱,不耐涝	花粉红,果黄色,6月成熟	φ4~5
84	李子	庭院观赏	喜光,耐半阴,耐寒	花色白而丰盛	φ4~5
85	木瓜	庭院观赏	阳性,喜温暖,不耐低湿和盐碱	花粉红,秋果黄色、浓香	φ6
86	海棠花	园景树	喜光,耐寒,耐旱,忌水湿	树态直立,花在蕾时粉红色,开后淡红至近白色,果黄色	
87	海棠果	庭荫树、果树	阳性,较耐水湿,深根性,生长快	花白,花期4~5月,果红或黄	
88	西府海棠	庭院观赏	喜光,耐寒,耐旱,较耐水湿	树态直立,花粉红色,果红色	φ5,h350,w150
89	垂丝海棠	庭院观赏、丛植	阳性,喜温暖湿润,耐寒性不强	花鲜玫瑰红色,朵朵下垂,花期4~5月	d6
90	紫叶李	庭院观赏、丛植	阳性	叶紫红色,花淡粉红色,花期3~4月	φ5
91	白梨	庭院观赏、果树	阳生,耐寒,耐水湿	花白色,花期4月	φ4~5
92	日本晚樱	庭院观赏、风景林	阳性,喜温暖湿润,较耐寒	花粉红,有香气	φ6
93	山楂	庭院观赏、园景树	弱阳性,耐寒,抗污染,耐干旱瘠薄	花白色,顶生伞房花序,秋红果	φ8
94	重阳木	庭荫树、行道树	阳性,耐水湿,抗风	春叶、秋叶红色	φ7
95	三角枫	庭荫树、护岸树	弱阳性,耐水湿	秋叶暗红色	φ7~8
96	喜树	庭荫树、园景树	性喜光,稍耐阴耐寒,较耐水湿	主干通直,叶荫浓郁	φ10
97	火炬树	园林观赏	喜光,适应性强,生长快,寿命短	雌花序及果序均红色似火炬	φ7~8
98	盐肤木	园林观赏、点缀山景	喜光,不择土壤,不耐水湿	叶轴有狭翅,秋叶鲜红	φ7
99	黄栌	园林观赏、风景林	喜光,耐半阴,耐寒,耐干旱瘠薄,不耐水湿,抗污染	秋叶变红,初夏花后有淡紫色羽毛状,花梗宿存,有"烟树"之称	h150~180
100	鹅掌楸	庭荫树、行道树	阳性,喜温和湿润气候,较耐寒	树形端正,叶形奇特	φ8
101	白玉兰	庭院观赏、园景树	喜光,稍耐阴,颇耐寒,畏水淹	花大,洁白而芳香,著名的早春花木	φ10
102	木兰		喜光,不耐严寒,怕积水	传统花木,上海市花	φ7
103	二乔玉兰	庭院观赏	喜光,怕积水	花大,呈钟状,内白外淡紫,有芳香	φ7

续表

序号	名称	园林用途	生态习性	生物学特性及观赏特性	常用规格（cm）
三、常绿灌木类					
104	沙地柏	地被	阳生,耐寒,极耐干旱,生长迅速	匍匐状灌木,枝斜上	h50
105	铺地柏		阳生,耐寒,耐干旱,生长较慢	匍匐灌木	h60
106	翠柏	庭院观赏	喜光,喜石灰质肥沃土壤,怕涝	针叶蓝绿色	
107	鹿角柏	庭院观赏	阳性、耐寒	丛生状,干向四周斜展,针叶灰绿色	
108	构骨	庭植、刺篱	弱阳性,耐修剪,抗有毒气体,生长慢	叶革质,深绿而有光泽,果亮红色	h100,w100
109	海桐	绿篱、庭植观赏	不耐寒,抗 SO_2,对土壤要求不严	白花芳香,叶革质,萌芽力强	w80~100
110	黄杨	绿篱、庭植观赏	中性,生长慢,耐修剪,抗污染	树冠圆形,枝叶细密	h80~100
111	锦熟黄杨	绿篱、庭植观赏	中性,耐寒性强,抗污染	枝叶紧密	
112	大叶黄杨	观叶植物、绿篱	中性,喜温湿气候,抗有毒气体	枝叶紧密,叶面深绿有光泽	h80,w80~100
113	金心黄杨	观叶植物	中性,喜温湿气候	叶中脉附近金黄色,有时叶柄及枝端叶也为金黄色	w20
114	金边黄杨	观叶植物	中性,喜温湿气候	叶边缘金黄色	h25,w30
115	凤尾兰	庭院观赏	阳性,有一定耐寒性,抗污染	圆锥花序,花乳白色,6、10月两次开花	h50,w50~70
116	丝兰	庭院观赏	阳性,喜温湿气候	花黄白色,花期6~7月	h30,w30
117	狭叶十大功劳	庭植、绿篱	耐阴,喜温暖气候,	全株药用,有清凉、解毒、强壮之效	h50,w30
118	阔叶十大功劳	庭院观赏	耐阴,喜温暖气候,	全株入药	h40
119	八角金盘	观叶植物、林带下木	耐阴,要求排水良好	花序较大,花乳白色,夏秋开花	h40
120	桃叶珊瑚	观叶、观果	阴性,不耐寒	花紫红,果鲜红色	h40
121	小蜡	绿篱、庭院观赏	中性,较耐寒	半常绿性,花白色	w60
122	水蜡	庭植、绿篱	较耐寒	顶生圆锥花序	h50
123	夹竹桃	庭院观赏、丛植	喜光,喜温暖湿润气候,抗污染	夏季开花,花有香气	h150,w80

续表

序号	名称	园林用途	生态习性	生物学特性及观赏特性	常用规格(cm)
三、常绿灌木类					
124	火棘	基础种植、丛植	阳性,不耐寒,耐修剪	春白花,秋冬红果	h80,w80
125	迎夏	庭院观赏	较耐寒	幼枝绿色,枝四棱	w25
126	南天竹	庭院观赏	喜半阴,耐寒性不强	秋天叶色变红,赏叶观果	h40,w30
127	金丝桃	庭院观赏、丛植	阳性,耐半阴,较耐干旱	半常绿性,花金黄色,花期6~7月	h40,w30
四、落叶灌木类					
128	香荚蒾	庭院观赏	中性,耐干旱,耐寒	花红色,芳香,花期4月,果椭球形	
129	荚蒾	庭院观赏	中性	花白,花期5~6月,核果红色	h40,w25
130	接骨木	庭院观赏	弱阳性,喜温暖,适应性强	花小,白色,秋果红色	h150,w80
131	猥实	庭院观赏、花篱	阳性,颇耐寒,耐干旱贫瘠	花粉红,花期5月,果似刺猬	h120~180
132	糯米条	庭院观赏、花篱	中性,喜温暖,耐干旱贫瘠,耐修剪,根系发达	花白色,花期7~9月,芳香,花后宿存叶片变红	
133	海州常山	庭院观赏、丛植	喜光,稍耐阴,喜温暖气候,耐干旱,耐水湿,抗污染	花白色带粉红色,花期7~8月,紫红色萼片,宿存。蓝果,9~10月	h150
134	贴梗海棠	庭院观赏、花篱,基础种植	阳性,喜温暖气候,较耐寒,耐瘠薄,不耐水湿	花粉、红或白,花期3~4月,先叶而放,簇生枝间,秋果黄色,有香气	h70~100
135	麦李	庭院观赏、丛植	阳性,较耐寒,适应性强	花粉、白,花期4月,果红色	
136	重瓣麦李	庭院观赏、丛植	阳性,较耐寒,适应性强	花粉红色,重瓣	
137	郁李	丛植,果可招鸟类	阳性,耐寒,耐干旱、水湿	花粉、白,春天花叶同放,果深红色	h100
138	梅	庭院观赏、片植	阳性,较耐旱,怕涝,寿命长	花红、粉、白,芳香,花期2~3月	d5
139	垂枝梅	庭院观赏、片植	阳性,较耐旱,怕涝,寿命长	枝自然下垂或斜垂,花有红、粉、白	ϕ3,h200,w200
140	垂枝榆	庭院观赏、片植	阳性,较耐旱	枝自然下垂	
141	白鹃梅	庭院观赏、丛植	弱阳性,适应性强,耐干旱瘠薄,较耐寒	枝叶秀丽,4~5月开花,洁白美丽	
142	榆叶梅	庭院观赏、丛植	阳性,稍耐阴,耐干旱,忌涝	花粉红色,密集于枝条,先叶开放,花期4月	h150,w80
143	黄刺玫	庭院观赏、花篱	阳性,耐寒,耐干旱	花黄色,花期4~5月,果红色	h100,w60
144	珍珠梅	庭院观赏、丛植	耐阴,耐寒,对土壤要求不严	花小而密,白色,花期6~8月	h180,w80
145	珍珠花	庭院观赏、丛植	阳性,喜湿润排水良好的土壤	花小,白色美丽,3~4月花叶同放,早春繁华满枝,秋季叶变橘红色	
146	粉花绣线菊	庭院观赏、花篱	阳性,喜温暖气候	花粉红色,花期6~7月	h100~120
147	红帽月季	庭植、丛植	阳性,喜温暖气候,较耐寒	花红、紫,花期5~10月	h40
148	现代月季	庭植、专类园	阳性,喜温暖气候,较耐寒	花色丰富,花期5~10月	h30

续表

序号	名称	园林用途	生态习性	生物学特性及观赏特性	常用规格（cm）
四、落叶灌木类					
149	丰花月季	丛植	阳性,喜温暖气候,较耐寒	花色丰富,花期长,耐寒性较强,	h40
150	杂种香水月季	木本花卉	阳性,喜温暖气候	花大,色彩丰富,芳香,生长季中开花不断,多为灌木少有藤本	二年生
151	平枝栒子	基础种植、岩石园	阳性,耐寒,适应性强	匍匐状,秋冬果鲜红	
152	鸡麻	庭院观赏、丛植	中性,喜温暖气候,较耐寒	花白色,花期4~5月	
153	紫珠	庭院观赏、丛植	中性,喜温暖气候,较耐寒	花淡紫色,花期6~7月,核果球形,亮紫色	h150,w80
154	棣棠	丛植、花篱、庭植	中性,喜温暖气候,较耐寒	花金黄色,花期4~5月,枝干绿色	h50,w30
155	细叶小檗	绿篱、庭植观赏	喜光,耐寒,耐旱	花黄色,花期5~6月	
156	紫叶小檗	庭院观赏、丛植	耐寒,有阳光时,叶色呈紫红色	叶常年紫红,秋果红色	h50,w30
157	牡丹	庭院观赏	中性,耐寒,要求排水良好土壤	花色丰富,花期4~5月	五分枝
158	芍药	庭院观赏	阳性,耐寒,喜冷凉气候	花色有白、黄紫、粉、红等色	多年生
159	八仙花	庭院观赏	喜光,稍耐阴,喜酸性土	伞房花序,初开时白色,后变淡紫色	h40,w35
160	木本绣球	庭院观赏	阳性,稍耐阴	花白,花期5~6月,花序大,形似绣球	h200,w100
161	蝴蝶绣球	庭院观赏	阳性,稍耐阴	白色不孕花,状如蝴蝶	
162	金叶女贞	绿篱、色带	喜光,耐高温	半常绿性,花白色,花期夏季	h50,w30
163	紫荆	庭院观赏、丛植	阳性,耐干旱瘠薄,不耐涝	花紫红,花期3~4月,叶前开放,老茎生花	h200
164	小叶女贞	绿篱、色带	中性,喜温暖气候,较耐寒	半常绿性,花小,白色,花期8~9月,有香气,果黑色	h30~50
165	连翘	庭植、花篱、坡地、河岸栽植	阳性,耐半阴,耐寒,抗旱,不耐水渍	花金黄色,叶前开放,花期4~5月,枝条弯曲下垂	h100~120
166	丁香	庭院观赏、丛植	阳性,稍耐阴,耐寒,耐旱,忌低湿	花堇紫色,花期4~5月,芳香	$\phi3~4$
167	金钟	丛植	喜光,耐阴,怕涝	小枝黄绿色,呈四棱,髓薄片状	h80~120
168	溲疏	花篱、丛植	喜光,稍耐阴	夏季白花	h80~100
169	雪柳	丛植、林带下木	中性,耐寒,适应性强,耐修剪	花小,白色,花期5~6月	
170	迎春	花篱、地被植物	阳性,稍耐阴,怕涝	花黄色,早春叶前开放	h70,w40
171	腊梅	庭院观赏、盆栽	阳性,耐干旱,忌水湿,耐修剪	花蜡黄色,浓香,花期1~2月	d4,w130
172	锦鸡儿	庭院观赏、岩石园	中性,耐寒,耐干旱瘠薄	花橙黄,花期4月	

续表

序号	名称	园林用途	生态习性	生物学特性及观赏特性	常用规格(cm)
四、落叶灌木类					
173	胡枝子	护坡、林带下木	阳性、耐寒、耐干旱瘠薄	花紫红,花期7~9月	h200
174	太平花	庭院观赏、丛植	弱阳性、耐寒,怕涝	花白色,花期5~6月	
175	山梅花	丛植、花篱	弱阳性、耐旱,怕水湿	花白色,花期5~6月	
176	红瑞木	庭院观赏、丛植	弱阳性、耐寒、耐湿、耐干旱瘠薄	茎枝红色美丽,花白色或黄白色	h120~150
177	锦带花	丛植、花篱	阳性,耐寒、耐干旱,怕涝	花玫瑰红色,花期4~5月	h90
178	海仙花	庭院观赏、丛植	弱阳性、喜温暖,颇耐寒	花由黄白色变为紫红色,花期5~6月	
179	天目琼花	庭植观花、观果	中性、较耐寒	花白色,花期5~6月,秋果红色	
180	金银木	庭植观赏、蜜源植物	喜光,耐半阴,耐旱、耐寒	花先白色后变黄,浆果红色	h80~120
181	忍冬	庭院观赏	较耐寒	小枝中空,老枝皮灰白色,花期5月	h120~150
182	石榴	庭院观赏、果树	阳性、耐寒,适应性强	花红色,花期5~6月,果红色	h250,w80
183	接骨木	庭院观赏	弱阳性、抗有毒气体,适应性强	花小,白色,花期4~5月,秋果红色	h150,w80
184	花椒	庭院刺篱、丛植	喜光,喜肥沃湿润的钙质土	果实辛香	
185	木槿	丛植、花篱	阳性,喜温暖气候,不耐寒	花色丰富,花期7~9月	h150,w60
186	秋胡颓子	庭院观赏、林带下木	阳性,喜温暖气候,不耐寒	花黄白色,花期5~6月,芳香	
187	紫薇	庭院观赏、园路树	喜光,耐半阴,喜温暖气候,耐旱,不耐严寒,不耐涝,抗大气污染	花紫、红、白,花期6~9月,秋色叶可观	φ4
188	山桃	观花灌木	耐寒、耐旱	花期早,花时美丽可观	φ5
189	碧桃	观花灌木	喜光,耐寒、耐旱,不耐水湿	花淡红,重瓣	φ5,h150~200
190	白碧桃	观花灌木	阳性,较耐寒,不耐水湿	花大,白色,近于重瓣	
191	绛桃	观花灌木	喜光,耐旱,不耐水湿	花深红色,复瓣	
192	紫叶桃	观花灌木	喜光,耐旱,不耐水湿	叶为紫红色,花淡红色	φ4
193	寿星桃	观花灌木	喜光,耐旱,不耐水湿	树形矮小紧密,节间短	d4
194	洒金碧桃	观花灌木	喜光,耐旱,不耐水湿	同一花瓣上有粉、白两色	
195	垂枝桃	观花灌木	阳性,较耐寒,不耐水湿	枝条下垂,花多重瓣,有白、粉、红色	φ3,h280,w160
196	醉鱼草	庭院观赏、招引蝴蝶	阳性,耐修剪,性强健,耐旱	花色丰富,有紫、红、暗红、白色等品种,芳香,花期6~9月	
197	结香	庭院观赏	喜半阴,喜温暖气候,耐寒性不强		h120,w100

续表

序号	名称	园林用途	生态习性	生物学特性及观赏特性	常用规格（cm）
四、落叶灌木类					
198	山茱萸	庭植、盆景	喜光,性强健,耐寒,耐旱	花金黄色,花期3~4月,叶前开花,果红色,秋叶红色或黄色	
199	枸杞	庭院观赏	喜光,喜水肥,耐寒,耐旱、耐盐碱、沙荒地	花冠紫红色,漏斗形,浆果卵形或长圆形,深红色或橘红色	h120~150
200	樱桃	园林观赏	喜光,耐寒,耐旱	花先叶开放	h180~200
201	枸桔	庭植、刺篱、丛植	喜光,有一定耐寒性,耐干旱盐碱	花白,花期4月,果黄绿色,有香气	
五、竹类					
202	淡竹	庭院观赏	阳性,喜温暖湿润气候	竿灰绿色	
203	刚竹	庭院观赏	阳性,喜温暖湿润气候,稍耐寒	竿直,淡绿色,枝叶青翠	φ3
204	紫竹	庭院观赏	阳性,喜温暖湿润气候,稍耐寒	新竿绿色,老竿紫黑色	φ3,h230,w60
205	罗汉竹	庭院观赏	阳性,喜温暖湿润气候,稍耐寒	竹竿下部节间肿胀或节环交互歪斜	
206	斑竹	庭院观赏	阳性,喜温暖湿润气候,稍耐寒	竹竿有紫褐色斑	
207	早园竹	庭院观赏	阳性,喜温暖湿润气候,稍耐寒	枝叶青翠	φ2
208	苦竹	庭院观赏	阳性,喜温暖湿润气候,稍耐寒	竿散生	
209	箬竹	庭院观赏、地被	中性,喜温暖湿润气候,不耐寒	竿丛状散生	h30,w40
210	孝顺竹	庭院观赏	中性,喜温暖湿润气候,不耐寒	竿丛生,枝叶秀丽	h150
六、藤本植物					
211	中华常春藤	攀缘墙垣、山石	阴性,喜阴湿温暖气候,不耐寒	常绿性,枝叶浓密,花淡黄白色,花期8~9月	h100
212	洋常春藤	攀缘墙垣、山石	阴性,喜温暖,不耐寒	常绿性,枝叶浓密,花淡黄白色,花期8~9月	
213	地锦	攀缘棚架、墙垣、山石	喜阴湿,攀缘能力强,适应性强	落叶性,秋叶黄色、橙黄色	多年生
214	美国地锦	攀缘棚架、墙垣、山石	较耐阴,喜温湿气候,攀缘能力弱	落叶性,秋叶红艳或橙黄色	h100

续表

序号	名称	园林用途	生态习性	生物学特性及观赏特性	常用规格（cm）
六、藤本植物					
215	葡萄	攀缘篱架、篱栅	阳性、耐干旱、怕涝	落叶性，果紫红色，花期8~9月	φ3
216	金银花	攀缘棚架、墙垣、山石	喜光、耐阴、耐寒、抗污染	半常绿性，花黄、白色，芳香，花期5~7月	h200,w100
217	胶东卫矛	攀缘墙面、山石、树干	耐阴、喜温暖气候、稍耐寒	半常绿性，花淡绿色，花期8月，绿叶蒴果扁球形，粉红色，11月果熟	h50,w40
218	木香	攀缘篱架、篱栅	阳性、喜温暖、较耐寒	半常绿性，花白或淡黄，芳香	h200
219	紫藤	攀缘棚架、枯树等	阳性、略耐阴、耐寒、适应性强	落叶性，花堇紫色，花期4月，芳香	φ4
220	扶芳藤	攀缘墙面、山石、树干	耐阴、喜阴湿温暖气候、不耐寒、攀缘能力强	常绿性，入秋常变红色	h200
221	爬行卫矛	攀缘墙面、山石、树干	耐阴、喜温暖气候、不耐寒、攀缘能力强	常绿性，叶较小，入秋常变红色	
222	猕猴桃	庭植观赏、攀缘棚架	阳性、稍耐阴	落叶性，花黄白色，花期6月，有香气	
223	美国凌霄	攀缘墙垣、山石	中性、喜温暖气候、耐寒	落叶性，花橘红色，花期7~8月	
224	凌霄	攀缘墙垣、山石等	中性、喜温暖气候、稍耐寒	花大，橘红、红色，花期7~9月	φ2
225	藤本月季	攀缘围栏、棚架	阳性、喜温暖气候	枝条长，攀缘，花色丰富	三年生
226	三叶木通	攀缘篱垣、棚架、山石	中性、喜温暖气候、较耐寒	落叶性，花暗紫色，花期5月	
七、草坪及地被植物					
227	结缕草	游憩、运动场	阳性、耐阴、耐热、耐寒、耐旱、耐践踏	叶宽硬，具匍匐茎	
228	黑麦草类	先锋绿化草种、快速绿化草种	阳性、不耐阴、喜温暖湿润气候、极耐践踏、不耐旱、寒	叶片质地柔软，根状茎细弱，须根稠密	
229	马尼拉	观赏、游憩、固土护坡草坪	阳性、耐湿、不耐寒、耐践踏	草层茂密，病虫害少，分蘖能力强，成坪快，易养护	
230	草地早熟禾	潮湿地区草坪	喜光亦耐阴、宜温湿、忌干热、耐寒	绿色期长	
231	早熟禾				
232	匍茎剪股颖	潮湿地区或疏林下草坪	稍耐阴、耐寒、湿润肥沃、忌旱碱	绿色期长	
233	羊茅	草坪花坛、岩石园	阳性、不耐阴、耐寒、耐旱、耐热、稍耐践踏、不择土壤	草丛低矮平整，纤细美观	
234	麦冬	地被、花坛	喜阴湿温暖气候、稍耐寒	株丛低矮，叶多簇生，线形、浓绿色	
235	红花酢浆草	河岸边、岩石园	喜向阳、湿润肥沃土壤	花玫瑰红、粉红，花期4~11月	
236	鸢尾	花坛、丛植	阳性、耐半阴、耐寒、耐旱、喜湿润	花蓝紫色，花期4~5月	

续表

序号	名称	园林用途	生态习性	生物学特性及观赏特性	常用规格（cm）
			七、草坪及地被植物		
237	萱草	丛植、疏林地被	阳性,耐半阴,耐寒、耐旱,适应性强	花橘红至橘黄色,具香味,花期6~8月	
238	马蹄金	庭院地被,固土护坡	喜光及温暖湿润气候,耐低温,耐践踏	株高5~15 cm,具匍匐茎,侵占能力强	
239	玉簪	林下地被	喜阴,耐寒,宜湿润,排水好	花白色,芳香,花期7~9月	
240	白三叶	地被,固土护坡	耐半阴,耐寒,耐旱,耐践踏	花白色,花期4~6月	
241	二月兰	疏林地被、林缘绿化	宜半阴,耐寒,喜湿润	花淡蓝紫色,花期3~5月	
242	常夏石竹	丛植、花坛、地被	阳性,耐半阴,耐寒,喜肥,要求通风好	植株丛生,茎叶细,被白粉;花粉红、深粉红、白色,有香气,春夏开花	
243	连钱草	疏林地被	喜阴湿,耐寒,忌涝	花淡蓝至紫色,花期3~4月	
244	葱兰	花坛镶边、疏林地被	阳性,耐半阴和低湿	花白色,夏秋开花	
			八、水生花卉		
245	荷花	美化水面、盆栽	阳性,耐寒,喜温暖而多有机质处	花色多,花期6~9月	
246	睡莲	美化水面、盆栽	阳性,喜温暖通风之静水,宜肥土	花有白、黄、粉色,花期6~8月	
247	菖蒲	地被植物、水边绿化	喜阴湿,稍耐寒,性强健	叶丛美丽,植株或花有香气	
248	千屈菜	浅滩、沼泽	阳性,耐寒,通风好,浅水地被	花玫红色,花期7~9月	
249	水葱	湿地、沼泽地	阳性,夏宜半阴,喜湿润凉爽通风	株丛挺立,花淡黄褐色,花期6~8月	
250	芦苇	低湿地、浅水		7~8月开花季节非常美观	
			九、引进、驯化、改良品种		
251	香樟	庭荫树、行道树	喜光,稍耐阴,喜温暖湿润气候	常绿,冠大荫浓,树姿雄伟	φ10
252	深山含笑	园林观赏		常绿,叶大,花大,白色,芳香	φ6,h350,w150
253	加拿利海枣	优美的热带风光树	喜高温多湿的热带气候	常绿乔木,高大雄伟,羽片密而伸展	
254	棍棒椰子	行道树、园景树	喜高温多湿的热带气候	单干,茎干形似棍棒,光滑粗壮	

续表

序号	名称	园林用途	生态习性	生物学特性及观赏特性	常用规格（cm）
九、引进、驯化、改良品种					
255	布迪椰子	行道树及庭园树	耐干热干冷、耐寒	羽状叶，叶柄明显弯曲下垂，叶片蓝绿色	h100
256	龟甲冬青	盆景、庭院观赏	耐阴	矮灌木，叶小耐密，花白色，果球形	h40
257	迎红杜鹃	丛植	喜光、耐寒，喜空气湿润和排水良好地点	花淡红紫色，先叶开放，花期4~5月	h45，w40
258	照山白	丛植	喜光、耐寒	常绿性，花小，白色，径约1 cm	
259	栀子花	花篱、庭院观赏	喜光，喜温暖湿润气候	叶色亮绿，四季常青，花大洁白，芳香馥郁	h80，w80
260	香花槐	行道树、庭荫树	耐寒、耐热、耐旱、耐瘠薄、生长快	花红色，5~7月开两次花	φ7，h450，w350
261	山茶	庭院观赏	喜半阴，喜温暖湿润气候，不耐碱土	常绿性，花朵大，花色美，品种繁多	h120~150
262	含笑	丛植、草坪边缘	喜弱阴，不耐暴晒和干燥	花直立，淡黄色，芳香，花期3~4月	h80，w80
263	过路黄	地被	喜光耐阴，耐水湿	枝条匍匐生长，叶色金黄艳丽，卵圆形，6~7月开杯状黄色花	h50
264	红花继木	色块布置	耐寒、耐旱、不耐瘠薄	花瓣4枚，紫红色，线形，长1~2 cm，花期5月	h30
265	金森女贞	色块、绿篱	喜光，又耐半阴，较耐寒	春、秋、冬三季金叶占主导	h30，w25
266	无花果	庭院观赏	喜光，喜温暖湿润气候，不耐寒	叶3~5掌状裂，寿命达百年以上	
267	雀舌黄杨	绿篱、花坛边缘	喜光，亦耐阴，喜温暖湿润气候	花小，黄绿色，花期4月	h30，w25
268	杨梅	孤植、丛植、列植	中性树，稍耐阴，不耐烈日直射	常绿性，初夏红果	
269	黄槐	孤植、丛植	阳性，耐半阴，喜高温多湿气候，耐旱，不抗风	花鲜黄色，径约5 cm，花9~10月最盛	
270	紫楠	庭荫树、风景树	耐阴，喜温暖湿润气候、微酸性土壤	常绿，端正美观，叶大荫浓，防风	
271	老人葵	行道树、园景树	耐热、耐寒、耐湿、耐旱、耐瘠	常绿，主干通直，叶稍不易脱落	
272	龙爪桑	庭院观赏	阳性、抗污染、抗风、耐盐碱	荫木类，枝条扭曲如游龙	

续表

序号	名称	园林用途	生态习性	生物学特性及观赏特性	常用规格（cm）
九、引进、驯化、改良品种					
273	连香	庭院观赏	耐阴性较强,喜冬寒夏凉、湿度大、微酸性土壤	稀有种,树姿高大雄伟,叶型奇特	
274	龙爪枣	庭院观赏	阳性	小枝卷曲如游龙	
275	罗汉松	庭院观赏		叶螺旋状排列,线状披针形	ϕ5~6,h300
276	红果冬青	园景树、绿篱植物	喜光,稍耐阴;喜温暖湿润气候及酸性土壤,耐潮湿,不耐寒	常绿性,入秋红果累累,经冬不凋	ϕ7~8
277	紫杉	绿篱、庭院观赏	阴性、浅根性、耐寒,生长迟缓	半球状密丛常绿灌木,植株较矮	h100~150
278	巨紫荆	园林观赏	喜阳光充足,畏水湿,较耐寒	花淡红或淡紫红色,花期4月	ϕ6
279	灯台树	园林观赏	喜温暖气候及半阴环境,适应性强,耐寒、耐热、耐旱,生长快	优美奇特,叶形秀丽,白花素雅,花后绿叶红果	ϕ7

附录G　设计说明书编制提纲

第一章　前言
　　第一节　项目来源
　　第二节　目标任务
　　第三节　勘查成果与治理方案简述
第二章　项目概况及地质环境条件
　　第一节　交通位置
　　第二节　工程概况与矿山基本情况
　　第三节　自然地理
　　第四节　社会经济
　　第五节　矿山地质环境条件
第三章　主要矿山地质环境问题
　　第一节　矿山地质灾害
　　第二节　含水层破坏
　　第三节　地形地貌景观破坏
　　第四节　土地资源破坏
　　第五节　其他矿山地质环境问题
第四章　矿山地质环境恢复治理工程设计
　　第一节　设计原则、依据
　　第二节　设计条件和有关参数选取
　　第二节　工程总体布置
　　第三节　治理工程分项设计
　　第四节　设计工作量
第五章　工程施工方法与组织管理
　　第一节　施工方法
　　第二节　人员、设备配置
　　第三节　工期、工程进度安排
　　第四节　质量、安全、进度保证措施
第六章　设计实施保障措施
　　第一节　组织保障
　　第二节　技术保障
　　第三节　资金保障
第七章　设计工程预算

附录 H　制图比例尺

(1)矿山地质环境恢复治理工程设计平面图(1:500～1:5 000)

(2)矿山地质环境恢复治理工程设计剖面图(1:200～1:2 000)

(3)分项工程设计平面图(1:100～1:500)

(4)分项工程设计剖面图(1:100～1:200)

(5)工程设计监测网点图(1:500～1:5 000)

(6)重点工程部位设计大样图(1:50～1:100)

(7)矿山地质环境恢复治理工程设计效果图(1:500～1:5 000)

(8)治理区地形图(1:500～1:5 000)

河南省矿山地质环境恢复治理工程技术要求——施工

目 录

1 范 围

1.1 本技术要求按照矿山地质环境恢复治理对象,明确恢复治理工程施工程序、内容、步骤和方法工艺要求。

1.2 本技术要求适用于河南省行政区内各类能源矿产、金属矿产与非金属矿产的矿山地质环境恢复治理工程施工。

1.3 矿山地质环境恢复治理工程施工除应符合本技术要求外,还应符合国家、相关行业和河南省现行的规范和标准的规定。

2 规范性引用文件

下列规范标准中的条款通过本技术要求的引用而成为本技术要求的条款。凡是不注明日期的规范标准,其最新版本适用于本技术要求。

DZ/T 0223—2011 矿山地质环境保护与恢复治理方案编制规范

GB 50330—2002 建筑边坡工程技术规范

DZ/T 0219—2006 滑坡防治工程设计与施工技术规范

DL/T 5148—2012 水工建筑物水泥灌浆施工技术规范

JTG/T F50—2011 公路桥涵施工技术规范

SD 120—84 浆砌石坝施工技术规定

GB 50433—2008 开发建设项目水土保持方案技术规范

UDC－TD 土地复垦技术标准(试行)

GB/T 15776—2006 造林技术规程

GB/T 18337.3—2001 生态公益林建设 技术规程

GB 50204—2002 混凝土结构工程施工质量验收规范

GB 50205—2001 钢结构工程施工质量验收规范

GB 50208—2011 地下防水工程质量验收规范

CJJ 10—86 供水管井设计、施工及验收规范

GB 50300—2001 建筑工程施工质量验收统一标准

GB 50202—2002 建筑地基基础工程施工质量验收规范

DB45/T 701—2010 矿山地质环境治理恢复要求与验收规范

DZ/T 0221—2006 崩塌、滑坡、泥石流监测规范

GB 15618—1995 土壤环境质量标准

3 术语和定义

下列术语和定义适用于本技术要求。

3.1 矿山地质环境恢复治理施工

对各种矿山地质环境问题采取适当技术措施和工程手段，因地制宜地进行治理，使其达到安全、可再利用状态的治理活动或过程。

3.2 爆破工程

利用炸药的爆炸能量对介质做功，以达到预定工程目标的作业。

3.3 边坡防护工程

在坡面稳定的前提下维护坡面形态的一种工程措施。

3.4 截排水工程

控制地表和地下径流的引水和截水工程，减少地表水流的能量和地下水对边坡的影响，从而达到边坡稳定，减少水土流失与防止泥石流发生。

3.5 挡土墙工程

抵抗土压力和下滑力的砌石或混凝土墙工程。

3.6 桥涵工程

桥梁工程和涵洞工程，统称为桥涵工程。

3.7 锚杆（索）工程

将拉力传至稳定岩土层的构件。当采用钢绞线或高强度钢丝束作杆体材料时，也可称为锚索。

3.8 抗滑桩工程

用于抵抗边坡或斜坡岩土体滑动而设置的横向受力桩。

3.9 灌浆工程

向岩土体、软弱结构面、滑带土或空洞灌注水泥浆等固化材料，以固结岩土体、强化软弱结构面、增强滑带土的抗滑强度或充填空洞的工程措施。

3.10 拦渣坝工程

泥石流防治中的一种拦截砂、石、土渣等，修建在泥石流形成区中下游的永久性工程。

3.11 土地资源破坏修复工程

对被破坏的土地，通过采取综合整治措施，使其修复到满足耕种或与周边生态环境协调的活动。

3.12 混凝土工程

以混凝土为主制成的结构工程，可分为现浇混凝土工程和装配式混凝土工程。

4　工作程序及内容

矿山地质环境恢复治理施工程序和内容包括：现场踏勘调查、熟悉理解设计图、施工准备、施工组织、工程施工、工程保修（养护）、施工资料提交等。

4.1 技术交底

4.1.1 设计交底，即设计图纸交底。在业主主持下，设计单位向施工单位进行的技术交底，主要交待设计工程功能与特点、设计意图与要求、质量控制、工程在施工过程中应注意的事项等。设计单位对施工单位提出的问题进行解释答疑，并提出相应解决方案。

4.1.2　施工交底。鉴于矿山地质环境恢复治理工程的特殊性、隐蔽性、复杂性,由施工单位组织,在项目经理和技术负责人的指导下,向施工人员介绍施工中可能遇到的问题与注意事项等。

4.2　安全交底

4.2.1　设计单位向施工单位交待工程中可能存在的安全重要事项。

4.2.2　工程施工前,施工单位项目经理应当对有关安全施工的要求向施工作业班组、作业人员作详细说明,并由双方签字确认。

5　施工组织设计

5.1　一般规定

　　施工单位在进行工程施工之前,必须编制满足工程施工与管理需要的施工组织设计。应明确项目实施的组织结构,编制劳动力资源、机械设备和材料的使用计划,阐述质量、工期、安全和环保的各项保证措施。

5.2　编制依据

　　施工组织设计的编制依据为项目勘查、设计成果资料及有关工程施工的国家行业技术规范、法律法规等。

5.3　编制内容

5.3.1　工程基本情况:工程特征、管理目标、编制依据。

5.3.2　施工总体部署:组织机构、职责分工、人员设备安排、施工准备。

5.3.3　施工的一般程序、施工方法、技术要求和质量控制。

5.3.4　工程施工测量、施工顺序及进度计划。

5.3.5　现场管理:重要工程、隐蔽工程或工序的管理措施等。

5.3.6　保障措施:质量、工期、安全、环保保障措施。

5.4　审查

　　施工组织设计编制完成后应报项目业主单位、勘查设计单位、监理单位审查,同意实施后才能开展下一步工作。

6　治理工程施工技术要求

6.1　爆破工程施工

6.1.1　一般要求

6.1.1.1　爆破作业必须由具有相应资质的施工单位承担,并由经过专业培训、取得爆破证书的专业人员施爆。

6.1.1.2　爆破工程应满足《土方与爆破工程施工及验收规范》(GBJ 201—83)等现行有关标准的规定。

6.1.1.3　爆破方案经专家评审选定后,应视其对有影响的建(构)造物的重要程度,分别报送当地公安部门、建(构)造物行业主管部门、项目承担单位主管部门及监理工程师审批。

6.1.1.4 建立工程应急预案,制订关于生产安全事故发生时进行紧急救援的组织、程序、措施、责任以及协调等方面的方案和计划,在爆破危险区的边界设立警戒哨和警告标志。将爆破信号的意义、警告标志和起爆时间,通知当地单位和居民,起爆前督促人畜撤离危险区。

6.1.1.5 露采矿山削坡降坡爆破法一般采用松动爆破结合光面爆破及预裂爆破施工工艺。爆破工程使用的炸药、雷管、导爆管、导爆索、电线、起爆器、量测仪表均应作现场检测,检测合格后方可使用。

6.1.2　技术要求

6.1.2.1 岩石边坡的削坡降坡应充分重视挖方边坡的稳定,一般宜选用中小炮爆破。对于风化较严重、节理发育或岩层产状对边坡稳定不利的石方,宜用小排炮微差爆破。小型排炮药室距设计坡线的水平距离,应不大于炮孔间距的1/2。

6.1.2.2 开挖边坡外有必须保护的重要建筑物,当采用减弱松动爆破都无法保证建筑物安全时,可采用人工开凿、化学爆破或控制爆破。

6.1.2.3 在石方开挖区应注意施工排水,应在纵向和横向形成坡面开挖面,其纵坡应满足排水要求,以确保爆破的石料不受积水的浸泡。

6.1.2.4 爆破影响区有建(构)筑物时,爆破产生的地面质点震动速度,对土坯房、毛石房屋不应大于 10 mm/s,对一般砖房、非大型砌块建筑,不应大于 20 ~ 30 mm/s,对钢筋混凝土结构房屋,不应大于 50 mm/s。

6.1.2.5 为保证边坡的永久稳定及爆破施工的顺利进行,可根据工程施工和边坡安全稳定需要设置爆破作业平台,平台宽度和相邻平台高度可根据岩石类型、施工机械种类确定,一般宽度为 4 ~ 6 m,相邻平台间的高度一般不大于 10 m,并以确保边坡稳定为前提。

6.1.2.6 削坡后的最终坡度角除保证边坡稳定外,还应满足坡面植被恢复施工的需要,并保证边坡整治效果的长期稳定。最终坡度角一般不大于 50°,对软石、强风化岩石、节理发育的岩质边坡及外倾结构面边坡可适当放缓坡度。

6.1.2.7 爆破参数的选择应结合相关的技术要求及钻孔直径、孔距、装药量、岩石的物理力学性质、地质构造、装药品种、装药结构以及施工因素等,根据完成的工程实际经验资料(经验类比法)或通过实地的现场试验确定。

6.2　土石方工程施工

6.2.1 在挖方前,应做好地面排水工作,排水沟方向的坡度不应小于 2‰。平整后的场地表面应逐点检查,检查点为每 100 ~ 400 m² 取 1 点,但不应少于 10 点;长度、宽度和边坡均为每 20 m 取 1 点,每边不应少于 1 点。

6.2.2 土方开挖前应检查定位放线、排水和降低地下水位系统,合理安排土方运输车的行走路线及弃土场。

6.2.3 施工过程中应检查平面位置、水平标高、边坡坡度、压实度、排水、降低地下水位系统,并随时观测周围的环境变化。应经常测量和校核其平面位置、水平标高和场地坡度等是否符合设计要求。平面控制桩和水准点也应定期复测和检查是否正确。

6.2.4 土方回填前应清除基底的垃圾、树根等杂物,抽除坑穴积水、淤泥,验收基底标高。

如在耕植土或松土上填方,应在基底压实后再进行。

6.2.5 填方施工过程中应检查排水措施、每层填筑厚度、含水量控制、压实程度,填筑厚度及压实遍数应根据土质、压实系数及所用机具确定。一般平碾的分层厚度为 250~300 mm,压实 6~8 遍;振动压实机的分层厚度为 250~350 mm,压实 3~4 遍;柴油打夯机的分层厚度为 200~250 mm,压实 3~4 遍;人工打夯的分层厚度<200 mm,压实 3~4 遍。

6.2.6 填方施工结束后,应检查标高、边坡坡度、压实程度等。

6.3 边坡防护工程施工

矿山地质环境边坡防护工程主要有砌石护坡、喷浆护坡、植物护坡、格状框条护坡等。

6.3.1 砌石护坡

干砌石护坡只适用于坡比在 1:(2.0~3.0) 的缓坡,且当坡面有涌水现象时,应在护坡层下铺设 15 cm 的砂砾反滤层,封顶用平整块石砌护。坡比在 1:(1.0~2.0) 的边坡,或受水流或洪水冲刷的坡面,宜采用浆砌石护坡;浆砌石护坡铺砌厚度 25~35 cm,而且非砂砾质坡还应铺砌 5~25 cm 砂砾反滤垫层;同时,应沿纵向每 10~20 m 设置一道宽约 2 cm、用沥青或木条填塞的伸缩缝。

6.3.2 喷浆护坡

各类土质边坡、强风化岩质边坡可应用喷浆护坡。其坡度一般不超过 35°,坡高一般不超过 10 m。适宜施工季节为春秋两季。

在基岩裂隙不发育、无大崩塌的坡段,可采用喷浆机进行喷浆、喷混凝土护坡,以防止基岩风化剥落。先在岩体上铺上铁丝或塑料网,并用锚钉和锚杆固定。将植被混凝土原料经搅拌后由常规喷锚设备喷射到岩石坡面,形成近 10 cm 厚度的植被混凝土。喷射完毕后,覆盖一层无纺布防晒保墒,水泥使植被混凝土形成具有一定强度的防护层。经过一段时间洒水养护,青草就会覆盖坡面,揭去无纺布,茂密的青草自然生长。

6.3.3 植物护坡

6.3.3.1 种草护坡

对坡比小于 1:1 的土质、强风化岩质坡面,可采取种草护坡,在坡面整治后,根据不同的坡面情况,采用不同的方法。一般采用直接播种法;密实的土质边坡上,采取坑植法。一般选用生长快的低矮匍匐型草种。

6.3.3.2 造林护坡

在坡度为 10°~20°、坡面土层和强风化岩厚 20 cm 以上、立地条件较好的地方,可采用造林护坡。采用深根性与浅根性相结合的乔灌木混交方式,同时选用适应当地条件、速生的乔木和灌木树种。在坡度、坡向和土质较复杂的地方,可将造林护坡与种草护坡结合起来,实行乔、灌、草相结合的植物或藤本植物护坡,应适当密植。

6.3.4 格状框条护坡

6.3.4.1 一般规定

1. 在坡度小于 1:1,高度小于 4 m,坡面有渗水的坡段,可采用砌石草皮护坡。可采用坡面下部 1/2~2/3 采取浆砌石护坡,上部采取草皮护坡;或在坡面上每隔 3 m 修一条宽 30 cm 的砌石条带,条带间的坡面种植草皮两种形式。

2. 在路旁或人口聚居地附近的土质或砂土质坡面,可采用格状框条护坡。浆砌石或混凝土作网格的格状框条,网格尺寸一般为 2.0 m 见方,框条宽 30 cm,框条交叉点用锚杆固定,或加深埋横向框条固定;网格内种植草皮。

6.3.4.2 护坡要求

1. 砌筑片石骨架前,应按设计要求在每条骨架的起讫点放控制桩,挂线放样,然后开挖骨架沟槽,其尺寸根据骨架尺寸而定。

2. 平整坡面:按设计要求平整坡面,清除坡面危石、松土,填补凹坑,并保证坡面密实,无表层溜滑体和蠕滑体等不稳定地质体。

3. 浆砌块石格构应嵌置于边坡中,嵌置深度大于截面高度的 2/3,表面与坡面齐平,其底部、顶部和两端均应做镶边加固,并按设计修筑养护阶梯。

4. 骨架的断面形式宜为 L 形,用以分流坡面径流水。骨架与边坡水平线成 45°,左右互相垂直铺设。

5. 格构可采用毛石或条石,但毛石最小厚度应大于 150 mm,条石以 300 mm × 300 mm × 900 mm 为宜,强度 MU30;用水泥砂浆浆砌,砂浆强度 M7.5 ~ M10。

6. 砌筑骨架时应先砌筑骨架衔接处,再砌筑其他部分骨架,两骨架衔接处应处在同一高度。施工时应自下而上逐条砌筑骨架,骨架应与边坡密贴,骨架流水面应与后续回土种植草皮表面平顺。

7. 在骨架底部及顶部和两侧范围内,应用 M7.5 ~ M10 水泥砂浆砌片石镶边加固。

8. 每隔 10 ~ 20 m 宽度设置变形缝,缝宽 20 ~ 30 mm,填塞沥青麻筋或沥青木板。

6.3.5 现浇钢筋混凝土格构

6.3.5.1 钢筋混凝土格构可嵌置于边坡中或上覆在边坡上。钢筋混凝土格构护坡坡面应平整、夯实,无坡面溜滑体、蠕滑体和松动岩块。

6.3.5.2 混凝土的浇注应架设模板,模板应加支撑固定。与岩石接触处不架设模板,混凝土紧贴岩体浇注。对已浇注完毕的格构,应及时派专人进行养护,养护期应在 7 d 以上。

6.3.5.3 轴线位置允许偏差范围:浆砌块(片)石型为 ±50 mm,混凝土型为 ±30 mm;断面尺寸允许偏差范围:浆砌块(片)石型为 ±40 mm,混凝土型为 ±20 mm。

6.3.5.4 表面平整度(凹凸差)允许偏差范围:浆砌块石型为 ±20 mm,浆砌片石型为 ±30 mm,混凝土型为 ±10 mm。

6.4 排水工程施工

6.4.1 地表排水

6.4.1.1 地表排水工程施工,首先应按设计要求,选定位置,确定轴线。然后按图纸尺寸、高程量定开挖基础范围,准确放出基脚大样尺寸,进行土方开挖与沟体砌(浇)筑。宜根据土质结构进行放坡。

6.4.1.2 开挖土方基坑时,应留够稳定边坡,以防滑塌。对淤泥质土、软黏土、淤泥等松软土层,应尽量挖除,重大的落差跌水、陡坡地基,还可夯压加固处理。

6.4.1.3 开挖出的沟基,如地基承载力达不到设计要求,应进行地基处理加固,如除泥换土,填砂砾石料,扰动土夯实,打木桩、混凝土桩等。

6.4.1.4 排水沟底板和边墙砌筑为人工操作,质量不易均匀。砌筑工艺总的要求是:平

（砌筑层面大体平整）、稳（块石大面向下，安放稳实）、紧（块石间应紧靠）、满（石缝要以砂浆填满捣实，不留空隙）。

6.4.1.5　砌片石或砖时，应注意纵、横缝相互错开，每层原横缝厚度保持均匀，未凝固的砌层，避免震动。需勾缝的砌石面，在砂浆初凝后，应将勾缝抠深 30 mm，清净湿润，然后填浆勾阴缝。

6.4.2　地下排水

6.4.2.1　支撑盲沟施工时，开挖基础应置于软弱面 0.5 m 下的稳定地基上。基底纵向为台阶式，每级台阶长度不应小于 4 m，放坡系数控制在 0.5 m 以内。

6.4.2.2　支撑盲沟基础砌筑，宜每隔 3 m 设一牙石凸榫，可采用 100 ~ 200 mm 填料片石；沟壁砂砾石反滤层厚度不应低于 150 mm。

6.5　**混凝土施工**

6.5.1　一般要求

6.5.1.1　混凝土运输、输送、浇筑过程中严禁加水；混凝土运输、浇筑过程中散落的混凝土，严禁用于结构浇筑。

6.5.1.2　为确保施工质量，在浇筑混凝土前，应清除模板内或垫层上的杂物。表面干燥的地基、垫层、模板上应洒水湿润，现场环境温度高于 35 ℃时宜对金属模板进行洒水降温，洒水后不得留有积水。

6.5.1.3　混凝土宜采用强制式搅拌机搅拌，并应搅拌均匀。混凝土搅拌的最短时间，应符合《混凝土结构工程施工质量验收规范》（GB 50204—2002）。当能保证搅拌均匀时，可适当缩短搅拌时间。

6.5.2　技术要求

6.5.2.1　混凝土浇筑应保证均匀性和密实性。混凝土宜一次连续浇筑；当不能一次连续浇筑时，可留设施工缝或后浇带分块浇筑。混凝土浇筑过程应分层进行，上层混凝土应在下层混凝土初凝之前浇筑完毕。

6.5.2.2　混凝土振捣应能使模板内各个部位混凝土密实、均匀，不应漏振、欠振、过振。混凝土振捣应采用插入式振动棒、平板振动器或附着振动器，必要时可采用人工辅助振捣。

6.5.2.3　混凝土浇筑后，在混凝土初凝前和终凝前宜分别对混凝土裸露表面进行抹面处理，及时进行保湿养护，保湿养护可采用洒水、覆盖、喷涂养护剂等方式。选择养护方式时，应考虑现场条件、环境温湿度、构件特点、技术要求、施工操作等因素。

6.5.2.4　施工缝和后浇带的留设位置应在混凝土浇筑之前确定。施工缝和后浇带宜留设在结构受剪力较小且便于施工的位置。受力复杂的结构构件或有防水抗渗要求的结构构件，施工缝留设位置应经设计单位认可。

6.5.2.5　当室外日平均气温连续 5 d 稳定低于 5 ℃时，应采取冬期施工措施；当混凝土未达到受冻临界强度而气温骤降至 0 ℃以下时，应按冬期施工的要求采取应急防护措施；混凝土冬期施工应按现行行业标准《建筑工程冬期施工规程》（JGJ/T 104—2011）的有关规定进行热工计算。当日平均气温达到 30 ℃及以上时，应按高温施工要求采取措施；雨季和降雨期间，应按雨期施工要求采取措施。

6.6 挡土墙施工

6.6.1 一般要求

6.6.1.1 应按照设计规定的挡土墙基础的各部尺寸、形状以及埋置深度,进行基础施工。基坑的开挖尺寸应满足基础施工的要求,基坑底的平面尺寸宜大于基础外缘 0.50~1.00 m。渗水基坑还应考虑排水设施(包括排水沟、集水坑等)、网管和基础模板等所需增加的面积。

6.6.1.2 基础开挖后,若基底土质与设计情况有出入,应记录和取样实际情况,及时提请变更设计。在松散软弱土质地段,基坑不宜全墙段连通开挖,而应采用跳槽开挖。

6.6.1.3 基础可采用垂直开挖、放坡开挖、支撑加固或其他加固开挖方法。地面水淹没的基础,可采用修筑围堰、改河、改沟、筑坝等措施,排开地面水后再开挖。

6.6.1.4 挡土墙基础为倾斜基底及墙趾设台阶时,应严格按照基底坡度、基底标高及台阶宽度开挖,保持地基土的天然结构。挡土墙基础置于风化岩上时,应按基础尺寸凿除风化严重的表面岩层,在砌筑基础的同时,将基坑填满、封闭。

6.6.1.5 当地基岩层有孔洞、裂缝时,应视裂缝的张开度,分别用水泥砂浆或用小石子混凝土或用水泥-水玻璃或其他双液型浆液等浇注饱满。基底岩层有外露软弱夹层时,宜在墙趾前对软弱夹层作封面保护。

6.6.1.6 砂浆的配合比可按照《砌筑砂浆配合比设计规程》(JGJ/T 98—2010)的规定,通过试验确定。应保证砂浆配比称量准确。搅拌时,颜色必须均匀一致,用料较多时,宜用机械搅拌,时间不少于 2.50 min。砂浆宜随拌随用,保持适当稠度,宜在 3~4 h 内用完;气温超过 30 ℃时,宜在 2~3 h 内用完。如在运输过程中发生离析、泌水现象,应重新拌和,已凝结的砂浆禁止使用。

6.6.2 技术要求

6.6.2.1 基坑开挖完成后,应根据基底纵轴线结合横断面放线复验后,方可进行基础施工。基础施工完成后,应立即对基坑回填,采用小型压实机械进行分层夯实,并在回填土表面设 3% 的向外斜坡,防止积水渗入基底。

6.6.2.2 挡土墙施工时,应按照设计要求正确布置预埋管道、预埋件、泄水孔(管)及沟槽等预埋构件。浆砌片石挡土墙施工时,片石应分层砌筑,宜以 2~3 层组成一工作层,每工作层的水平缝大致找平,竖缝应错开,不应贯通。应按设计规定设置完善的排水系统,并应采取措施疏干墙背填料中的水分,防止墙后积水,避免墙身承受额外的静水压力,减少季节性冰冻地区填料的冻胀压力。挡土墙后的地面,施工时应先做好排水处理,设置排水沟,引排地面水,夯实地表松土,减少雨水和地面水下渗。墙趾前的边沟应予铺砌加固。

6.6.2.3 砌筑挡土墙时,应两面立杆挂线或样板挂线。外面线应顺直整齐,逐层收坡;内面线可大致顺直。应保证砌体各部尺寸符合设计要求,砌筑中应经常校正线杆,避免误差。

6.6.2.4 墙身如采用浆砌石料或现浇混凝土,可在施工中留出泄水孔或埋置泄水管;当为预制面板时,应按面板排列位置,在预制过程中预留孔位。

6.6.2.5 墙背填料为渗水土时,为防止堵塞,应按设计要求在泄水孔进水端设置砂砾反滤层,并在最下一排泄水孔的下端设置隔水层,防止水分渗入基础,当墙后水量较大时,可在排水层底部加设纵向渗沟,配合排水层把水导出墙外。如遇有泉水、渗水等地段,应设纵、横向暗沟,将水引出。反滤层的粒径宜在 0. 50 ~ 50 mm,符合级配要求,并筛选干净,可按各层厚度用薄隔板隔开,自而上逐层填筑,逐步抽出隔板。

6. 6. 2. 6 挡土墙施工时,应根据设计图的分段长度,结合墙址实际地形、水文、地质变化情况,设置沉降缝和伸缩缝。沉降缝和伸缩缝可合并设置。沉降缝、伸缩缝的缝宽,应整齐一致,上下贯通。当墙身为圬工砌体时,缝的两侧应选用平整石料砌筑,使形成竖直通缝。当墙身为现浇混凝土时,应待前一节段的侧模拆除后,安装沉降缝、伸缩缝的填塞材料。

6. 6. 2. 7 沉降缝、伸缩缝的缝宽,宜为 20 ~ 30 mm。沿墙的内、外、顶三边缝内,用沥青麻絮、沥青竹绒、涂以沥青的木板或刨花板、塑料泡沫、渗滤土工织物等具有弹性的材料填塞,自墙顶一直到基底,填入深度不宜小于 0. 15 m。在渗水量大,填料易于流失或冻害严重地区,应适当加深。

6. 6. 2. 8 桩板式挡土墙、肋柱式锚杆挡土墙可不在墙面上设置沉降缝、伸缩缝,其施工时,挡土板端面间的间隙进行填缝处理。

6. 6. 2. 9 测定砂浆强度时,应制作尺寸为 70. 7 mm × 70. 7 mm × 70. 7 mm 的试件,在标准养护条件下(温度 20 ℃ ± 3 ℃,相对湿度 60% ~ 80%),取其 28 d 的抗压强度(单位为MPa)。

6. 6. 2. 10 砌体表面浆缝应留出 10 ~ 20 mm 深的缝槽,以作砂浆勾缝。勾缝砂浆的强度等级应比砌体砂浆强度等级提高一级,砌体隐蔽面的砌缝,可随砌随刮平,不另勾缝。

6. 6. 2. 11 悬臂式和扶壁式挡土墙的混凝土应先浇底板(趾板及踵板),再浇筑立壁(或扶壁)。当底板强度达到 2. 50 MPa 后,应及时浇筑立壁(或扶壁),减少收缩差。接缝处的底板面上,宜做成凹凸不平的糙面,以增强黏结,并应按施工缝处理。

6. 6. 2. 12 浇筑立壁混凝土及扶壁混凝土时,应严格控制水平分层。浇筑扶壁斜面时,应从低处开始,逐层升高,与立壁保持相同水平分层。墙体混凝土的浇筑长度,宜控制在15. 00 m 左右,或按挡土墙的设计分段长度作为一个浇筑节段。浇筑工作不能间断,应一次浇完,并应在前层所浇混凝土初凝之前,即将第二层混凝土浇筑完毕。如混凝土浇筑的间歇时间已超过前层混凝土初凝时间或重塑的时间,则应停止浇筑,需等前层混凝土达到一定强度,按施工缝进行处理后,方可继续浇筑。

6. 6. 2. 13 混凝土浇筑完毕后,在炎热和有风的天气,应立即覆盖,并在 2 ~ 3 h 后开始浇水湿润。

6. 6. 2. 14 混凝土养护在潮湿气候条件下,空气相对湿度大于 60% 时,使用普通水泥或硅酸盐水泥,湿润养护时间不少于 7 d,使用火山灰水泥或矿渣水泥,不少于 14 d;在比较干燥的气候条件下,相对湿度低于 60% 时,使用上述两种类型水泥,湿润养护时间应分别不少于 14 d 和 21 d。

6. 7 简易桥涵工程施工

6. 7. 1 一般要求

6. 7. 1. 1 简易桥涵工程施工应符合现行国家标准《公路桥涵施工技术规范》(JTG/T F50—2011)的有关规定。

6. 7. 1. 2 简易桥涵施工必须做好施工前的各项准备工作,编制施工组织设计和可能发生的突发风险(防台风、防洪、防凌等)应对预案;加强施工过程中的技术交底、施工组织管理和质量控制工作,严格执行本技术要求及有关技术操作规程的规定。

6.7.1.3 涵洞

涵洞(基础和墙身)沉降缝处两端面应竖直、平整,上下不得交错。填缝料应具有弹性和不透水性,并应填塞紧密。沉降缝宽度应按设计要求设置,设计无具体宽度数值时,可按 10 ~ 20 mm 设置。预制圆管涵的沉降缝应设在管节接缝处,预制盖板涵的沉降缝应设在盖板的接缝处,沉降缝贯穿整个断面。

6.7.2 技术要求

6.7.2.1 石砌堆坡、护坡和河床铺砌层等工程,必须在坡面或基面夯实、整平后,方可开始铺砌。

6.7.2.2 浆砌片石护坡和河床铺砌,石块应相互咬接,砌缝砂浆饱满,砌缝宽度 40 ~ 70 mm。浆砌卵石护坡和河床铺砌,应采用栽砌法,砌块应相互咬接。

6.7.2.3 干砌片石护坡和河床铺砌时,应紧密、稳定、表面平顺,但不得用小石块塞垫或找平。干砌卵石河床铺砌时,应采用栽砌法。用于防护急流冲刷的护坡、河床铺砌层,其石块尺寸不得小于有关规定。

6.7.2.4 铺砌层的砂砾垫层材料,粒径一般不宜大于 50 mm,含泥量不宜超过 5%,含砂量不宜超过 40%,垫层与铺砌层配合铺筑,随铺随砌。

6.7.2.5 防护工程采用石笼时,形状及尺寸应适应水流及河床的实际情况。笼内填充料一般用片石和大卵石,石料的尺寸须大于笼网孔眼。笼内石料应塞紧、装满,笼网应锁口牢固,石笼应铺放整齐,笼与笼间的空隙应用石块填满。

6.8 锚杆(索)施工

6.8.1 一般要求

6.8.1.1 应掌握锚杆施工区建(构)筑物基础、地下管线等情况,判断锚杆施工对邻近建筑物和地下管线的不良影响,并拟定相应预防措施。

6.8.1.2 应检验锚杆的制作工艺和张拉锁定方法与设备。

6.8.1.3 应确定锚杆注浆工艺,并标定注浆设备。

6.8.1.4 应检查原材料的品种、质量和规格型号,以及相应的检验报告。

6.8.2 技术要求

6.8.2.1 钻孔机械应考虑钻孔通过的岩土类型、成孔条件、锚固类型、锚杆长度、施工现场环境、地形条件、经济性和施工速度等因素进行选择。可用凿岩机或轻型钻机造孔,孔径由设计确定。

6.8.2.2 锚杆(管)杆体在入孔前应清洗孔,除锈、除油,平直,每隔 1.00 ~ 2.00 m 应设对中支架。

6.8.2.3 砂浆配合比宜为:灰砂比 1:1 ~ 1:2,水灰比 0.38 ~ 0.45。砂浆强度不应低于 M25。

6.8.2.4 压力注浆应加止浆环,注浆后,应将注浆管拔出。

6.8.3 锚孔施工要求

6.8.3.1 锚孔定位偏差不宜大于 20 mm。

6.8.3.2 锚孔偏斜度不应大于 5%。

6.8.3.3 钻孔深度超过锚杆设计长度应不小于 0.50 m。

6.8.4 预应力锚杆锚头承压板及其安装要求

6.8.4.1 承压板应安装平整、牢固,承压面应与锚孔轴线垂直。

6.8.4.2 承压板底部的混凝土应填充密实,并满足局部抗压要求。

6.8.5 锚杆的灌浆要求

6.8.5.1 灌浆前应清孔,排放孔内积水。

6.8.5.2 注浆管宜与锚杆同时放入孔内,注浆管端头到孔底距离宜为 300~500 mm。

6.8.5.3 浆体强度检验用试块的数量每 30 根锚杆不应少于一组,每组试块应不少于 6 个。

6.8.5.4 根据工程条件和设计要求确定灌浆压力,应确保浆体灌注密实。

6.8.6 预应力锚杆的张拉与锁定要求

6.8.6.1 锚杆张拉宜在锚固体强度大于 20 MPa 并达到设计强度的 80% 后进行。

6.8.6.2 锚杆张拉顺序应避免相近锚杆相互影响。

6.8.6.3 锚杆张拉控制应力不宜超过 0.65 倍钢筋或钢绞线的强度标准值。

6.8.6.4 宜进行超过锚杆设计预应力值 1.05~1.10 倍的超张拉试验,预应力保留值应满足设计要求。

6.9 抗滑桩工程施工

6.9.1 一般要求

6.9.1.1 抗滑桩应严格按设计图施工。应将开挖过程视为对滑坡进行再勘查的过程,及时进行地质编录,以利于反馈设计。

6.9.1.2 抗滑桩施工包含以下工序:施工准备、测量放线、桩孔开挖、地下水处理、护壁、钢筋笼制作与安装、混凝土灌注、混凝土养护等。

6.9.2 施工准备要求

6.9.2.1 按工程要求进行备料,选用材料的型号、规格符合设计要求,有产品合格证和质检单。

6.9.2.2 钢筋应专门建库堆放,避免污染和锈蚀。

6.9.2.3 使用普通硅酸盐水泥。

6.9.3 人工开挖桩孔要求

6.9.3.1 开挖前应平整孔口,并做好施工区的地表截、排水及防渗工作。雨季施工时,孔口应加筑适当高度的围堰。

6.9.3.2 采用间隔方式开挖,每次间隔 1~2 孔,按由浅至深、由两侧向中间的顺序施工。

6.9.3.3 松散层段原则上以人工开挖为主,孔口作锁口处理,桩身作护壁处理。基岩或坚硬孤石段可采用少药量、多炮眼的松动爆破方式,但每次剥离厚度不宜大于 30 cm。开挖基本成型后再人工刻凿孔壁至设计尺寸。

6.9.3.4 根据岩土体的自稳性、可能日生产进度和模板高度,经过计算确定一次最大开挖深度。一般自稳性较好的可塑 - 硬塑状黏性土、稍密以上的碎块石土或基岩中为 1.0~1.2 m;软弱的黏性土或松散的、易垮塌的碎石层中为 0.5~0.6 m;垮塌严重段宜先注浆后开挖。

6.9.3.5 每开挖一段应及时进行岩性编录,仔细核对滑面(带)情况,综合分析研究,如实际情况与设计有较大出入,应将发现的异常及时向建设单位和设计人员报告,及时变更设计。实挖桩底高程应会同设计、勘查等单位现场确定。

6.9.3.6 弃渣可用卷扬机吊起,吊斗的活门应有双套防开保险装置,吊出后应立即运走,不得堆放在滑坡体上,防止诱发次生灾害。

6.9.4 桩孔开挖过程中应及时排除孔内积水。当滑体的富水性较差时,可采用坑内直接排水;当富水性好,水量很大时,宜采用桩孔外管泵降排水。

6.9.5 桩孔开挖过程中应及时进行钢筋混凝土护壁,宜采用 C20 混凝土。护壁的单次高度根据一次最大开挖深度确定,一般为 1.0 ~ 1.5 m。护壁厚度应满足设计要求,一般为 100 ~ 200 mm,应与围岩接触良好。护壁后的桩孔应保持垂直、光滑。

6.9.6 钢筋笼的制作与安装要求

6.9.6.1 钢筋笼尽量在孔外预制成型,在孔内吊放竖筋并安装,孔内制作钢筋笼应考虑焊接时的通风排烟。

6.9.6.2 竖筋的接头采用双面搭接焊、对焊或冷挤压,接头点需错开,竖筋的搭接处不得放在土石分界和滑动面(带)处。

6.9.6.3 孔内渗水量过大时,应采取强行排水、降低地下水位措施。

6.9.7 桩芯混凝土灌注要求

6.9.7.1 待灌注的桩孔应经检查合格。

6.9.7.2 所准备的材料应满足单桩连续灌注。

6.9.7.3 当孔底积水厚度小于 100 mm 时,可采用干法灌注,否则应采取措施处理。

6.9.7.4 当采用干法灌注时,混凝土应通过串筒或导管注入桩孔,串筒或导管的下口与混凝土面的距离为 1 ~ 3 m。

6.9.7.5 桩身混凝土灌注应连续进行,不留施工缝。

6.9.7.6 桩身混凝土,每连续灌注 0.5 ~ 0.7 m 时,应插入振动器振捣密实一次。

6.9.7.7 对出露地表的抗滑桩应按有关规定进行养护,养护期应在 7 d 以上。

6.9.8 桩身混凝土灌注过程中,应取样做混凝土试块。每班、每 100 m³ 或每搅百盘取样应不少于一组。不足 100 m³ 时,每班都应取。

6.9.9 当孔底积水深度大于 100 mm,但有条件排干时,应尽可能采取增大抽水能力或增加抽水设备等措施进行处理。

6.9.10 若孔内积水难以排干,应采用水下灌注方法进行混凝土施工,保证桩身混凝土质量。

6.9.11 水下混凝土应具有良好的和易性,其配合比按计算和试验综合确定。水灰比宜为 0.5 ~ 0.6,坍落度宜为 160 ~ 200 mm,砂率宜为 40% ~ 50%,水泥用量不宜少于 350 kg/m³。

6.9.12 灌注导管应位于桩孔中央,底部设置性能良好的隔水栓。导管直径宜为 250 ~ 350 mm。导管使用前应进行试验,检查密封、承压和接头抗拉、隔水等性能。进行水密封试验的水压不应小于孔内水深的 1.5 倍压力。

6.9.13 水下混凝土灌注要求

6.9.13.1 为使隔水栓能顺利排出,导管底部至孔底的距离宜为 250～500 mm;

6.9.13.2 为满足导管初次埋置深度在 0.8 m 以上,应有足够的超压力能使管内混凝土顺利下落并将管外混凝土顶升;

6.9.13.3 灌注开始后,应连续进行,每根桩的灌注时间不应超过表 6.9.13-1 的规定;

表 6.9.13-1　单根抗滑桩的水下混凝土灌注时间表

灌注量(m³)	<50	100	150	200	250	≥300
灌注时间(h)	≤5	≤8	≤12	≤16	≤20	≤24

6.9.13.4 灌注过程中,应经常探测井内混凝土面位置,力求导管下口埋深在 2～3 m,不得小于 1 m;

6.9.13.5 对灌注过程中的井内溢出物,应引流至适当地点处理,防止污染环境。

6.9.14 若桩壁渗水并有可能影响桩身混凝土质量,灌注前宜采取下列措施予以处理:

6.9.14.1 使用堵漏技术堵住渗水口。

6.9.14.2 使用胶管、积水箱(桶),并配以小流量水泵排水。

6.9.14.3 若渗水面积大,则应采取其他有效措施堵住渗水。

6.9.15 抗滑桩施工要求

6.9.15.1 监测应与施工同步进行,当滑坡出现险情,并危及施工人员安全时,应及时通知人员撤离。

6.9.15.2 孔口应设置围栏,严格控制非施工人员进入现场,人员上下可用卷扬机和吊斗等升降设施,同时应准备软梯和安全绳备用。孔内有重物起吊时,应有联系信号,统一指挥,升降设备应由专人操作。

6.9.15.3 井下照明应采用 36 V 安全电压,进入井内的电气设备应接零接地,并装设漏电保护装置,防止漏电触电事故。

6.9.15.4 井内爆破前,应经过设计计算,避免药量过多造成孔壁坍塌,应由已取得爆破操作证的专门技术工人负责。起爆装置宜用电雷管,若用导火索,其长度应能保证点炮人员安全撤离。

6.9.16 抗滑桩属于隐蔽工程,施工过程中,应作好滑带的位置、厚度等各种施工和检验记录。对于发生的故障及其处理情况,应记录备案。

6.10 **灌浆工程施工**

6.10.1 一般要求

6.10.1.1 灌浆施工前应准备充足的灌浆材料,土料储量宜为需要量的 2～3 倍。

6.10.1.2 灌浆所用土料和浆液都应进行试验。土料试验包括颗粒分析、有机质含量及可溶盐含量等;浆液试验包括密度、黏度、稳定性、胶体率及失水量等。如采用水泥黏土浆时,应进行不同水泥含量的浆液及结石的物理力学性能试验。土料成分、性质和浆液性能应满足设计要求。

6.10.1.3 制浆用水可为天然淡水。浆液中需掺入水泥、水玻璃、膨润土等材料时,所有材料的品质均应满足相关的技术标准。

6.10.1.4 应根据灌浆工程的规模、工程量、地质条件、进度及操作人员的素质等条件,选择工作性能可靠、耐用的钻孔和灌浆机具。主要灌浆机具如泥浆泵、注浆管及输浆管等应有备用。

6.10.1.5 灌浆所用的电源或其他动力应有充分保证,必要时应有备用动力。

6.10.1.6 制浆和灌浆机械的布置,应考虑灌浆泵排量、扬程、输浆距离和料场位置等因素,满足施工干扰少、搬迁次数少以及电源和交通方便等要求。

6.10.1.7 灌浆施工前应确定土坝变形观测点位置,建立观测设施。

6.10.1.8 灌浆施工前应选择有代表性的坝段进行生产性灌浆试验。试验孔不少于3个。

6.10.2 钻孔技术要求

6.10.2.1 坝的河槽段灌浆孔应分为2序或3序施工。坝的岸坡段、弯曲段和堤坝地基劈裂灌浆可不分序。

6.10.2.2 灌浆孔孔位偏差不宜大于10 cm,钻孔偏斜率不大于2%。

6.10.2.3 土坝劈裂灌浆孔可采用各式适宜的钻机干法或湿法钻进。湿法钻进时宜采用泥浆护壁成孔。充填式灌浆宜采用干法成孔。灌浆孔孔径宜为50～76 mm。

6.10.2.4 堤坝地基劈裂灌浆可采用泥浆护壁成孔,坝体内应下设套管,套管下设深度至坝基以下1～2 m。在套管内继续钻进至设计深度。

6.10.2.5 应作好钻孔记录。钻孔过程中发现特殊情况时,应详细记录和描述,并及时分析和处理。

6.10.3 制浆技术要求

6.10.3.1 制浆应采用专用机械,搅拌成浆后先筛除大颗粒和杂物,灌浆前再通过36孔/cm^{2}筛网过滤。

6.10.3.2 各项浆液指标应满足设计要求。灌浆过程中浆液密度每小时检测1次,浆液的稳定性和胶体率每10 d检测1次。如浆液材料发生变化,应增加检测频率。

6.10.4 灌浆技术要求

6.10.4.1 坝体劈裂灌浆宜先灌注河槽坝段,后灌注岸坡坝段和弯曲坝段。多排孔宜先灌注上游排(主排),再灌注下游排,后灌注中间排。同一排孔中应先对Ⅰ序孔轮流灌注,直至全部结束,方可进行Ⅱ序孔、Ⅲ序孔的施工。

6.10.4.2 坝体劈裂灌浆采用自下而上分段灌浆法。实施方法为:

1. 钻孔至设计深度,提出钻具。

2. 在钻孔中下入直径比钻孔略小的灌浆管,至距离孔底0.5～1.0 m处,灌浆管与钻孔孔壁要结合紧密,防止灌浆时浆液沿孔壁上行至坝顶冒浆。

3. 按纯压式灌浆方式连接灌浆管路,进行灌浆。

6.10.4.3 灌浆分段方法为:

1. 孔深小于20 m时,灌浆分段长度宜为0.5～1.0 m,每段灌注1次,总灌注次数宜在5次以上。

2. 孔深大于20 m时,灌浆分段长度宜为3～6 m(深孔取大值,浅孔取小值),每段灌浆2次以上。每孔灌注次数宜在10次以上。

3. 每段灌浆完成后提升灌浆管,继续灌注上面一段,依次类推。灌浆管提升到距坝顶 10～15 m 时,可不再提升灌浆管,直到达到结束条件。

6.10.4.4 坝体劈裂灌浆先用稀浆(密度 1.2～1.4 g/cm³)开始灌注,灌浆压力由小到大缓慢提升,直至达到起裂压力;坝体发生劈裂,孔口压力出现下降或负压时,及时调整至正常压力并加大浆液密度,继续灌浆。全部灌浆过程中,灌浆压力不得大于灌浆控制压力。

6.10.4.5 对于岸坡坝段、弯曲坝段以及整体质量较差的宽顶坝段,可采用相邻数孔同时灌浆的方法。一台泵灌注一个灌浆孔。必要时可加密孔距,减小灌浆压力和每次灌浆量,增加复灌次数。

6.10.4.6 采用充填式灌浆方法时应注意:

1. 灌浆压力宜小,尽量不劈裂坝体;

2. 深孔灌浆时,分段长度宜加大至 5～10 m;

3. 浅孔灌浆时,通常不下套管,也可不分段。

6.10.4.7 坝地基劈裂灌浆应在套管内下入灌浆管、安装阻塞器进行,并采用相邻两孔或数孔同时灌浆的方法,一次灌注到设计要求。如需分次灌注,每次灌浆结束前应灌注3～5 min 纯黏土浆,防止灌浆管堵塞。

6.10.4.8 如坝体灌浆与地基劈裂灌浆同时进行,应先灌注地基部分,再提升套管及灌浆管,进行坝体部分的灌浆。

6.10.4.9 应作好灌浆记录,并绘制图表。

6.10.5 灌浆过程控制要求

6.10.5.1 灌浆过程控制,包括对灌浆压力、灌浆量、坝体横向水平位移、裂缝开展宽度等的控制。

6.10.5.2 灌浆压力表应安装在灌浆孔孔口进浆管管路上,压力表盘示值分度应不低于 10 kPa。以压力表指示范围的中间值为灌浆压力值。应随时观测和记录灌浆压力变化,注意记录瞬时最大压力,对照坝体位移和裂缝张开宽度,合理控制灌浆压力。

6.10.5.3 灌浆量即浆液注入量采用体积法进行量测和控制。每次灌浆量及每段总灌浆量应准确记录。

6.10.5.4 两次灌浆间隔时间不宜少于 5 d,干燥条件和干旱地区可为 1～3 d。

6.10.5.5 灌浆时坝顶上、下游边线横向水平位移总的允许量应根据试验确定,一次灌浆宜控制在 3 cm 以内,停灌后应能基本复原。砂坝和窄心墙砂壳坝应从严控制。

6.10.5.6 劈裂式灌浆坝面裂缝宽度宜小于 3 cm,灌浆停止后裂缝应能基本闭合。

6.10.6 灌浆结束及封孔要求

6.10.6.1 灌浆结束应满足下述条件:

1. 经过分段多次灌浆,浆液已灌注至孔口,且连续复灌 3 次不再吸浆,可结束灌浆。

2. 该灌浆孔的灌注浆量或灌浆压力已达到设计要求。

6.10.6.2 灌浆孔灌浆结束后,应及时进行封孔。方法为将灌浆管拔出,向孔内注满重度大于 15 kN/m³ 的稠浆。如果孔内浆液面下降,则应继续灌注稠浆,直至浆液面升至孔口不再下降为止。

6.10.7　特殊情况处理

6.10.7.1　裂缝处理要求

1. 当坝面出现纵向裂缝时,应分析成因。对于湿陷缝,可继续进行灌浆;对于劈裂缝,应加强观测。当裂缝发展到控制宽度时,立即停止灌浆,待裂缝基本闭合后再恢复灌浆。

2. 当坝面出现横向裂缝时,应立即停灌检查。如裂缝深度较浅,可沿裂缝开挖适当宽度,回填黏土夯实,然后继续灌浆。如裂缝较深,可用稠浆灌注裂缝,先灌上游,再灌下游,后灌中间。

3. 当弯曲坝段出现斜向裂缝时,应立即停灌。改在坝顶上游侧沿裂缝布孔,采用多孔轮灌的方法灌注稠浆堵住裂缝,灌浆时压力宜小,略大于浆液自重压力即可。待处理好后再进行灌浆。

6.10.7.2　冒浆处理要求

1. 坝顶和坝坡冒浆,应立即停止灌浆,挖开冒浆出口,用黏性土料回填夯实。钻孔周围冒浆,可采用压砂做反滤处理,再继续灌浆;或采用间歇灌浆的办法处理。

2. 小生物洞穴冒浆,可先在冒浆洞口压砂封堵,再继续灌浆。

3. 水下坝坡冒浆,可采用稠浆间歇灌注;坝体与已有建筑物接触带冒浆,可用较稠的黏土水泥浆灌注。

6.10.7.3　串浆处理要求

1. 灌浆初期发生相邻孔串浆,如可确认对坝体安全无影响,灌浆孔和串浆孔可同时灌注;如不宜同时灌注,可堵塞串浆孔,然后继续灌浆。若灌浆后期相邻孔串浆,可减少1次灌浆量。

2. 如浆液串入观测管,灌浆结束后应对观测设施进行修复或补设。

6.10.7.4　塌坑处理。挖除塌坑部位的泥浆和稀泥,回填黏性土料,分层夯实。

6.10.7.5　隆起处理。发现坝坡隆起时,应立即停灌,分析原因。如确认不是与滑坡有关的隆起,待停灌 5 ~ 10 d 后可继续灌浆,并注意监测。

6.11　防护网工程施工

6.11.1　一般要求

6.11.1.1　选购符合规范和国家相关标准要求的产品,选择具有招标文件要求的资质的产品生产和供应企业。

6.11.1.2　生产及供应企业自身应具备检验产品质量的条件和能力,具备省级质量技术监督部门认可的出具产品合格证的资格;信誉好,其产品在多个类似的大型工程中成功使用过。

6.11.2　材料要求

柔性防护网的防护等级一般不应低于 500 kJ。

编网、支撑绳及拉锚系统所用钢丝绳应符合《重要用途钢丝绳》(GB/T 8918—2006)的规定,其钢丝强度不应低于 1 770 MPa,热镀锌等级不低于 AB 级。

钢丝格栅编织用钢丝应符合《一般用途低碳钢丝》(YB/T 5294—2009)的规定,热镀锌等级不低于 AB 级,其中高强度钢丝格栅可采用质量不低于 150 g/m² 的镀锌铝合金镀层处理。环形网用钢丝应符合《一般用途低碳钢丝》(YB/T 5294—2009)的规定,其钢丝强度不应低于 1 770 MPa,热镀锌等级不低于 AB 级或采用质量不低于 150 g/m² 的镀锌铝合金镀层处理。

钢柱构件钢材应符合《碳素结构钢》(GB/T 700—2006)的规定,并进行防腐处理。

热轧工字钢应符合《碳素结构钢》(GB/T 700—2006)和《热轧工字钢》(GB/T 706—2006)的规定,并进行防腐处理。

6.11.3 主动防护网施工要求

主动防护网的锚杆施工安装完成后即可进行成品网片的安装、固定。成品网片直接采用 8 t 吊机吊运到预定位置,并利用网片上环孔等固定在钢结构上。钢结构与边坡锚杆间用直径不小于 16 mm 的钢丝绳锚杆连接固定。

6.11.4 被动防护网施工要求

6.11.4.1 混凝土基础开挖和清理建基面。采用人工手风钻开挖,人工出渣,并施打锚杆。

6.11.4.2 采用现浇混凝土,混凝土内按照设计图纸或厂家产品说明要求预埋钢结构基础。

6.11.4.3 钢结构制作及安装:钢结构统一在钢筋加工厂加工成符合设计图纸或产品说明要求的成品,采用 8 t 自卸车运至工作面。钢结构在现场拼装,相互之间焊接牢固可靠。安装时 8 t 吊机辅助进行。

6.11.4.4 挂网及网片、钢结构固定成品网片直接采用 8 t 吊机吊运到图纸规定的位置,并利用网片上环孔等固定在钢结构上。钢结构与边坡锚杆间用直径不小于 16 mm 的钢丝绳锚杆连接固定。

6.11.5 其他要求

6.11.5.1 环形网单个环由单根钢丝盘结而成,两端头间搭接长度不应小于 100 mm;盘结而成的环应用钢质或铝合金紧固件至少在均匀分布的三处箍紧,且其中一个箍紧点应位于两端头的搭接处;除边缘环以外,每个环应与其周边的 4 个环相扣联。

6.11.5.2 盘结成环的钢丝不应有明显松落、分离现象,钢丝不应有明显的机械损伤和锈蚀现象。

6.11.5.3 高强度钢丝格栅端头至少应扭结一次,扭结处不应有裂纹。钢丝绳锚杆应为直径不小于 16 mm 的单根钢丝弯折后,用绳卡或铝合金紧固套管固定而成,并在固定后的环套内嵌套鸡心环。

6.11.5.4 拉锚绳应在一端用相应规格的绳卡或铝合金紧固套管固定并制作挂环。被动网支撑应在一端制作挂环,缝合绳应按钢丝绳网规格预先切断。

6.12 拦渣坝工程施工

6.12.1 一般要求

6.12.1.1 在施工之前应根据平面图上的控制坐标及剖面图的设计线等进行放线定位工作,放线时必须根据现场实际情况进行核实。

6.12.1.2 施工前应搞好地面排水,避免雨水沿斜面排泄,应保持斜面干燥,基础施工完后应及时回填土,并预设不小于 5% 的向外流流水坡,以免积水软化地基。

6.12.1.3 坑槽开挖揭露地层如与设计存在差异或变化,应及时通知设计、监理及业主代表进行坑槽现场查验,必要时应调整变更设计或经特殊处理后满足设计要求。

6.12.1.4 拦渣坝坝基要求分段跳槽开挖,每段长度不宜大于 10 m,并及时砌筑,严禁大拉槽开挖后长期暴露。开挖必须严格按照从两侧到中间的顺序逐段施工,以减少扰动破坏作用和影响。

6.12.1.5 遇有坑槽积聚地下水时,应采用井点降水,随聚随抽,并且要求采取有效可行的引排封堵等工程措施进行永久处理,确保基础工程质量和结构整体安全。

6.12.1.6 待坝身强度达到 70%时及时回填,并逐层填筑,逐层夯实。

6.12.2 砂浆砌石体坝要求

6.12.2.1 砂浆砌石体砌筑,应先铺砂浆后砌筑,砌筑要求平整、稳定、密实、错缝。粗料石砌筑,同一层砌体应内外搭接,错缝砌筑,石料宜采用一丁一顺,或一丁多顺。后者丁石不应小于砌筑总量的 1/5,拱坝丁石不应小于砌筑总量的 1/3。块石砌筑,应看样选料,修整边角,保证竖缝宽度符合要求。

6.12.2.2 砌石体内埋置钢筋处,应采用高标号水泥砂浆砌筑,缝宽不宜小于钢筋直径的 3~4 倍。严禁钢筋和石块直接接触。

6.12.2.3 处于坝体表面的石料称为面石,其余坝体石料称为腹石。坝体面石与腹石砌筑,一般应同步上升。如不能同步砌筑,其相对高差不宜大于 1 m,结合面应作竖向工作缝处理。不得在面石底面垫塞片石。

6.12.2.4 坝体腹石与混凝土的结合面,宜用毛面结合;坝体外表面为竖直平面,其面石宜用粗料石,按丁顺交错排列;顺坡斜面宜用异形石砌筑。如倾斜面允许呈台阶状,可以采用粗料石水平砌筑。

6.12.2.5 溢流坝面的头部曲线及反弧段,宜用异形石及高标号砂浆砌筑。廊道顶拱宜用拱石砌筑。如用粗料石,可调整砌缝宽度砌成拱形。

6.12.2.6 拱坝、连拱坝内外弧面石,可以采用粗料石,调整竖缝宽度砌成弧形。但同一砌缝两端宽度差,拱坝不宜超过 1 cm,连拱坝不宜超过 2 cm;坝体横缝(沉陷缝)表面应保持平整竖直。

6.12.3 连拱坝砌筑要求

6.12.3.1 拱筒与支墩用混凝土连接时,接触面按工作缝处理。

6.12.3.2 诸拱筒砌筑应均衡上升。当不能均衡上升时,相邻两拱筒的允许高差必须按支墩稳定要求核算。

6.12.3.3 倾斜拱筒采用斜向砌筑时,宜先在基岩上浇筑具有倾斜面(与拱筒倾斜面垂直)的混凝土拱座,再于其上砌石,石块的砌筑面应保持与斜拱的倾斜面垂直。

6.12.4 坝面倒悬施工要求

6.12.4.1 采用异形石水平砌筑时,应按不同倒悬度逐块加工、编号,对号砌筑。

6.12.4.2 采用倒阶梯砌筑时,每层挑出方向的宽度不得超过该石块宽度的 1/5。

6.12.4.3 粗料石垂直倒悬面砌筑时,应及时砌筑腹石或浇筑混凝土。

6.12.5 混凝土砌石体砌筑要求

6.12.5.1 混凝土砌石体的平缝应铺料均匀,防止缝间被大骨料架空。

6.12.5.2 竖缝中充填的混凝土,开始应与周围石块表面齐平,振实后略有下沉,待上层平缝铺料时,一并填满。

6.12.5.3　竖缝振捣,以达到不冒气泡且开始泛浆为适度。相邻两振点间的距离不宜大于振捣器作用半径的 1.5 倍。应采取措施防止漏振。

6.12.5.4　当石料长 1 m 或厚 0.5 m 以上时,应采取适当措施,保证砌缝振捣密实。

6.12.5.5　有关混凝土的施工工艺,除应符合本技术要求的规定外,还应符合《水工混凝土施工规范》中的有关规定。

6.13　土地资源破坏修复工程施工

6.13.1　适用范围

适用于采矿生产建设活动产生的废弃土地和土壤污染修复,包括煤矿、金属矿、非金属矿、砂矿等矿山的露天采矿场、最终采掘带沟道、截水沟、采矿沉陷区、废石场、排土场以及其他工业废弃物堆场等各类矿山场地的恢复。

6.13.2　一般要求

6.13.2.1　收集待修复场地背景资料,包括工程地质、水文地质、土壤、植被、区域自然环境和简要社会环境等;收集原用途的设计、运行及闭坑设计资料,修复场利用方向设计论证资料等。

6.13.2.2　待修复场地应与当地地形、地貌及环境相协调。修复后场地及边坡稳定性可靠。

6.13.2.3　用作修复场的覆盖材料,不应含有有毒有害成分。如恢复场地含有有毒有害成分,应先处置去除,视其废弃物性质、场地条件,必要时设置隔离层后再行覆盖。充分利用从废弃地收集的表土,作为顶部覆盖层。

6.13.2.4　覆盖后的修复场地规范、平整,满足恢复利用要求。

6.13.2.5　修复场地有满足要求的排水设施,防洪标准符合当地要求,修复场地有控制水土流失的措施。

6.13.3　废弃露天采矿场修复

6.13.3.1　覆土厚度为自然沉实土壤 0.5 m 以上;覆土后场地平整,地面坡度一般不超过 5°。用作耕地时,坡度一般不超过 2°~3°;用作林地时,坡度一般不超过 35°。

6.13.3.2　覆土土壤 pH 值范围,一般为 6.5~7.5,含盐量不大于 0.3%。

6.13.3.3　有控制水土流失措施,边坡宜采用植被保护。

6.13.4　露采场用于建筑时的修复

6.13.4.1　待修复场地应无滑坡、断层、岩溶等不良地质条件,主体建筑应设置于较好地基地段。根据《建筑地基基础设计规范》(GB 50007—2011)确定建筑参数(地基承载力、变形和稳定性指标)。

6.13.4.2　用于建筑的坡度允许值,应根据当地经验,参照同类土、岩体的稳定性坡度值确定。坡度一般不超过 20%。

6.13.4.3　排水管网布置合理,建筑地基标高满足防洪要求。

6.13.5　废石场、排土场修复

6.13.5.1　在经过整治的排土场平台和边坡,应覆盖土层,充分利用工程前收集的表土覆盖于表层。在无适宜表土覆盖时,也可采用经过试验验证,不致造成污染的其他物料覆

盖。覆盖土层厚度应根据场地用途确定。

6.13.5.2 在采矿剥离物含有有毒有害或放射性成分时,必须用碎石深度覆盖,不得出露于边坡处,并应有防渗措施。然后再覆盖土层后,方可用于农、牧业用地。

6.13.5.3 覆盖土层前应适当压实,依不同用途确定压实程度。

6.13.5.4 采取坑栽时,坑内放少许客土或人工土。

6.13.5.5 有满足场地要求的排水设施,边坡有保水保肥措施。

6.13.6　沉陷场地修复

采矿等活动引起地表沉陷和变形,依其产状和破坏程度可分为两类:深部开采和浅部开采。因此,沉陷区修复工程基本分为两类:充填沉陷场地修复和非充填沉陷场地修复。

6.13.6.1　充填沉陷场地修复

1. 用废石(含矸石)充填沉陷场地时,根据修复场地用途,在充填后应适当碾压,压实程度依用途而定。必要时,可分层充填、分层碾压,充填压实后场地必须稳定。当废石有害成分含量高时,应处置。必要时设置隔离层后再覆土。

2. 用矿山废弃物充填(包括废渣、尾矿、炉渣、粉煤灰等充填)时,应参照国家有关环境标准,进行卫生安全土地填筑处置。充填后场地应稳定,有防止填充物中有害成分污染地下水和土壤的防治措施。视其填充物性质、种类,除采取压实等加固措施外,应作不同程度防渗、防污染处置,必要时,设衬垫隔离层。

6.13.6.2　非充填沉陷场地修复

1. 高潜水位沉陷场地依据当地条件,因地制宜,保留水面,集中开挖水库、蓄水池、鱼塘和人工湖等,综合实施沉陷土地整治与生态环境治理的总体规划。

2. 依据当地条件,因地制宜,可综合实施"挖深垫浅"的措施。即在积水区深挖为深水塘(池),用于渔业等;"垫浅"后场地可改造为水平梯田或水田等。

3. 低潜水位沉陷场地系指基本不积水或干旱地带形成丘陵地貌。对局部沉陷地填平补齐,对土地进行平整。沉陷后形成坡地时,坡度大,可修整为水平梯田,局部小面积积水可改造为水田等。

6.13.7　土地污染修复

6.13.7.1　重金属污染土壤的微生物修复

1. 微生物可以对土壤中的重金属进行固定、移动或转化,改变它们在土壤中的环境化学行为,可促进有毒有害物质解毒或降低毒性,从而达到生物修复的目的。重金属污染土壤的微生物修复主要包括生物富集(如生物积累、生物吸着)和生物转化(如生物氧化还原、甲基化与去甲基化以及重金属的溶解和有机络合配位降解)等方式。

2. 重金属污染土壤中的一些特殊微生物类群,对有毒重金属离子不仅具有抗性,同时也可以使重金属进行生物转化。通过微生物对重金属的生物氧化和还原、甲基化与去甲基化以及重金属的溶解和有机络合配位等方法来降解转化重金属,改变其毒性,从而达到某些微生物对重金属的解毒目的。

3. 运用农业技术改善土壤对植物生长不利的化学和物理方面的限制条件,使之适于种植,并通过种植优选的植物及其根际微生物直接或间接吸收、挥发、分离、降解污染物,修复重建自然生态环境和植被景观。

6.13.7.2 有机污染土壤的微生物修复

1. 土壤中大部分有机污染物可以被微生物降解、转化，并降低其毒性或使其完全无害化。微生物降解有机污染物主要应依靠两种作用方式：

（1）通过微生物分泌的胞外酶降解。

（2）污染物被微生物吸收至其细胞内后，由胞内酶降解。微生物从胞外环境中吸收摄取物质的方式主要有主动运输、被动扩散、促进扩散、基团转位及胞饮作用等。

2. 微生物修复技术的场地应用是一项复杂的系统工程，必须融合环境工程、水利学、环境化学及土壤学等多学科知识，创造现场的修复条件，如土地翻耕、农艺措施、添加物质、高效微生物、植物修复等，构建出一套因地因时的污染土壤田间修复工程技术。

6.14 植被恢复工程施工

植被恢复工程是矿山地形地貌景观破坏类和地质灾害类治理恢复工程中的次要工程，包括恢复植物生长的土壤环境恢复和植被恢复。

6.14.1 土壤环境恢复

一般土壤处理：对场地进行平整，清除灰渣、石块、树根等杂物，并保证排水畅通，对缺乏土壤的露采场和排土场、废石渣场，应覆盖客土（或留存的表土），覆土厚度对于灌草不小于 20 cm，对乔木和经济林用地不小于 35 cm。

6.14.2 土壤改良

对已受污染不适宜农作物、树木或草、灌木生长的矿区土壤，原则上要进行改良，尽量更换肥沃土壤，最好是 pH 值为 6 ~ 8 的壤土。覆土时利用自然降水、机械压实等方法让土壤沉降，使土壤保持一定的紧实度。

6.14.3 种子的预处理技术

大部分植物种子一般可直接播种使用且发芽率高，不需要进行处理，但对一些发芽困难的，则必须在喷播前进行种子预处理。主要处理方法如下：

6.14.3.1 冷水浸种法

如苔草属的几种种子，在播前先用冷水浸泡数小时，捞起晾干再使用。其中如异穗苔草种子，播种前作适当搓揉还可提高发芽率。

6.14.3.2 层积催芽法

如结缕草种子，先将种子装入纱布袋内，投入冷水中浸泡 48 ~ 72 h，然后用 2 倍于种子的泥炭或河沙拌匀，装入铺有 8 cm 厚河沙的大钵内摊平，再盖河沙 8 cm，用草帘覆盖。在室外经 5 d 后移入 24 ℃ 的室内，经 12 ~ 30 d，见湿沙内的种子大部分裂口，或略露出嫩芽，即可使用。

6.14.3.3 化学药剂处理

如结缕草种子，外皮有一层附着物，水分和空气不容易进入，发芽极为困难，常要使用药剂处理。先将种子用清水洗净，除去杂物和空秕等，捞起种子滤干。将氢氧化钠（NaOH）药剂严格按操作规程兑成 0.5% 的水溶液盛入不受腐蚀的大容器内，将种子分批倒入药剂中，用木棒搅拌均匀，浸泡 12 ~ 20 h，捞起种子用清水冲洗干净（或再用清水浸泡 6 ~ 10 h，捞起种子风干），备用或直接喷播使用。用药剂处理种子时，要特别注意药剂浓度、浸泡时间和清洗的干净度，否则会出现药害或达不到处理目的。另外，还要注意操作者的安全。

6.14.3.4　升温催芽法

对直接喷播发芽率低的种子,应将种子放在湿度为 70% 以上、温度为 40 ℃ 的地方处理几小时,或者在 40 ℃ ±5 ℃ 变温条件下处理 4 ~ 5 d,可以提高种子发芽率 1 倍以上。

6.14.4　植被恢复要求

6.14.4.1　应优先采用适应环境能力强、适合当地生长的乡土树种和草种,或景观设计所需的树种和草种。有一定厚度土层的坡面植被恢复应与造林护坡和种草护坡结合,宜优先采用人工直接种植灌、乔木和草本植物恢复植被,没有特殊景观要求时,宜乔草、灌草或乔灌草相结合。

6.14.4.2　灌木种植密度一般应不小于 2 株/3 m²,灌草或乔灌草结合时不小于 1 株/4 m²。

6.14.4.3　乔木种植密度一般应不小于 1 株/6 m²,乔草或乔灌草结合时不小于 1 株/8 m²。

6.14.4.4　植苗造林时,宜带土栽植。

6.14.4.5　在坡比小于 1:0.3 的岩质陡坡面上可采用穴植灌木、藤本植物恢复植被。用工程措施沿边坡等高线挖种植穴(槽),利用常绿灌木的生物学特点和藤本植物的上爬下挂的特点,按照设计的栽培方式在穴(槽)内栽植,从而发挥其生态效益和景观效益。

6.14.4.6　挖种植穴(槽)与削坡工程相结合,原则上在每一个台阶上应布置穴(槽)。

6.14.4.7　穴(槽)沿等高线的长度一般不小于 60 cm,深、宽度一般为 20 ~ 50 cm。

6.14.4.8　灌木种植密度应不小于 2 株/3 m²,藤本植物密度应不小于 2 枝/m²。

6.14.4.9　植被恢复的季节应选择在春秋两季节较合适。

6.15　检验测试及试验

6.15.1　石材、钢筋(钢丝)、水泥、砂石等原材料应进行抽检复验,检验数量和质量必须符合设计要求和国家标准规范。

6.15.2　砌筑砂浆强度等级和混凝土强度等级必须符合设计要求,并进行取样试验。

6.15.3　重力挡墙和加筋挡墙的断面尺寸、地基基础、沉降缝(伸缩缝)应符合设计要求,回填材料、密实度应符合行业标准和国家规范。

6.15.4　抗滑桩孔径、孔深和垂直度应符合设计要求,钢筋布置、绑扎、焊接和搭接应符合行业标准和国家规范。抗滑桩宜采用动力检测和钻孔抽芯检测方法检测桩身质量,动力检测和钻孔抽芯检测数量一般为总桩数的 5% ~ 10% 。

6.15.5　预应力锚索的锚孔位置、锚孔直径、倾斜角度、锚杆长度、锚固长度、张拉荷载和锁定荷载应符合设计要求,钢绞线强度、配置和锚具应符合行业标准与国家规范。

6.15.5.1　锚索承载力检验数量为锚索总数的 10% ~ 20% ,张拉力为设计锚固力的 120% 。同一验收批砂浆试块抗压强度平均值必须大于或等于设计强度等级所对应的立方体抗压强度,同一验收批砂浆试块抗压强度的最小一组平均值必须大于或等于设计强度等级所对应的立方体抗压强度的 0.75 倍。

6.15.5.2　砌筑砂浆的验收批,同一类型、强度等级的砂浆试块应不少于 3 组。当同一验收批只有一组试块时,该组试块抗压强度的平均值必须大于或等于设计强度等级所对应的立方体抗压强度。

6.15.5.3　砂浆强度应以标准养护、龄期为 28 d 的试块抗压试验结果为准。

6.15.5.4 每一检验批且不超过 250 m³ 砌体的各种类型及强度等级的砌筑砂浆,每台搅拌机应至少抽检一次。

6.15.6 混凝土强度等级必须符合设计要求,混凝土试件应在混凝土的浇筑地点随机抽取,取样与试件留置应符合下列规定:

6.15.6.1 每拌制 100 盘且不超过 100 m³ 的同配合比的混凝土,取样不得少于一次;

6.15.6.2 每工作班拌制的同一配合比的混凝土不足 100 盘时,取样不得少于一次;

6.15.6.3 当一次连续浇筑超过 1 000 m³ 时,同一配合比的混凝土每 200 m³ 取样不得少于一次;

6.15.6.4 同一配合比的混凝土,取样不得少于一次;

6.15.6.5 每次取样应至少留置一组标准养护试件,同条件养护试件的留置组数应根据实际需要确定。

6.15.7 注浆效果检测可采用钻孔取芯、标准贯入试验和波速探测等方法,检测点数一般为注浆孔数的 3% ~5% 。

6.15.8 植被成活率一般为 95% ,珍贵物种的成活率保证 100% 。

6.15.9 削坡工程范围或平面位置应符合设计要求,长度和宽度检查点均为每 20 m 取 1 点,每边不应少于 1 点。

6.15.10 平台高程和宽度检查点均为每 10 m 各取 1 点,每级平台不应少于 1 点。

6.15.11 坡面坡度和平整度检查点为每 100 ~400 m² 取 1 点,但不应少于 3 点。

7　施工监测

治理工程施工监测包括施工安全监测、施工工程稳定性监测、防治效果监测和动态长期监测。应以施工安全监测和防治效果监测为主,所布网点应可供长期监测利用。在施工期间,监测结果应作为判断滑坡稳定状态、指导施工、反馈设计和防治效果检验的重要依据。

7.1　监测对象

主要针对矿山地质环境问题和施工现场进行监测,包括对矿山建设及采矿活动引发或可能引发的地面塌陷、地裂缝、崩塌、滑坡、含水层破坏、地形地貌景观破坏等主要环境要素及施工工程的监测。

7.2　监测手段

可采用遥感、高精度 GPS、全站仪(水准仪)、伸缩性钻孔桩(分层桩)、钻孔深部应变仪、人工观测等。

7.3　监测内容

地表大地变形监测、地表裂缝位错监测、地面倾斜监测、建筑物变形监测、滑坡裂缝多点位移监测、地下水监测、孔隙水压力监测、滑坡地应力监测、施工工程安全监测等。

7.4　崩塌、滑坡、泥石流的监测

监测内容、监测方法、监测频率、监测点网的布设、资料整理、预警预报等按照 DZ/T 0223—2004、DZ/T 0227—2004 的规定执行。

7.5 含水层破坏的监测

可采用人工现场调查和地下水动态监测,地下水动态监测内容、监测方法、监测频率、监测点网的布设、资料整理,可按照《地下水动态监测规程》(DZ/T 0133—94)、《城市地下水动态观测规程》(CJJ 76—2012)的规定执行。

7.6 地形地貌景观破坏的监测

可采用人工现场量测、遥感解译等手段进行监测,监测频率可每半年一次。

7.7 对于Ⅰ级滑坡防治工程应建立地表与深部相结合的综合立体监测网,并与长期监测相结合;对于Ⅱ级滑坡防治工程,在施工期间应建立安全监测和防治效果监测点,同时可建立以群测为主的长期监测点;对于Ⅲ级滑坡防治工程,可建立以群测为主的简易长期监测点。

7.8 滑坡监测方法的确定、仪器的选择,既要考虑到能反映滑坡体的变形动态,又要考虑到仪器维护方便和节省投资。对所选仪器应遵循以下原则:

1. 仪器的可靠性和稳定性好;
2. 仪器有能与滑坡体变形相适应的足够的量测精度;
3. 仪器的灵敏度高;
4. 仪器具有防风、防雨、防潮、防震、防雷、防腐等与环境相适应的性能。

7.9 滑坡监测系统包括仪器安装,数据采集、传输和存储,数据处理,预测预报等。

8 竣工需提交的资料

8.1 总结报告

报告主要内容包括项目概况、项目来源,项目批复、设计批复与变更情况,项目进展情况及完成的主要实物工作量,项目资金使用情况,项目实施的效果、效益分析,存在的问题及建议,工程后续管理等。总结报告的附件有工程竣工报告、监理报告、决算报告、审计报告、照片集、影像片等。

8.2 工程竣工图(比例尺不小于1:1 000)

应根据工程项目竣工后实测地形图进行编制。竣工图内容及编制要求如下:

1. 治理分区,并与原设计进行对比;
2. 工程竣工平面图与剖面图,在图上标明所有工程内容,说明其工程量,并与原设计进行对比;
3. 标明工程的开、竣工日期;
4. 详述各区治理效果,并辅以照片加以说明;
5. 竣工图编制责任人与签章齐全;
6. 竣工图测量成果齐全。

8.3 竣工报告及附件资料

8.3.1 竣工报告主要内容包括项目施工合同,工程施工进展情况及完成的主要实物工作量,工程施工资金使用、进度、质量控制情况,监理结论和意见,项目实施的效果,存在的问题及建议等。

8.3.2 工程项目概况表、工程立项批准文件、项目可行性研究报告和总体规划审查意见及批准文件等。

8.3.3 工程项目勘查设计(含变更设计)及其审查意见和批准文件(附专家签名表)。

8.3.4 工程项目中标通知书、项目合同(勘查与设计、施工、监理等)。

8.3.5 工程项目施工单位资质证书与主要人员的执业资格证书复印件。

8.3.6 工程质量竣工验收评定资料,质量保证资料核查表、单位工程质量验收汇总表。

8.3.7 施工单位的工程质量保证书(工程后期维护内容和范围、维护期、植被后期养护实施方案与保证措施)。

8.3.8 开、竣工报告,施工组织设计(实施方案),施工日志,工程施工技术管理资料(施工验收记录、工程材料及施工质量证明文件),工程量申报及批准资料,工程变更申请与批准资料。

8.3.9 重大质量事故处理资料。

8.3.10 与工程有关的影像图片资料。

8.4 工程项目决算报告

工程项目决算报告内容包括项目设计预算、工程进度付款凭证及其汇总表、工程变更资料、工程量报审表、工程费用调整资料及其批准意见等。

8.5 工程项目审计报告

工程项目应由有资质的会计师事务所出具审计报告,内容包括:单位基本情况,项目来源、项目基本情况、完成工程量情况及工作进度情况,项目资金到位情况、工程建设支出合规性审计情况、审计结果及其他需要说明的问题等。

8.6 数据库建设

在矿山地质环境恢复治理工程中形成的基础资料按《全国矿山地质环境调查技术要求实施细则(试用稿)》中信息系统建设要求录入计算机,建立矿山地质环境恢复治理工程项目数据库。矿山地质环境恢复治理中形成的文字、图件、表格、图像等采用中国地质大学的 MAPGIS 平台录入。

8.6.1 矿山地质环境调查数据库建设

8.6.1.1 包括数据库、图形库。数据库要完整收入已有的有关资料和调查取得的资料,将资料进行数字化、标准化处理,整编绘制成图表,使之系统化、条理化,揭示出矿山地质环境变化特征和规律,满足矿山地质环境调查、评价、预测、保护、监督与管理工作需要。

8.6.1.2 图形库应具有图件的录入、编辑、空间分析、输出功能。完整收入已有矿山地质环境调查、评价、预测分析和保护对策等成果图件及有关资料,把治理区矿山地质环境调查系列图的全部图形文件纳入图形库。

8.6.2 治理工程数据库建设

数据库建设要完整收入项目区地质环境治理的基础数据、设计数据、施工数据和竣工数据,并对其进行系统化、标准化处理,以便于检索。图形库要完整收入设计、施工、竣工各阶段有关图纸、变更设计图纸等图形文件,并按条理性进行标准化排列,便于查找使用。

附录 A 施工单位报验表

表 A.1 工程开工/复工报审表

工程名称:＿＿＿＿＿＿＿＿＿＿＿＿＿＿＿＿＿＿＿＿ 编号:＿＿＿＿＿＿＿

致:＿＿＿＿＿＿＿＿＿＿＿＿＿＿＿＿＿＿＿＿＿＿＿＿(监理单位) 　我方承担的＿＿＿＿＿＿＿＿＿＿＿＿＿＿＿工程,已完成了开工/复工前以下各项准备工作,具备了开工/复工条件,特此申请开工/复工,请核查并签发开工/复工指令。 　附:1. 开工/复工报告 　　2. 证明资料   施工单位(章)＿＿＿＿＿＿＿＿＿＿ 项目负责人＿＿＿＿＿＿＿＿＿＿ 日期＿＿＿＿年＿＿月＿＿日
审查意见: 监理单位(章)＿＿＿＿＿＿＿＿＿＿ 总监理工程师＿＿＿＿＿＿＿＿＿＿ 日期＿＿＿＿年＿＿月＿＿日

表 A.2 图纸会审、设计变更、洽商记录

工程名称：_____ 编号：_____

会审地点		会审时间	

会审内容：

施工单位	技术负责人： 项目负责人： ___年_月_日	监理单位	总监理工程师： ___年_月_日	设计单位	项目负责人： ___年_月_日

表 A.3 施工组织设计(施工方案)报审表

工程名称:_____   编号:_____

致:_____(监理单位)

我方已根据施工合同的有关规定完成了_____工程施工组织设计(施工方案)的编制,并经我单位技术负责人审查批准,请予以审查。

附:施工组织设计(施工方案)

施工单位(章)_____

项目负责人_____

日期_____年_____月_____日

专业监理工程师意见:

专业监理工程师_____

日期_____年_____月_____日

总监理工程师意见:

监理单位(章)_____

总监理工程师_____

日期_____年_____月_____日

表 A.4　施工组织设计审批表

工程名称：_____　　　　　编号：_____

业主单位：_____　　设计单位：_____	
施工单位：_____　　编制人：_____　编制日期：_____	
工程部审批	审批意见： 　　　　　　　　　　　技术负责人：_____ 　　　　　　　　　　　工程部： 　　　　　　　　　　　_____ 　　　　　　　　　　　_____ 　　　　　　　　　　　_____ 　　　　　　　　　　　_____ 　　　　　　　　　　　_____
公司审批	审批意见： 　　　　　　　　　　　总工程师：_____ 　　　　　　　　　　　总工程师办公室： 　　　　　　　　　　　_____ 　　　　　　　　　　　_____ 　　　　　　　　　　　_____ 　　　　　　　　　　　_____
说明	
备注	审批手续根据公司对施工组织设计的要求,逐级审批,并在说明栏中指明本施工组织设计审批的范围

表 A.5 工程进度计划报审表

工程名称:＿＿＿＿＿＿＿＿＿＿＿＿＿＿＿＿＿＿＿＿ 编号:＿＿＿＿＿＿＿

致:＿＿＿＿＿＿＿＿＿＿＿＿＿＿＿＿＿＿＿＿＿＿＿＿(监理单位)

　　兹报审＿＿＿＿＿＿＿＿＿＿＿＿＿＿＿＿＿＿＿＿＿＿工程的工程进度计划,请予以审批。

　　附件:

　　1. 本工程进度计划的示意图表、说明书

　　2. 本工程进度计划完成的工程量

　　3. 本工程施工期间投入的人员、材料(包括甲方供材)、设备计划

施工单位(章)＿＿＿＿＿＿＿＿＿＿

项目负责人＿＿＿＿＿＿＿＿＿＿＿

日期＿＿＿＿＿年＿＿＿月＿＿＿日

审查意见:

监理单位(章)＿＿＿＿＿＿＿＿＿＿

总/专业监理工程师＿＿＿＿＿＿＿＿

日期＿＿＿＿＿年＿＿＿月＿＿＿日

表 A.6　施工测量报验单

工程名称:_____　　　　　编号:_____

致:_____(监理单位)

　　我单位于_____年____月____日完成了_____的测量工作,测量成果符合设计和规范要求,经自检合格,并呈报相应资料(见附件),请予以审查和验收。

　　　附件:工程测量、定位放线记录

施工单位(章)_____

项目负责人_____

日期_____年_____月_____日

审查和验收意见:

监理单位(章)_____

总/专业监理工程师_____

日期_____年_____月_____日

表 A.7 报验申请表

工程名称：_____　　　　　　编号：_____

致：_____（监理单位） 　　我单位完成的_____工作,现上报该工程报验申请表,请予以审查和验收。 　　附件：   　　　　　　　　　　　　　　　　　　　　施工单位(章)_____ 　　　　　　　　　　　　　　　　　　　　项目负责人_____ 　　　　　　　　　　　　　　　　　　　　日期_____年_____月_____日
审查意见：   　　　　　　　　　　　　　　　　　　　　监理单位(章)_____ 　　　　　　　　　　　　　　　　　　　　总/专业监理工程师_____ 　　　　　　　　　　　　　　　　　　　　日期_____年_____月_____日

表 A.8　工程计量报审表

工程名称：_____　　　　　编号：_____

致：_____（监理单位）
兹申报我单位于_____年____月____日完成的_____工程（作）合格工程量，请予以核查。 　　附件： 　　1. 完成工程量计算书、说明书、竣工图 　　2. 工程（设计）变更单   　　　　　　　　　　　　　　　　　　　　施工单位（章）_____ 　　　　　　　　　　　　　　　　　　　　项目负责人_____ 　　　　　　　　　　　　　　　　　　　　日期_____年_____月_____日
核查意见：   　　　　　　　　　　　　　　　　　　　　监理单位（章）_____ 　　　　　　　　　　　　　　　　　　　　总/专业监理工程师_____ 　　　　　　　　　　　　　　　　　　　　日期_____年_____月_____日

表 A.9 工程款支付申请表

工程名称：_____ 编号：_____

致：_____（监理单位）

我方已完成了_____工作，按施工合同的规定，建设单位应在_____年____月____日前支付该项工程款共（大写）_____（小写：_____），现报上工程付款申请表，请予以审查并开具工程款支付证书。

附件：
1. 工程量清单
2. 计算方法

施工单位(章)_____

项目负责人_____

日期_____年_____月_____日

表 A.10 工程临时延期申请表

工程名称：_____　　　　　　　　编号：_____

致：_____（监理单位）

　　根据施工合同条款_____条的规定，由于_____原因，我方申请工期延期，请予以批准。

附件：

1. 工程延期的依据及工期计算

合同竣工日期：

申请延长竣工日期：

2. 证明材料

　　　　　　　　　　　　　　　　　　　施工单位(章)_____

　　　　　　　　　　　　　　　　　　　项目负责人_____

　　　　　　　　　　　　　　　　　　　日期_____年_____月_____日

表 A.11 费用索赔申请表

工程名称:_____ 编号:_____

致:_____(监理单位)

　　根据施工合同条款_____条的规定,由于_____原因,我方要求索赔金额(大写)_____(小写:_____),请予以批准。

索赔的详细理由及经过:

索赔金额的计算:

证明材料:

施工单位(章)_____

项目负责人_____

日期_____年_____月_____日

表 A.12　工程材料/构配件/设备报审表

工程名称：＿＿＿＿＿＿＿＿＿＿＿＿＿＿＿＿＿＿＿＿＿＿＿　　　　　编号：＿＿＿＿＿＿

致：＿＿＿＿＿＿＿＿＿＿＿＿＿＿＿＿＿＿＿＿＿＿＿＿＿＿（监理单位） 　　我方于＿＿＿＿＿年＿＿月＿＿日进场的工程材料/构配件/设备如下（见附件）。现将质量证明资料及自检结果报上，拟用于下述部位： ＿＿＿ ＿＿＿ 请予以审核。   　　附件： 　　1. 品种、规格、数量清单 　　2. 质量证明资料 　　3. 自检结果   　　　　　　　　　　　　　　　　　　　　施工单位（章）＿＿＿＿＿＿＿＿＿＿＿ 　　　　　　　　　　　　　　　　　　　　项目负责人＿＿＿＿＿＿＿＿＿＿＿＿＿ 　　　　　　　　　　　　　　　　　　　　日期＿＿＿＿＿＿年＿＿＿＿月＿＿＿＿日
审查意见： 　　经检查上述工程材料/构配件/设备，符合/不符合设计资料和规范的要求，准许/不准许进场，同意/不同意使用于拟定部位。   　　　　　　　　　　　　　　　　　　　　监理单位（章）＿＿＿＿＿＿＿＿＿＿＿ 　　　　　　　　　　　　　　　　　　　　总/专业监理工程师＿＿＿＿＿＿＿＿＿＿ 　　　　　　　　　　　　　　　　　　　　日期＿＿＿＿＿＿年＿＿＿＿月＿＿＿＿日

表 A.13 分部分项工程竣工报验单

工程名称:_____ 编号:_____

致:_____(监理单位)

　　我方已按合同要求完成了_____工程(作),经自检合格,请予以检查和验收。

　　附件:

施工单位(章)_____

项目负责人_____

日期_____年_____月_____日

审查意见:

　　经初步验收,该工程

　　1. 符合/不符合我国现行法律、法规要求;

　　2. 符合/不符合我国现行工程建设标准;

　　3. 符合/不符合设计资料要求;

　　4. 符合/不符合施工合同要求。

　　综上所述,该工程初步验收合格/不合格,可以/不可以组织正式验收。

监理单位(章)_____

总/专业监理工程师_____

日期_____年_____月_____日

表 A.14 工程变更单

工程名称:_____ 编号:_____

致:_____(监理单位)

由于 _____ 原因,

兹提出_____工程变更(内容见附件),请予以审批。

附件:

单位(章)_____

负责人_____

日期_____年_____月_____日

意见: 业主单位代表: 签章: 日期_____年__月__日	意见: 设计单位代表: 签章: 日期_____年__月__日
意见: 监理单位代表: 签章: 日期_____年__月__日	意见: 主管单位代表: 签章: 日期_____年__月__日

表 A.15 工程竣工申请报告

工程名称				工程地点			
工程规模				中标价格		承包方式	
实际工期		开工日期		竣工日期		合同编号	

完成工程内容、工程量及质量情况说明	

上述各项工程已施工完毕,现呈上有关资料,请于审核后进行验收,特此报告。

施工单位(章)＿＿＿＿＿＿＿＿＿＿

项目负责人＿＿＿＿＿＿＿＿＿＿

日期＿＿＿＿年＿＿月＿＿日

审核意见:

监理单位(章)＿＿＿＿＿＿＿＿＿

总监理工程师(建设单位项目负责人)＿＿＿＿＿

日期＿＿＿＿年＿＿月＿＿日

业主单位(公章) 代表: 日期＿＿＿年＿月＿日	设计单位(公章) 代表: 日期＿＿＿年＿月＿日	监理单位(公章) 代表: 日期＿＿＿年＿月＿日

附录 B　施工单位记录表

表 B.1　施工日志

工程名称：_____　　　　　　编号：_____

天气：	日期：___年__月__日	温度：_____℃	项目负责人：	记录人：

工程内容：

施工部位：

施工项目：

劳动力安排情况：

工程机械安排情况：

计划完成工作量：

实际完成工作量：

开始工作时间：　　　　　　　　　　　　　　　　　　　收工时间：

技术、质量：

施工技术、质量措施执行情况：

存在问题：

安全工作：

施工部位的安全要求：

施工安全措施执行情况：

存在问题及整改措施：

其他(安全培训、教育、安全交底、安全检查、会议等)：

材料进场：

质量验收情况(包括质量资料)：

材料品种、规格、数量、产地等：

工程资料：

施工原始资料完成情况(包括施工验收记录、影像资料收集等)：

资料报监、签收情况：

工作汇报、资料收发情况等：

表 B.2 工程施工月报

工程名称:＿＿＿＿＿＿＿＿＿＿＿＿＿＿＿＿＿＿＿＿＿＿＿＿ 编号:＿＿＿＿＿＿＿＿＿＿

相关情况登记			
本月日历天		实际工作日	
建设单位通知单		建设单位联系单	
工程暂停令		监理工程师通知单	
监理工程师备忘录		监理工程师联系单	
例会会议纪要		专题会议纪要	

本月工程完成情况:

1. 安全生产情况:

2. 工程质量情况:

3. 完成工程量:

4. 工程进度情况:(各工程项目计划进度,实际进度)

5. 其他:

监理单位(章)＿＿＿＿＿＿＿＿＿＿＿＿＿

总/专业监理工程师＿＿＿＿＿＿＿＿＿＿＿

日期＿＿＿＿＿＿年＿＿＿＿月＿＿＿＿日

存在问题及整改措施:

下月工程施工计划:

注:内容填不下者另加附件,临时变更记录附后。

表 B.3 进场主要机械设备一览表

工程名称：_____ 　　　　编号：_____

序号	设备名称	规格型号	数量	进场日期	技术状况	拟用工程项目	备注

注：该表作为表 A.12 工程材料/构配件/设备报审表附件一并上报。

表 B.4 进场主要材料一览表

工程名称：_____ 　　　　编号：_____

序号	材料名称	规格	数量	产地或厂家	进场日期	检查日期	使用部位	备注

注：该表作为表 A.12 工程材料/构配件/设备报审表附件一并上报。

表 B.5 进场苗木一览表

工程名称：_____ 　　　　编号：_____

序号	苗木名称	数量	单位	规格（mm）			种植部位	备注
				胸径	高度	蓬径		

注：该表作为表 A.12 工程材料/构配件/设备报审表附件一并上报。

表 B.6　技术核定单

第＿＿页　共＿＿页　　　　　　　　　　　　　　　　　　编号：＿＿＿＿＿＿

建设单位		设计单位	
工程名称		分项部位	
施工单位		工程编号	
项次	核定内容		
主送或抄送单位	会签		签发

记录人：　　　　　　　　　　　　　　　　　　　日期：

表 B.7 工程质量一般事故报告表

工程名称:＿＿＿＿＿＿＿＿＿＿＿＿＿＿＿＿＿＿＿＿＿＿ 编号:＿＿＿＿＿＿

分部分项工程名称				事故性质			
部位				发生日期			
事故情况							
事故原因							
事故处理							
返工损失	事故工程量						
	事故费用	材料费(元)			合计		元
		人工费(元)					
		其他费用(元)					
	耽误工作日						
备注							

质量负责人: 填表日期:

表 B.8 资料接收(发放)登记表

工程名称:_____ 　　　编号:_____

序号	日期	资料名称	标题内容	发往单位	接收人	备注

登记人:

表 B.9 绿化种植计划表

工程名称:_____ 　　　编号:_____

序号	苗木名称	规格(mm)			数量	种植部位	计划种植开始时间	计划种植结束时间	实施人
		胸径	高度	蓬径					

申报人:　　　　　　　　　　　　　　　　　　申报日期:

附件　河南省矿山地质环境恢复治理工程竣工验收基本要求

1　基本规定

1.1　工程验收具备条件

（1）按工程设计完成现场施工工程量，工程质量符合设计及相关专业规范的要求，工程经过一个汛期（若有植树等生物工程要经过一年）的时间检验，其治理效果、工程质量达到了设计要求；

（2）工程总结报告编制完成、附件资料（项目批复文件、竣工报告、竣工图、开工报告、施工日志、施工报审资料、照片集、影像资料、监理报告及监理资料、财务决算报告、审计报告、数据库建设）齐全；

（3）工程竣工验收应在工程已进行自查评定的基础上进行，必须具备完整的竣工测量资料及相关图件。

1.2　工程质量现场验收

（1）根据竣工验收组织单位的要求和项目的具体情况，承担单位应负责提出工程质量抽样检测的项目、内容和数量，工程质量和数量要求达到设计要求。

（2）对竣工验收中发现的质量问题，业主单位应及时组织有关单位处理，直到工程质量要求达到设计要求方可通过验收。在影响工程安全运行以及使用功能的质量问题未处理完毕前，不得进行竣工验收。

（3）现场验收时，专家组成员须到工程现场查验，专家组要现场检查工程建设情况及查阅有关资料，确认是否符合工程设计要求。

（4）工程验收会议各专业组专家成员须观看工程建设声像资料、听取竣工技术工作报告、听取承担单位对矿山地质环境恢复治理效果的意见，查阅矿山地质环境恢复治理工程竣工验收资料，提出工程整改意见与竣工验收资料完善意见，讨论决定是否通过竣工验收；如果通过验收，专家组应出具工程竣工验收意见书（见附表A）。

（5）项目承担单位按有关要求向国土资源主管部门进行资料归档。

2　矿山地质环境恢复治理工程验收要求

2.1　采矿活动引发的各类地质灾害，经工程和生物措施得到治理，已消除地质灾害隐患。

2.2　对露天采矿及矿渣堆放形成的边坡、断面进行整修并实施绿化，无滑坡、崩塌、泥石流灾害等安全隐患，露采坑底进行整平利用。地下采空区已采取充填、封闭或人工放顶等措施，使其达到安全稳定状态。

2.3 矿山固体废弃物堆场经综合治理或综合利用,已达稳定状态,含有毒、有害或放射性成分的固体废弃物已采取相应处理措施。

2.4 含水层保护工程应阻隔地表水入渗,消除地下水的污染源,避免或减少地下水排出、含水层结构破坏和地下水水质污染。

2.5 占用、破坏、污染的土地按照设计经整治恢复到适宜植物生长、水产养殖或治理成建设用地、林地、耕地。

2.6 矿山地质灾害危害及地质环境问题影响严重,又难于恢复治理的,受威胁居(村)民已实施搬迁避让,妥善安置。

2.7 生态环境和景观环境与周围环境相协调,基本消除了视觉污染。

3 工程的移交与维护

3.1 工程验收后依相关规定将工程移交给工程所在的当地政府,内容包括资料及工程移交,工程移交必须在国土部门监督下进行。

3.2 工程移交后,接管单位全面负责工程的维护工作,确保工程长期发挥效用。

4 验收资料要求

4.1 ××××矿山地质环境恢复治理工程总结报告

(1)工程概况(项目来源、项目下达任务、招标投标工作情况等);

(2)勘查、设计书主要内容(矿山主要环境地质问题及矿山地质灾害、恢复与治理设计方案);

(3)项目进展情况及完成的主要工作量(是否按合同期限完成、完成的工作量是否达到设计要求);

(4)工程质量概况(项目质量自检、抽检情况,监理工作实施情况及结论);

(5)项目实施效果及解决的主要问题(包括经济效益、社会效益、环境效益,是否还存在地质灾害隐患);

(6)下一步工作建议。

附:资质文件、项目(批复)文件、勘查设计批复文件、变更设计批复文件、竣工图等。

项目总结报告的附件包括:工程竣工报告、竣工测量资料及其他附图、监理总结报告及其附件资料、财务决算报告、审计报告、照片集、影像资料、数据库等。

4.2 附件

4.2.1 附件1 ××××矿山地质环境恢复治理工程竣工报告和竣工测量图

竣工报告的内容如下:

(1)前言;

(2)工程概况;

(3)矿山主要环境地质问题及矿山地质灾害;

(4)治理工程设计概述;

（5）施工环境条件；

（6）施工组织与管理（包括冬季、雨季施工安全保障措施）；

（7）施工工艺与质量控制（对各分项工程的各道工序及质量控制进行详述，对隐蔽工程施工工序与质量控制做重点论述）；

（8）工程质量评述（自检、抽检情况、监理单位认可情况）；

（9）资金使用情况；

（10）数据库建设；

（11）工程维护与监测；

（12）结论与建议。

附：开工申请报告、施工日志、施工原始资料、工程文件（资质、初验申请、终验申请及初验意见、最终验收意见、实施单位资质证书、工程质量保证书、自查报告、工程质量评定表、施工单位检验资料）、实测竣工测量图。

4.2.2　附件2　××××矿山地质环境恢复治理工程施工监理报告

工程竣工后或工程缺陷保修期满后，监理单位提交给业主和上级监理主管部门的工程监理总结报告，是工程竣工验收的重要依据。监理工作要对各分项工程质量、总体工程质量给出是否符合设计的明确结论。

附：资质、监理合同文本、监理规划或大纲、监理日志、监理单位的检验及竣工验收等主要签证的复印件，以及与报告有关的照片、录像资料等。

4.2.3　附件3　××××矿山地质环境恢复治理工程财务决算报告

项目实施单位的财务部门对工程项目资金的收支情况进行的说明和分析。包括所有原始凭证、票据、明细账等。

4.2.4　附件4　××××矿山地质环境恢复治理工程审计报告

由独立会计师事务所或审计部门对工程项目资金的使用情况进行审计出具的结论。

4.2.5　附件5　××××矿山地质环境恢复治理工程照片集

项目实施单位对工程项目区治理前的原始状况照片、每个分部分项工程每一工序的施工过程照片、治理后的效果照片、验收照片等进行的汇集整理。

项目实施单位对工程项目区治理前的原始状况、每个分部分项工程每一工序的施工过程、治理后效果等的影音视频资料。

4.2.6　附件6　××××矿山地质环境恢复治理工程勘查设计报告

工程项目设计单位提交的经审查确认的勘查设计书、批复文件、资质、施工设计图。

4.2.7　附件7　××××矿山地质环境恢复治理工程数据库及说明书

附表 A

××××矿山地质环境恢复治理工程项目
验收意见书

（仿宋体,二号,粗体,居中）

项目承担单位：(仿宋体,四号,下同)（盖章）

项目勘查设计单位：（盖章）

项目施工单位：（盖章）

项目监理单位：（盖章）

项目负责人：

报告编写人：

单位负责人：

组织验收单位：

验收时间：

项目概况

任务来源	
目的任务	
主要矿山地质环境问题	
治理设计方案（说明是否存在设计变更）	
完成主要实物工作量	
主要工作进展	
项目实施效果	
经费使用情况	

提交的技术文件目录

审查验收意见

组织验收单位		验收时间	
审查验收意见			

一、主要成绩和优点
　　1.
　　2.
　　3.

二、存在问题及整改建议
　　1.
　　2.

三、结论

　　　　　　　　　　　　　　　　　　　　　　　主审专家:
　　　　　　　　　　　　　　　　　　　　　　　　　年　　月　　日

组织验收单位意见	
	年　　月　　日

注:可加页。

致　谢

在本《技术要求》编制过程中，始终得到了河南省国土资源厅的大力支持，同时也得到了河南省地矿局、河南省有色地矿局、河南省煤田地质局、河南省地质环境监测院、河南省地质环境勘查院、河南省地矿局第一地质矿产调查院、河南省地矿局第五地质勘查院等单位有关领导及专家的支持和帮助。此外，编制本《技术要求》时，参考和引用了前人大量的已有成果和资料，除已列出的规范、规程和技术要求外，还参考和引用了很多地方标准、专著及有关文献资料的相关内容。在此一并表示衷心的感谢！

《技术要求》编写组
2014 年 2 月